新動物生殖学

佐藤英明
[編著]

高坂哲也
眞鍋　昇
金井克晃
服部眞彰
甲斐　藏
久保田浩司
宮野　隆
吉澤　緑
内藤邦彦
今川和彦
吉村幸則
鏡味　裕
奥田　潔
柏崎直巳
牛島　仁
[著]

朝倉書店

執筆者

佐藤 英明*　東北大学大学院農学研究科教授
高坂 哲哉　静岡大学農学部応用生物化学科教授
眞鍋 昇　東京大学大学院農学生命科学研究科教授
金井 克晃　東京大学大学院農学生命科学研究科准教授
服部 眞彰　九州大学大学院農学研究院教授
甲斐 藏　日本大学生物資源科学部動物資源科学科教授
久保田 浩司　北里大学獣医学部動物資源科学科教授
宮野 隆　神戸大学大学院農学研究科教授
吉澤 緑　宇都宮大学農学部生物生産科学科教授
内藤 邦彦　東京大学大学院農学生命科学研究科教授
今川 和彦　東京大学大学院農学生命科学研究科准教授
吉村 幸則　広島大学大学院生物圏科学研究科教授
鏡味 裕　信州大学農学部食料生産科学科教授
奥田 潔　岡山大学大学院環境生命科学研究科教授
柏崎 直巳　麻布大学獣医学部動物応用科学科教授
牛島 仁　日本獣医生命科学大学応用生命科学部動物科学科教授

(執筆順，*は編著者)

序

　本書は動物生殖学の教科書，とくに大学や短大の畜産学・獣医学・応用動物学・動物看護，医学・生物学・生命科学の学生諸君や研究者，技術者，臨床家向きの教科書として書かれたものであります．

　2003年に本書の前身である『動物生殖学』を刊行しましたが，多くの大学で教科書として採用され，学生諸君の学習に役立つことができました．編者としてうれしく思っております．『動物生殖学』の刊行から8年が経過したいま，『動物生殖学』の良さを残しつつ，新たに執筆者を迎え，新しい領域や知見を取り入れて編集したのが今回の『新動物生殖学』です．

　前書の『動物生殖学』の序に次のように書きました．「これまでにも家畜の繁殖に関する多くの優れた教科書が出版されてきました．また実験動物の知識をもとにした哺乳類の生殖生物学に関する教科書も出版されてきました．しかし，今回，家畜・家禽を対象とし新規の手法を用いて蓄積した知識を積極的に取り入れた，最新かつ網羅的な教科書の作製を意図しました」．本書の作製にあたっては『動物生殖学』の作製の意図を引き継ぎ，形態学や生理学的知識を基盤にして細胞生物学や分子生物学の知見を積極的に取り入れる努力をしました．また，個体のレベルで観察される生殖現象をまず理解し，そして形態学，生理学の知識や細胞生物学，分子生物学の知見を体系的に理解するための教科書にしたいとの意欲をもって編集しました．

　私の所属する東北大学では応用動物科学系3年生に「動物生殖科学」（2単位）を必修としています．ご承知のように2単位では15回の講義がなされます．東北大学の例は多くの大学で共通とお聞きしていますが，本書では1章について1ないし2回の講義で説明可能な量に精選して記述いただくよう執筆者にお願いしました．

　また，「動物生殖学」の科目を履修する学生の多くは家畜人工授精師の資格取得も希望し，「家畜人工授精論」の講義（1単位）を取得するのが通例です．したがって本書では，「家畜人工授精論」の教科書としても利用できるように，家畜の人工授精や胚移植などの繁殖技術，また家畜人工授精師の資格取得に必要な

法律に関する知識を追加しました．また，1単位の講義回数（7～8時間）に対応する構成としました．

動物生殖学の専門用語は領域によってやや異にします．すなわち，畜産学・獣医学，医学，理学で異なった専門用語が用いられることもありますが，本書は畜産学・獣医学を基盤として編集しました．用語は畜産学・獣医学の研究者によって編纂された『新繁殖学辞典』（家畜繁殖学会編，文永堂出版，1992）および『明解獣医学辞典』（獣医学大辞典編集委員会編，チクサン出版社，1991）にもとづいて対応しました．

幸い，実際に講義を担当しておられる大学人に執筆をお引き受けいただき，本書は完成しました．編者としては，わが国の動物生殖学や家畜人工授精論の講義に貢献しうる教科書を作製することができたと自負しております．

おわりに，本書の企画，出版にあたりご尽力いただいた朝倉書店編集部の方々に，深く感謝いたします．

2011年8月

編著者　佐　藤　英　明

目　　次

1　高等動物の生殖 ……………………………………［佐藤英明］… 1
　1.1　生殖とは ……………………………………………………………… 1
　　進化と生殖／生殖の目的／生殖の様式／有性生殖の意義／有性生殖と生殖器官
　1.2　生殖細胞系列 ………………………………………………………… 3
　　体細胞と生殖細胞／生殖細胞と減数分裂／受精と着床
　1.3　生殖と疾病 …………………………………………………………… 4

2　高等動物の性行動 …………………………………………………… 6
　2.1　雄の性行動 ……………………………………………［高坂哲也］… 6
　　雄の性行動パターン／雄の性行動の発現／雄の性行動の異常
　2.2　雌の性行動 ……………………………………………［眞鍋　昇］… 11
　　発情徴候と発情行動

3　高等動物の生殖器官と構造 ……………………………………… 13
　3.1　雄の生殖器官と構造 …………………………………［高坂哲也］… 13
　　雄の生殖器官／精巣／精巣下降／副生殖腺／陰茎
　3.2　雌の生殖器官と構造 …………………………………［眞鍋　昇］… 20
　　雌の生殖器官／卵巣／卵管／子宮と子宮頸管／膣，膣前庭，外生殖器，陰核と陰唇

4　性の決定と分化 ………………………………………［金井克晃］… 33
　4.1　性分化の概略 ………………………………………………………… 33
　4.2　性染色体と性決定遺伝子 …………………………………………… 34
　4.3　生殖原基の形成 ……………………………………………………… 35
　4.4　精巣（睾丸）の分化 ………………………………………………… 38
　　哺乳類の精巣決定遺伝子 *SRY* とセルトリ細胞のマスター制御遺伝子

SOX9／セルトリ細胞の主導による精巣化／ライディッヒ細胞の分化機序／生殖細胞の性分化の分子機序
 4.5 卵巣の分化 …………………………………………………… 43
 4.6 家畜の性分化機構と性分化異常 …………………………… 44

5 生殖のホルモン ……………………………………… ［服部眞彰］… 45
 5.1 脳・視床下部と下垂体のホルモン ………………………… 45
  脳・視床下部ホルモン／下垂体のホルモン
 5.2 卵巣と精巣のホルモン ……………………………………… 54
  卵巣と精巣のステロイドホルモン／卵巣と精巣のペプチドホルモン
 5.3 子宮と胎盤のホルモン ……………………………………… 61

6 生殖と免疫 …………………………………………… ［甲斐 藏］… 64
 6.1 免疫系と神経・内分泌系の相互作用 ……………………… 64
  免疫系／免疫系と神経・内分泌系の相互作用
 6.2 生殖器官 ……………………………………………………… 66
  精巣および精子形成／卵巣機能の変化，卵胞や黄体／雌性生殖道／家禽における生殖道
 6.3 生殖現象と免疫 ……………………………………………… 70
  交尾／妊娠／出産
 6.4 母子免疫 ……………………………………………………… 72
  哺乳類／鳥類

7 配偶子形成 …………………………………………………………… 75
 7.1 精子形成と射精 ………………………………… ［久保田浩司］… 75
  精子形成／精液／射精
 7.2 卵子（卵胞）形成と雌の性周期 ………………… ［宮野 隆］… 84
  卵子および卵胞形成／卵母細胞の成熟と排卵／黄体形成／性周期

8 受　　精 ……………………………………………… ［吉澤 緑］… 95
 8.1 精子と卵子の移送 …………………………………………… 95
  精子の移送／卵子の移送／精子と卵子の受精能保持時間／精子の受精能

　　　　獲得と先体反応誘起
　8.2　受精の過程 ……………………………………………………… 99
　　　　精子の卵丘細胞層の通過と透明帯結合，先体反応／卵活性化と表層反応
　　　　／多精子受精の阻止（透明帯反応と卵黄遮断）／前核形成から第1卵割

9　初期胚発生と胚の初期分化 ……………………………… [内藤邦彦] … 105
　9.1　初期胚発生の進行 ………………………………………………… 105
　　　　初期胚の形態変化の概要／初期胚の移動／エネルギー要求性の変化
　9.2　初期胚の細胞分裂の特徴と制御 ………………………………… 107
　　　　増殖因子の影響／細胞周期の時間／胚の大きさ／S期移行制御の特異性
　9.3　初期胚の遺伝子発現制御 ………………………………………… 109
　　　　ゲノムのリプログラミング／初期胚におけるゲノム修飾の変化／母性因
　　　　子と胚ゲノムの活性化
　9.4　コンパクション …………………………………………………… 113
　　　　接着帯の形成／密着結合の形成／胚盤胞の形成
　9.5　初期胚の分化制御 ………………………………………………… 115
　　　　哺乳類初期胚の分化の特徴／ICMとTEの分化決定要因／初期胚の細
　　　　胞分化に関与する因子／ICMとTEの分化決定因子

10　妊娠と分娩 ……………………………………………… [今川和彦] … 120
　10.1　着　　床 ………………………………………………………… 120
　　　　定義／胚子の伸長／胚の子宮内分布と移動／着床過程／母体の妊娠認識
　10.2　胚子の子宮内膜への接着と浸潤 ……………………………… 125
　　　　子宮内膜の変化／着床ウインドウと着床遅延／栄養膜細胞と子宮上皮細
　　　　胞の接着機構／栄養膜による子宮内膜浸潤
　10.3　胎盤の機能 ……………………………………………………… 130
　　　　血液や血管の起源／胎盤での輸送と代謝
　10.4　妊娠の維持 ……………………………………………………… 132
　　　　胎盤の内分泌機能／妊娠の免疫
　10.5　分　　娩 ………………………………………………………… 136
　　　　分娩の発来機序と内分泌ホルモン／分娩の開始／分娩後の生理学

11 鳥類の生殖 …………………………………………………… 142
11.1 雄の生殖 ………………………………………［吉村幸則］… 142
精巣／精子と精液／精巣上体と精管／雄生殖器の付属器官／交配と人工授精

11.2 雌の生殖 ………………………………………［吉村幸則］… 144
卵と生殖器の構造／卵胞の発育と排卵／卵管における卵形成／生殖器の免疫／産卵のホルモン支配／産卵機能と環境

11.3 鳥類の受精 ……………………………………［鏡味　裕］… 151
受精の過程

11.4 鳥類の発生 ……………………………………［鏡味　裕］… 152
胚の発生／生殖細胞の発生

11.5 鳥類の胚操作 …………………………………［鏡味　裕］… 155
幹細胞／全胚培養／キメラ作出／遺伝子導入

12 繁殖障害 …………………………………………［奥田　潔］… 161
12.1 雄の繁殖障害 ………………………………………………… 161
交尾障害（交尾欲減退あるいは欠如）／交尾不能／受精障害（生殖不能症）

12.2 雌の繁殖障害 ………………………………………………… 163
卵巣の障害／子宮の障害／発情の異常／受精ならびに着床の障害／妊娠期の異常／分娩および分娩後の異常

12.3 フリーマーチン ……………………………………………… 170

13 家畜の繁殖技術 …………………………………［柏崎直巳］… 171
13.1 人工授精と精液の保存 ……………………………………… 171
人工授精の効果／人工授精の欠点／人工授精の操作

13.2 胚移植 ………………………………………………………… 177
過剰排卵処置と人工授精／胚の採取，検査／胚・卵の超低温保存／胚のレシピエント／胚の移植

13.3 発情周期（性周期）の同期化 ……………………………… 180

13.4 体外受精 ……………………………………………………… 181
卵胞卵（卵母細胞）の体外成熟／精子の受精能獲得／媒精／体外受精卵

の培養／超音波誘導経膣採卵法（OPU）
　13.5　体外での胚操作 …………………………………………………… 183
　　　ウシ胚の性別判定／胚や卵の培養／遺伝子改変動物／クローン動物／顕微授精／キメラ

14　家畜人工授精・家畜受精卵移植の資格取得 ……………［牛島　仁］… 187
　14.1　関係法規の概要 …………………………………………………… 188
　　　家畜人工授精師とは／講習会の概要／家畜人工授精師の免許の取得／人工授精所の開設
　14.2　関係法規に基づく作業の流れ …………………………………… 190
　　　人工授精／受精卵移植／体外受精／産子の登録に関する諸注意

　索　　引 ……………………………………………………………………… 199

1 高等動物の生殖

1.1 生殖とは

1.1.1 進化と生殖
　40億年ともいわれる遠い昔に地球上に誕生した生命は，その後，連綿として生きつづけ，多様な生物を生み出してきた．生物個体には寿命がある．生物が連綿として生きつづけるには寿命を新しい個体に引き継ぐことが必要である．すなわち，子をつくる生殖が必要である．自然界では，生殖によって親と遺伝的に近似の子が誕生し，生命が継続される．

　生殖細胞の遺伝子に起こった変異は，次世代の個体の形質に現れる．このような変異が積み重なって新しい種が誕生するが，種が成立する過程には，突然変異と自然淘汰に加えて地理的隔離あるいは性的隔離が大きな役割を果たしている．性的隔離とは，集団の遺伝子の違いが大きくなり，集団の間で交配が行われなくなったり，子孫ができなくなったりすることをいう．

1.1.2 生殖の目的
　生殖の目的は生命の連続性の維持であり，種の維持である．しかし，動物個体に視点を当てるとやや異なる目的が見えてくる．動物たちは生命を連続させることを意識しておらず，どの個体も自分の遺伝子をもつ子孫をできるだけ多く，後代に残したいと思って生殖を行うように見える．動物のそれぞれの個体は利己的に行動する．雌はよりよい雄を選び，雄は選り好みせずに多くの雌をつかまえて交尾する．

1.1.3 生殖の様式
　多様な生物が繰り広げる生殖にはいくつかの様式がある（図1.1）．最も単純なのはバクテリアや原生動物でみられる2分裂で，個体が2個に分裂するものであ

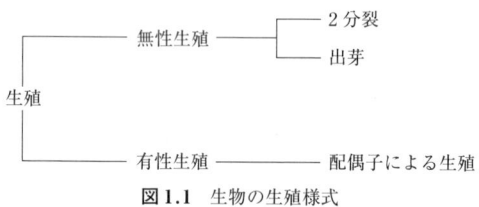

図 1.1　生物の生殖様式

る．分裂した個体は，しばらくすると栄養分を摂取してもとの大きさになる．分裂した個体に大小がある場合は出芽と呼んでいる．分裂や出芽によって新しい個体を増やす生殖の仕方を無性生殖という．

　生物が進化すると，生殖のための細胞，すなわち配偶子（生殖細胞）が形成されるようになる．雄，雌の2種類の個体からなる種では，それぞれ配偶子をつくる．精子と卵子である．両者が合体（受精）して個体に成長する．すなわち有性生殖である．卵子は大型で運動性がなく，精子はべん毛をもち，運動し卵子に接近し，合体する能力をもつ．

　有性生殖を行う動物の中には，受精を行わずに配偶子が発生し，新個体をつくるものがある．これを単為生殖という．

1.1.4　有性生殖の意義

　有性生殖では無性生殖に比べて生殖の仕方が複雑になる．生殖の目的である次世代を誕生させることにおいては，有性生殖は無性生殖に比べて不利である．しかし，自然界においては有性生殖を行う生物が多い．なぜ，生物は有性生殖を行うことを選ぶのだろうか．これに関して最も説得力があるのは「遺伝的多様性の獲得」にあるとする説である．すなわち親のもつ形質は環境に適応しており，同じ環境においてはその環境に適応を示す無性生殖が優れている．しかし，環境が変化すると適応は難しくなり，種が絶滅する危険性もある．そのため，子の遺伝子型に多様性を与え，環境変化に備えるのが望ましい．配偶子形成の過程で減数分裂を行うが，減数分裂により，父方由来と母方由来の相同染色体がランダムに分配され，遺伝的に多様な生殖細胞がつくられる．さらに減数分裂によって染色体の組換えも起こる．

　たとえば，ウシの場合，30対，計60本の染色体をもつので，その組み合わせは 2^{30} 通りとなる．さらに減数分裂によって染色体の組換えが起こる．1本の染色体に1カ所ずつ組換えが起こったとすると，その組み合わせは，たとえばウシ

では 2^{60} 種類となる．すなわち，同じ遺伝子の組み合わせをもった配偶子はほとんどありえないほど遺伝的に多様な配偶子が生み出される．

1.1.5　有性生殖と生殖器官

　有性生殖では雌雄がそれぞれ配偶子を生み出し，それらの合体によって次世代がつくられる．そのため高等動物の受精卵（胚）は雌雄に性分化し，独特の生殖器官をもつようになる．そして，それぞれは配偶子を生み出す精巣あるいは卵巣と呼ばれる性腺をもつ．精巣でつくられた精子は卵子と受精するため射精されなければならず，そのため雄は副生殖腺や生殖器道をもつ．また体内受精を行う哺乳類，鳥類では交尾器をもち，雄は雌の体内に射精する．雌は，受精卵をどのように育てるかにより，卵生，卵胎生，胎生に分かれるが，胎生では，母体内で受精と胚発生が行われ，新個体がほぼ完成された個体として分娩される．さらに哺育も行う．そのため，卵管，子宮，膣などの生殖器道のみならず，乳腺も発達させる．

1.2　生殖細胞系列

1.2.1　体細胞と生殖細胞

　生物の体をつくる細胞には2種類ある．1つは個体の生命を維持するために機能し，個体の生命と運命をともにする細胞で体細胞という．一方，生物は，永遠に不死ともいえる細胞（生殖細胞）をもっている．すなわち，生物は生物から生まれ，個体としての生物は必ず死ぬ．個体の死を超えて生物が生きながらえるために，生物は生物の「生」を継承する細胞を必要とする．これが生殖細胞である．雌雄の性をもち，有性生殖を行う高等動物，とくに哺乳類では，生殖細胞（精子や卵子）は受精し，胚となり，その後，胚の一部の細胞が原始生殖細胞に分化し，原始生殖細胞は性腺に移動し，性腺の影響を受けて精子や卵子となる．そして精子と卵子が受精し，次世代の個体と生殖細胞をつくる．このように生殖細胞は一連の分化の流れをもつことから生殖細胞系列とも呼ばれるが，この生殖細胞系列は生命を継承する「不死」の流れともいえる（図1.2）．

1.2.2　生殖細胞と減数分裂

　細胞分裂は，体細胞でみられる体細胞分裂と生殖細胞にみられる減数分裂に分けられる．体細胞分裂は染色体の2倍体のコピーを維持しつづけるが，減数分裂

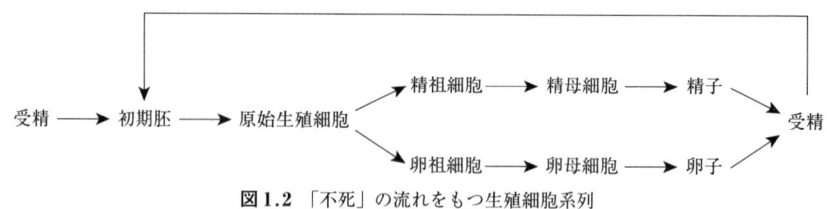

図1.2 「不死」の流れをもつ生殖細胞系列

では染色体が2倍体から4倍体になった後，連続した2回の分裂により，半数体の染色体をもつ生殖細胞をつくる．

生殖細胞は合体（受精）することにより，再び2倍体の細胞となり，個体に発生する．すなわち，生物が有性生殖を重ねても，種としての染色体が2倍体を維持するのは，生殖細胞をつくる過程で染色体数が半減し，受精によって倍化するからである．減数分裂の結果，1つの細胞が連続して2回分裂（第1分裂と第2分裂）を行うので，4個の生殖細胞がつくられる．卵子では1個の卵子と3個の極体がつくられる．

1.2.3 受精と着床

高等動物，とくに哺乳類では性成熟に達すると，雌では発情行動を伴う排卵がみられる．雄は交尾行動を行うようになり，精子が雌の生殖器道に射精される．射精された精子は卵管に移動し，卵子と遭遇し，タイミングがよければ受精する．そして受精した卵子は分割（卵割）を繰り返しながら，子宮に移動し，透明帯から脱出して子宮壁に着床する．このようにして雌は妊娠するが，着床した胚は発育し，胎子に成長し，分娩される．母親は乳腺を発達させ，泌乳を開始し，子を哺育する．

哺乳類では，胎生であり，胎盤をつくる．胎子の子宮壁への着床は，遺伝子構成の異なる細胞どうしの間で起こる．すなわち，胚の栄養膜細胞と母体の子宮上皮との相互作用によって起きる現象である．通常では遺伝子構成が異なれば拒絶されるが，母体と胎子の間では拒絶反応は起こらず，妊娠期間中，胎子は子宮に維持される．

● 1.3 生殖と疾病 ●

生殖機能は，神経・内分泌，遺伝，あるいは微生物，栄養，気象などの環境因子の影響を受ける．動物はこのような因子の変化に対応し，生殖を行う能力を備

えるが，一定の限度を超えると生殖機能は阻害される．このような阻害が家畜や家禽に起きた場合，繁殖障害と呼ばれる．繁殖障害は，淘汰されたり，治療が施されたりする．

文　献

1) 日高敏隆（1993）：動物の生殖における利己と協同．生殖系列―親から子への生命の流れ（第7回「大学と科学」公開シンポジウム組織委員会編）．
2) 佐藤英明（2003）：アニマルテクノロジー，東京大学出版会．
3) 森　崇英総編集（2011）：卵子学，京都大学出版会．

2 高等動物の性行動

　高等動物の生殖行動には，異性の探索，誘引，求愛，交配などにみられる性行動（sexual behavior）と，分娩期や泌乳期の雌動物にみられる母性行動（maternal behavior）がある．この中で，性行動は交尾を目的とした雌雄動物の行動で，雌雄動物の生殖器で生産された配偶子の出会いをつくり，適期に会合させるという重要なプロセスを担っている．この性行動が正常性を失った場合，人為的操作を加えない限り生殖は危機におちいることになる．
　性行動は動物の種類によってさまざまな特徴を示すが，行動に伴う生殖細胞の動態はほぼ共通している．すなわち，雄側からみれば，精巣上体尾部に貯留されていた成熟精子の一群が，通常，億単位の集団となって副生殖腺液とともに放出され，雌の生殖道に進入し，卵管内の受精部位へ運ばれる．一方，雄を許容した雌では，排卵が起こり，放出された卵子も卵管膨大部へと運ばれ，精子と会合して受精が完了する．このような性行動に連動した生殖細胞の動態は，外部から観察できるものではないが，性行動の最終目標が何であるかを明示している．
　母性行動は，母親と産子の間にみられる行動で，雌動物が妊娠期間を全うすると分娩の準備行動に入り，分娩後は産子に対して哺乳を含む一連の母性行動を発現する．性行動ほど目立たないが，母子間の行動の異常は動物の生産を阻む大きな要因となる．

2.1 雄の性行動

2.1.1 雄の性行動パターン

　雄の性行動のパターンは，交配前行動と交配行動に大別される．求愛行動ともいえる雄の交配前行動は，動物の種間で本質的な差はない．家畜では繁殖を計画的に行うため，雄畜は雌畜から隔離されている．そのため，雄畜の性行動は発情期の雌と接近したときに認めることができる．ウシ，ヒツジ，ヤギなどの反芻家畜では，雄畜は雌に積極的に近づき，外陰部や尿を執ように嗅いだり，なめた

2.1 雄の性行動

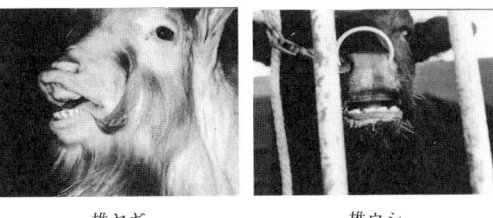

雄ヤギ　　　　　　　雄ウシ

雄ニホンジカ　　　　雄フタコブラクダ

図 2.1 有蹄類のフレーメン（仙台市八木山動物園　鹿股幸喜氏提供）

り，体をかんだり，フレーメン（flehmen）と呼ばれる動作をしたりする．フレーメンはブタ以外の有蹄類でよくみられる反応で，雄が雌の尿を嗅いだあとなどに見せる「笑い」に似た表情である（図2.1）．一般に家畜の笑う反応として知られ，頭を上げ，頸すじを硬直させ，上唇を曲げた感じで歯を露出させた状態をしばらく続ける．持続時間は，数秒〜数十秒におよぶ．ブタでは，嗅覚的に発情を検知できないため，雌との行動連鎖が重要とみなされている．

　雌の一般的な交尾許容のサインである不動姿勢が現れると，雄は交配行動をとる．すなわち，陰茎の勃起（erection），乗駕（mounting），陰茎の挿入，射精（ejaculation）という一連の交配行動が起こる．陰茎の構造が弾力線維型の反芻類やブタは，脈管型のウマに比べて勃起が速い．一般に陰茎の挿入と射精の開始は，乗駕とほとんど同時にみられるが，射精時間は動物種によって異なる．反芻類では射精は一瞬で，このとき，腰を突き上げる動作をする．ブタは，陰茎の先端がらせん状をしており，乗駕とともに腰を押しつける行動をとり，陰茎先端を子宮頸管に固定させながら，射精する．射精時間は5分以上におよぶ．ウマでは勃起に時間がかかり，挿入時間は1分以上におよぶことが多く，この間に射精が行われる．また，射精を終えた雄は回復が早く，小休止ののちに再び交尾行動をとる．

2.1.2 雄の性行動の発現
a. 内分泌系の関与
性行動の発現は，内分泌支配を受けている．雄では精巣から分泌されるアンドロジェン（おもにテストステロン）が性行動発現の引き金となる．たとえば，精巣を摘出した動物では性行動が減退する．しかし，テストステロン投与により性行動の回復がみられ，とくに，雄の交尾行動の発現に重要であるとみなされている．また，ウマやブタの精巣では，アンドロジェンとともに大量のエストロジェンも分泌されている．ブタではこれらのステロイドホルモンの協同により，雄の性行動が活発化する．

b. 社会環境・自然環境の関与
社会環境が雄の性行動発現に影響をおよぼす場合，雌雄の比率，動物の密度，異性の刺激などがおもな要因となる．たとえば，放牧中の雌ウシの群れに一定期間雄ウシを導入して自然交配させる「まき牛繁殖」では，雄畜と雌畜の比率は 1：30～1：100 の関係にあり，異性の存在によって雄の性行動は刺激されるが，雌の数が雄の交配能力以上に増えると交配率は低下する．雄の導入により雌の発情は同期化されやすくなり，導入開始後まもない時期に受胎するケースが多い．これは，限られた時間帯に複数の発情個体に対して効率的に交配を行っていることを表している．雄は複数の発情個体の中から交配最適期な個体を選び出し，交配行動をとる（図 2.2）．1 頭あたりの射精回数は 6～10 回で，規則性がある．射精を行った後は，ただちに次の発情個体へ移動し，効率よく交配を行っている．雄の交配行動は雌ウシの血中 LH 濃度がピークになるときに集中している．LH サージの出現した雌個体を選んでいるようすがうかがえる．

雄の性行動は，光，温度，湿度などの自然環境の影響を受ける．ヒツジ，ヤギ，ウマなど季節繁殖動物では，光，とくに日長変化の影響がみられる．その影響は，雌に比べて顕著ではないが，繁殖季節には精巣のアンドロジェン分泌能は亢進し，精漿中の代表的な糖であるフルクトース濃度は著しく高まる．日長の影響は，周年繁殖動物のブタでも認められ，精巣ホルモンの生産や性欲が日長の影響を受け，晩秋から冬にかけて高くなる．一方，高温環境によってウシやブタでは造成機能の低下や精液性状の悪化がみられ，性欲減退を引き起こす．

c. フェロモンの支配
嗅覚を刺激して生殖機能の調節に関与するにおい物質は性フェロモン（sex pheromone）と呼ばれ，哺乳類ではマウスでその働きがよく知られている．家畜

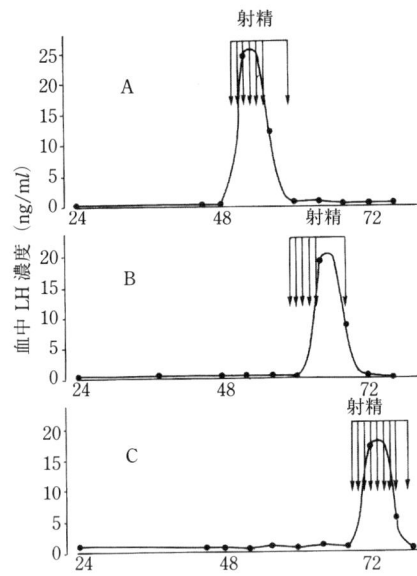

図2.2 雄ウシの交配行動と発情ウシの血中LH濃度の変化[1]
雌ウシの血中LH濃度がピークとなるときに,雄ウシの交配行動が集中している.

では,ブタ,ヤギなどを中心に性フェロモンの存在が見出されてきた.フェロモンは,同種動物の個体間で発信,受信が行われる化学信号である.作用発現が早いリリーサーフェロモン (releaser pheromone) と,効果が2次的に現れるプライマーフェロモン (primer pheromone) の2種類に大別される.

雄ブタの精巣は,性ステロイドホルモンのほかにフェロモンを産生している.じゃ香臭のある 3α-アンドロステノールと尿臭のある 5α-アンドロステノンで,テストステロンと似た構造をとる臭気性ステロイドである(表2.1).これらは,LHの支配を受けて精巣でつくられ,唾液や汗に混じって放出される.これらの臭気性ステロイドは,リリーサーとプライマーの両フェロモン効果を発現する.リリーサー効果としては,発情した雌ブタに対し不動姿勢(許容姿勢)を誘発させ,交配を容易にする.また,プライマー効果によって,雌ブタの性成熟を促進する.

繁殖季節を迎えた雄ヤギはフェロモンを産生する.ヤギは短日性の季節繁殖動物で,秋から冬にかけて繁殖季節が現れるが,この時期には雄の生殖機能が増進するとともに,ヤギ特有の強いにおい(特異臭)が出現する.この雄ヤギの特異臭の中から,雄ヤギの性フェロモンとして4-エチル脂肪酸が見つかっている(表2.2).このフェロモンは,アンドロジェン支配を受けて頭・頸部の皮脂腺か

表 2.1 雄ブタのにおい物質とアンドロジェンの比較（文献 2) より改変）

一般名	化学成分	化学構造	分類	おもな生産器官	おもな作用
におい物質	アンドロステノール	(OH, H)	性フェロモン（臭気性ステロイド）	ブタ精巣	雌ブタの性成熟を促進 発情ブタを誘引し不動姿勢を誘発
	アンドロステノン	(O, H)			
アンドロジェン	テストステロン	(OH, OH)	性ホルモン（性ステロイド）	精巣（ブタに限らない）	精子生産, 性欲発現, 生殖器の発育と機能維持

表 2.2 雄および雌ヤギにおけるにおい物質の違い[3]

性別	におい物質	おもな化学成分	化学構造	性フェロモン作用の有無	おもな生産器官	おもな作用
雄	特異臭	4-エチル脂肪酸	$CH_3(CH_2)_n\text{-}CH\text{-}CH_2CH_2COOH$（$CH_2CH_3$）	あり	頭頸部の皮脂腺	雌ヤギの性成熟を促進 雌ヤギの誘引作用
雌	ヤギ臭	4-メチル脂肪酸	$CH_3(CH_2)_n\text{-}CH\text{-}CH_2CH_2COOH$（$CH_3$）	なし	全域に分布する皮脂腺	一般的な皮脂の役目

ら分泌される．4-エチル脂肪酸には，リリーサーとプライマーの両フェロモン効果が認められている．

2.1.3 雄の性行動の異常

雄では交配行動の異常がよく知られている．その発現の誘因には，内分泌系・神経系の障害，遺伝的要因のほか，動物の年齢，性経験などの社会環境が影響している．雄の交配行動異常としては，性欲減退，精神的インポテンス，交配経験の不足などがあげられる．

2.2 雌の性行動

2.2.1 発情徴候と発情行動

哺乳類の雌は，排卵前に発情し，交尾して精子を受け入れる．発情した雌の外陰部は特徴的に変化し，特有の行動をとる．これらの一連の変化を発情徴候（estrous sign, symptom of estrous）と呼ぶ．

雌ウシの場合，発情すると運動量が増え（牛舎内で立ったり寝たりする回数，パドックで歩き回る歩数が増える），互いに鼻を擦り合わせる，他の雌の尻に顎を乗せたり（チンレスティング）乗駕を試みる，雄に近づいて陰部のにおいを嗅ぐなどの行動を示す．雄が求愛した場合にはじっと静止し（不動反応），交尾を受け入れる姿勢を保持する（乗駕許容）．このとき，体温が上昇し（排卵時には下降する），血中エストロジェン濃度が上昇する．それに呼応して子宮の緊張性が高まり，子宮頸管は拡張して粘液の粘稠性が低下するので外陰部から粘液を出す．腟内のpHは低下し，粘液や尿に独特のにおいが現れる．発情開始から10〜20時間後になると尾根部や腰角の毛が逆立つ，尾根部を手でさわると尾を横に動かすなどの現象がみられ，この頃が人工授精の最適のときである．

雌ウマの場合，発情すると食欲が減退する．雄が近づくと腰を屈め，両後肢を開いて，尾をあげて陰部を開閉して陰核を露出し（ライトニング），特有の鳴声をあげ，頻繁な排尿などの発情期に特徴的な行動をとる．

ブタの場合（図2.3），発情前期に雌の外陰部が急に大きくなり，発情2日目に

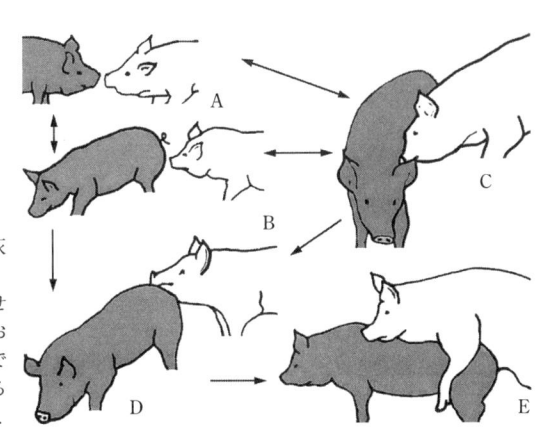

図2.3 ブタの発情行動の流れ（灰色が雌，白は雄）
発情した雌雄は，鼻をつきあわせて対面する（A）．性器周辺のにおいを嗅ぐ（B）．雄が雌の体を鼻で押す（C）．雄が雌に乗駕を試みる（D）．雄が乗駕して交尾する（E）．

膣腔が急激に拡大する．はじめに発情した雌雄は，互いに鼻をつきあわせて対面する。次いで互いの性器周辺のにおいを嗅ぎあう．雄が，雌の体を鼻で押すなどの所作を繰り返したあと，雌に乗駕を試みる．このとき雌が，不動姿勢をとれば（不動反応・乗駕許容），雄が乗駕して交尾する．

マウスでは，明瞭なフェロモンの効果がいくつか知られている．

1) **雄から雌への効果**

① Bruce 効果： 1959 年に Bruce によって見出された効果で，雌マウスを交尾後着床までの間（マウスでは 4〜5 日），交尾相手と異なる雄と直接接触しなくてもそのにおいを嗅ぐだけで（雄フェロモン曝露），下垂体からのプロラクチン分泌が抑制され，このため卵巣からのプロジェステロン分泌が抑制されて胚が着床しなくなって妊娠が不成立に終わってしまう．

② Vandenbergh 効果： 離乳後の幼若な雌マウスは，成熟した雄マウスのにおいを嗅ぐだけで，末梢血中のエストロジェンと黄体化ホルモン濃度が上昇し，性成熟（春機発動）が早まる．

③ Whitten 効果： 多数の雌マウスを群飼させることで偽妊娠状態（非発情状態）にしておき，ここに雄マウスを入れると，雄と雌が直接接触しなくても，雄マウス尿中のフェロモンを嗅ぐだけで末梢血中のエストロジェンと黄体化ホルモン濃度が上昇し，3 日後の夜にいっせいに発情する（発情誘起）．

2) **雌から雌への効果**

① Lee-Boot 効果： 多数の雌マウスを群れ状態で同居させると，末梢血中性腺刺激ホルモン濃度が低下し，発情休止期が長くなり，偽妊娠状態になる．また成熟した雌マウスの尿のにおいは，雌マウスの性成熟を遅らせる．

② 寄宿舎効果： 雌を集団で飼育すると性周期が同期する．

文　献

1) 正木淳二編（1992）：哺乳動物の生殖行動．川島書店．
2) 入谷　明・正木淳二・横山　昭編（1982）：最新家畜家禽繁殖学．養賢堂．
3) Sugiyama, T., Sanada, H., Masaki, J., Yamashita, K. (1990): *Pheromones and Reproduction* (Sugara, Y., Seto, K. Eds.), pp. 53-62, Parthenon Publishing.
4) Cupps, P. T. (1991): *Reproduction in Domestic Animals* (4th ed.), Academic Press.
5) King, G. J. Eds. (1993): *Reproduction in Domestic Animals*, Elsevier Scientific.

3 高等動物の生殖器官と構造

● 3.1 雄の生殖器官と構造 ●

3.1.1 雄の生殖器官

　高等動物の雄性生殖器官（male reproductive organ）は，精巣（testis, 複数形は testes），精巣上体（epididymis），精管（vas deferens），尿道（urethra），副生殖腺（accessory glands）および陰茎（penis）から構成される（図3.1）．精巣は，雄性動物の生殖腺で，精子と生殖に必要なホルモンを生産する．精巣上体，精管，尿道は精子の通路（精路）で，副生殖腺は射精時に分泌液を放出する．副生殖腺には，精嚢腺（seminal vesicle, vesicular gland），前立腺（prostate gland），尿道球腺（bulbo-urethral gland, Cowper's gland）があり，陰茎は排泄器と交尾器を兼ねている．

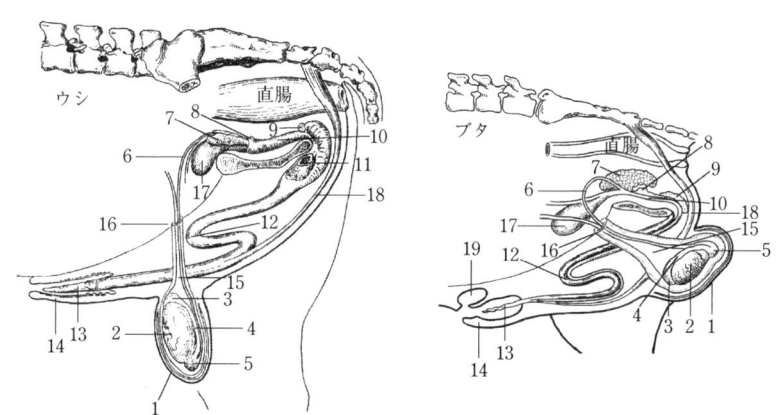

図 3.1 雄の生殖器（文献[1] より改写）
1：陰嚢，2：精巣，3：精巣上体頭部，4：精巣上体体部，5：精巣上体尾部，6：精管，7：精嚢腺，8：前立腺，9：尿道球腺，10：尿道骨盤部，11：陰茎左脚，12：陰茎S字曲，13：陰茎遊離部，14：包皮，15：精索，16：鼠径輪，17：膀胱，18：陰茎後引筋，19：包皮腔．

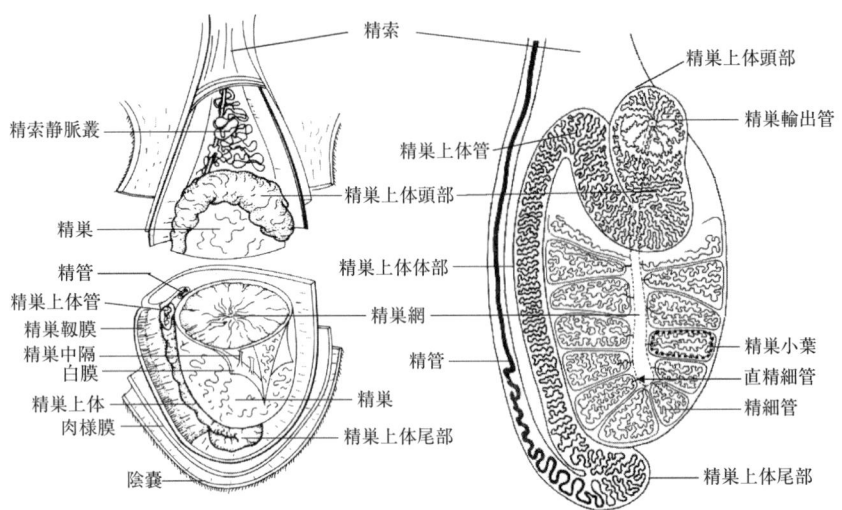

図 3.2 精巣の外観[2]と内部構造[1]の概略（ウシ）

精巣で生産された精子は，精巣上体を通過中に成熟して射精の機会を待つ．射精時に精子は精巣上体を離れ，精管を経て尿道へ運ばれ，副生殖腺の分泌液とまざり，陰茎から精液として放出される．

3.1.2 精　巣
a. 精巣の構造と配置

精巣は，卵円形をした一対の器官で，結合組織からなる厚い白膜（tunica albuginea）で覆われている（図3.2）．表面には長軸にそって精巣上体が付着している．成熟した多くの動物では，精巣は陰嚢（scrotum）内におさめられて下垂し，腹腔とは精索（spermatic cord）で結ばれている．精索内部には，精巣に通じる血管，神経，精管が収容されている．精巣内部（実質）は，白膜から派生した結合組織性の精巣中隔によって細かく区分され，精巣小葉をつくっている．各小葉内には，精細管（seminiferous tubule）と呼ばれる直径 $100 \sim 400\,\mu m$ の管が著しく迂曲した状態で詰め込まれ，その両端は直精細管としてまとめられ精巣網（rete testis）に開口している．精巣網は，精巣輸出管（efferent duct）を経て精巣上体へとつながる．

精細管内には，精子形成段階にある生殖細胞群と，これを支持するセルトリ細胞（Sertoli cell）が存在する．一方，精細管の外壁には基底膜を介して筋様細胞

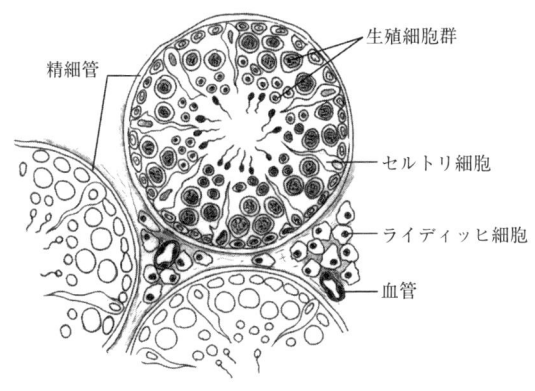

図 3.3 精巣の断面像

や疎性結合組織がみられる（図 3.3）．精細管と精細管の間質には，毛細血管網，リンパ，神経のほか，アンドロジェンを産生するライディッヒ細胞（Leydig cell）が認められる．

精巣は，ウシ，ヒツジなどの反芻動物では腹壁に対してほぼ垂直に配置し，ブタ，ウマ，イヌ，ネコなどではほぼ水平に配置されている（図 3.1 参照）．ゾウ，クジラ，イルカなどのように精巣が腹腔に存在する動物もみられる．

b. 精巣の温度調節

精巣は，精子形成能が維持されるように，体温より低い温度に保たれている．精巣を収納している陰嚢は，表皮が薄く，被毛が少なく，汗腺がよく発達しているため，熱放散に都合のよい構造をとっている．また，陰嚢には，肉様膜（tunica dartos）と呼ばれる平滑筋層がある（図 3.2 参照）．外気温の変化に応じて，平滑筋が収縮・弛緩し，陰嚢の表面積を変えたり腹壁との距離を調節することにより，適温を保っている．一方，精巣に入る血管系にも工夫がなされている．精巣に流入する動脈はコイル状をなして精索内を下降し，静脈がそれにつる状に巻きついて精索静脈叢（pampiniform plexus）を形成している（図 3.4）．このような血管の特殊な走行により，動静脈間で熱交換が行われ，あらかじめ冷却された動脈血が精巣に流入するしくみになっている．たとえば，ヒツジでは動脈血は体温より 5℃ 前後冷却されて精巣に流入する．

3.1.3 精巣下降

腹腔内で発生した精巣は，ある時期になると腹腔から鼠径輪（inguinal canal）

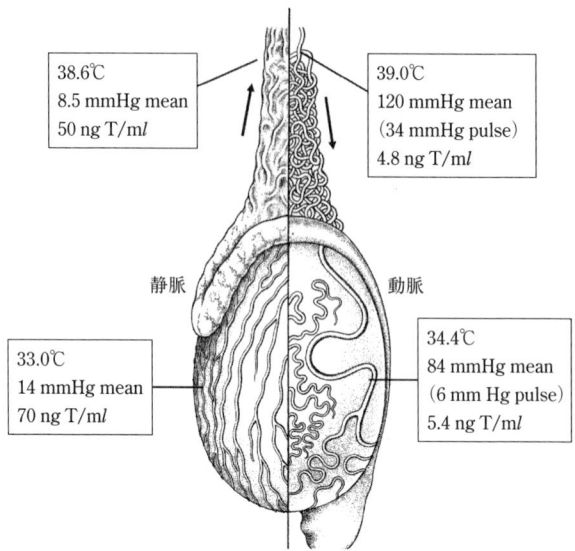

図 3.4 ヒツジ精巣の血管分布と血液温度,血圧,血中テストステロン濃度 [3]

を通って陰嚢内に下降する.これを精巣下降(testicular descent)という.下降の時期は動物種で異なり,ウシやヒツジなどの反芻類では,胎子期の中期である.ブタでは胎子期の後期,ウマでは出生直前または直後である(表3.1).また,ヒトは胎子期の中期から後期に起こり,マウスやラットなどの齧歯類では出生後に下降する.時として,下降が起こらないことがあり,これを停留精巣(cryptorchidism)と呼ぶ.この場合,内分泌機能は損なわれていないが,精子形成能が阻害されるため,性欲を示すが不妊となる.イヌやウマでは停留精巣の発生頻度が高く,ヒトの場合には,精巣癌のリスクが高くなるといわれている.

　精巣下降の仕組みについては,齧歯類を用いた研究から明らかになりつつある.すなわち,精巣下降は,第1段階の腹腔内下降(transabdominal descent)と第2段階の鼠径陰嚢部下降(inguinoscrotal descent)の2段階からなる(図3.5).第1段階は,頭側懸垂靱帯(cranial suspensory ligament)と精巣導帯(gubernaculum)を介して腎臓近傍に位置していた胎子精巣が,腹腔内に下降する過程である.胎子精巣で分泌されるミュラー管抑制因子(MIS)やリラキシン様またはインスリン様ペプチド(RLF/INSL3)が精巣導帯の発達を促し,一方,アンドロジェンが頭側懸垂靱帯の退行を促進し,腹腔内下降をコントロールして

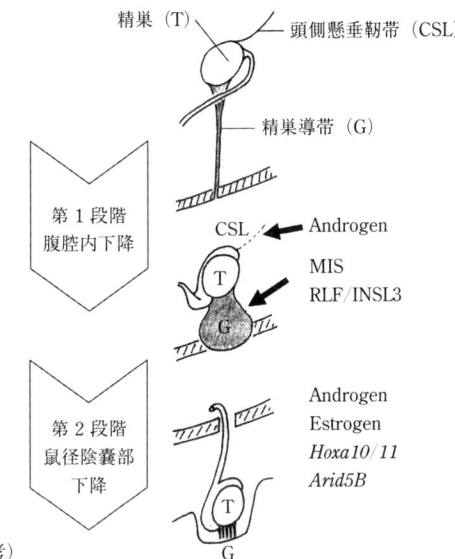

図 3.5 精巣下降のメカニズム（文献 4,5) を参考)

表 3.1 家畜精巣の出生後の発育と精子形成（文献 6) より改変)

	ウシ	ヒツジ	ブタ	ウマ
精巣の陰嚢下降	胎子期の中期	胎子期の中期	胎子期の後半	出産直後か直前
精母細胞の精細管出現	24 週齢	12 週齢	10 週齢	一定しない
精子の精細管出現	32 週齢	16 週齢	20 週齢	56 週齢
精子の精巣上体尾部出現	40 週齢	16 週齢	20 週齢	60 週齢
精子の射精	42 週齢	18 週齢	22 週齢	64～96 週齢
性成熟年齢	150 週齢	>24 週齢	30 週齢	90～150 週齢

いると考えられている（図 3.5）．第 2 段階は鼠径部から陰嚢部までの下降で，性ホルモン（アンドロジェンやエストロジェン）や遺伝子（*Hoxa10/11*, *Arid5B*）などの複数の因子によって制御されるとみなされている（図 3.5）．

出生後，精巣は体の発育に伴って大きくなり，また形態や機能面でも変化する．ブタでは 18 週齢をすぎると精巣重量が急激に増大しはじめる．20 週齢には精巣内の精細管に精子の出現がみられるようになり性成熟過程の開始（春機発動期，puberty）を迎える（表 3.1）．22 週齢には精子の射精も認められるが，精巣のほか，精嚢腺，精巣上体，尿道球腺などの生殖器官の発育は春機発動期後も引きつづきみられ，生後 30 週齢でようやく機能的に十分に発達し生殖活動の可能な状態（性成熟）に達する．また，ウシでは，生後 32 週齢で精子の精細管出現，

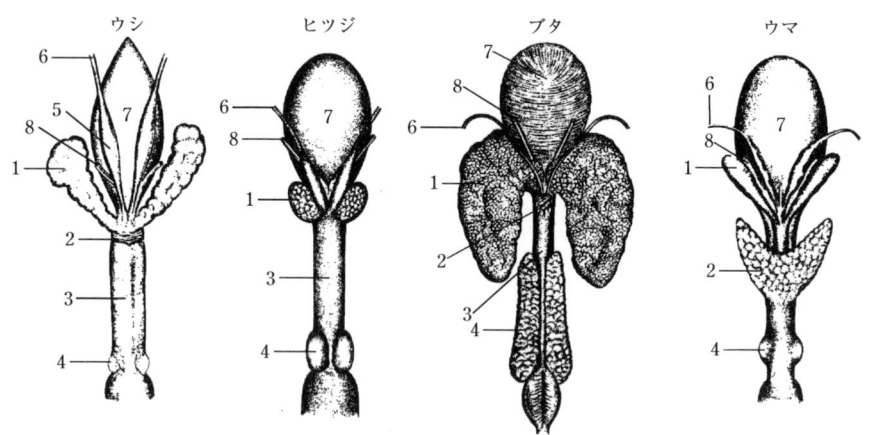

図3.6 家畜の副生殖腺(文献[7]より改写)
1：精囊腺, 2：前立腺体部, 3：前立腺伝播部, 4：尿道球腺, 5：精管膨大部, 6：精管, 7：膀胱, 8：尿管.

42週齢で射精がみられるが, 性成熟に達するまでに150週齢もかかる.

3.1.4 副生殖腺

　副生殖腺は射精に備えて分泌液を貯留する腺組織である. 家畜の副生殖腺は, おもに精囊腺, 前立腺, 尿道球腺からなる (図3.6). いずれも構造的には, 複合管状胞状腺である. 副生殖腺液は, 射精の際に精子の輸送を容易にするほか, 精子生理に影響をおよぼす種々の物質が含まれている.

　精囊腺は, 膀胱の外側に突出した1対の外分泌腺である. 家畜ではよく発達しているが, イヌ, ネコにはない. 内部は, おもに腺胞, 腺胞が複数集まってできた小葉, 導管からなり, 小葉と小葉の間隙を平滑筋層が埋めている (図3.7). 腺胞は, 不規則なヒダ状構造をとり, 1層の分泌上皮細胞が内腔を裏打ちしている. 分泌液は, 腺胞内に貯留され, 導管を通り, 射精管を経由して尿道に放出される. ブタでは, 導管が直接尿管へ開口している. 精囊腺液は, 白色または黄色を呈し, 精漿のおもな成分となる. フルクトース, ソルビトール, イノシトール, グリセロリン酸コリン (GPC) など精子の代謝基質となる特異成分が含まれている. また, タンパク質が豊富で, 代謝酵素やホルモンを含めた生理活性タンパク質も見出されている.

　前立腺は, 尿道の上端に位置する体部と, 尿道骨盤部に分布する伝播部からなる外分泌腺である. とくに伝播部は尿道を囲んで分布し, その外側を尿道筋が包

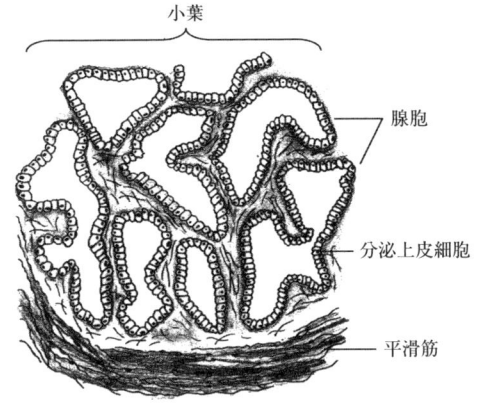

図 3.7 精嚢腺の断面像

んでいるため，表面からは観察できない．ヒツジ，ヤギには体部がなく，ウマは伝播部を欠いている．前立腺の内部構造は，基本的に精嚢腺と同じであるが，腺胞は小さく丸みをおびている．家畜では前立腺の機能はよくわかっていない．前立腺の発達したヒトでは，前立腺液は弱酸性の薄い乳様色で，酸性フォスファターゼ，亜鉛を含む．前立腺液は，尿道球腺液とともに，射精に際して尿道を洗浄する役割をもつといわれている．

尿道球腺は，カウパー腺とも呼ばれる1対の外分泌腺である．ブタ以外の家畜では球状を呈し，尿道骨盤部の尾端付近にあり，横紋筋の尿道海綿体筋で覆われている．ブタは円筒状で尿道を覆うように付着している．内部構造は，基本的に前立腺と同じであるが，緻密である．尿道球腺液は一般的に家畜では少量であるが，ブタでは精液の15〜20％を占め，膠様物の源となる粘稠物質を含んでいる．ヤギの尿道球腺液も粘稠で，卵黄凝固因子が含まれている．

3.1.5 陰 茎

陰茎は，尿道に続く構造で，勃起（erection）により排尿器から交尾器としての機能をもつ．陰茎の断面をみると，上部に陰茎海綿体（corpus cavernosum penis），下部には尿道を囲んで尿道海綿体（corpus spongiosum penis）が認められる．海綿体は，血液に富む組織で，網目状からなる静脈性の血管腔と，その間を埋める膠原線維，弾性線維，平滑筋線維などの線維性の支持組織からなる間質とでできている（図3.8）．勃起時には反芻類やブタでは，海綿体の中で間質の占

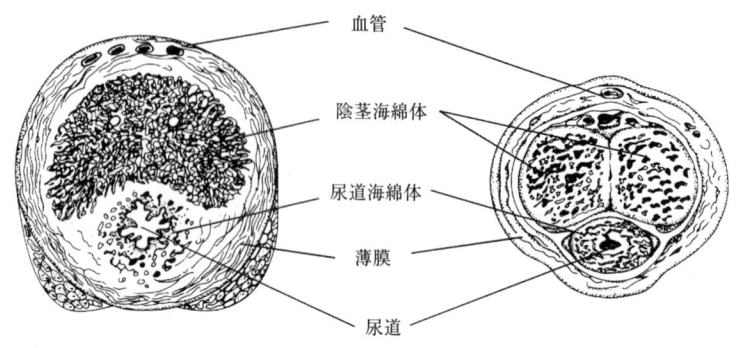

図3.8 線維弾性型陰茎と筋海綿体型陰茎の断面比較[2)]
海綿体の中で，黒くみえる部分は線維性の支持組織，白く抜けている部分は血管腔を表している．

める割合が，ウマやヒトに比べて高い（図3.8）．そのため，反芻類やブタの陰茎は線維弾性型（fibroelastic-type penis）で，体内にS字曲（sigmoid flexure）を有し，勃起時にはこの部分が伸長する．ウマの陰茎はヒトと同様に筋海綿体型（vascular-type penis）で，勃起時には大量の血液が集まり，線維弾性型のものに比べ陰茎の大きさが目立つようになる．陰茎の遊離端は，尿道海綿体が膨大して亀頭（glans penis）となる．家畜ではウマの亀頭が大きく明瞭であるが，反芻家畜やブタでは亀頭は発達していない．また，ブタでは陰茎の先端がらせん状に湾曲している．

3.2 雌の生殖器官と構造

3.2.1 雌の生殖器官

雌の哺乳類の生殖器官は，生殖巣，生殖道，外生殖器の3部位からなる（表3.2）．生殖巣は生殖細胞が分化・発育・成熟し，それを制御するホルモンを分泌する細胞が分布する部位，生殖道は生殖細胞の輸送路で，受精と胎子発育の部位，外生殖器は交接器である．

3.2.2 卵巣

卵巣（ovary）は，扁平な豆形をした1対の器官で，皮質と髄質からなる（図3.9）．動物の種，生殖様式，性周期，年齢などによって構造が異なる．完全性周期動物（ウシ，ブタ，ヒトなど）と不完全性周期動物（マウスなど）間で構造が

3.2 雌の生殖器官と構造

表 3.2 生殖器の比較形態

	ウシ	ヒツジ	ブタ	ウマ	ラット	イヌ	ヒト
生殖巣							
卵巣の外形	卵円形	卵円形	ブドウ房形	豆形(排卵窩)	卵円形	卵円形	卵円形
重量 (g/片側)	10～20	40～80	3～7	40～80	40～80	40～80	40～80
成熟卵胞の数	1～2	1～4	10～25	1～2	1～2	1～2	1～2
成熟卵胞の直径 (mm)	12～20	5～10	8～12	25～70	25～70	25～70	25～70
黄体の直径 (mm)	20～30	9～10	10～15	10～25	10～25	10～25	10～25
最大になる排卵後日数	10	7～9	14	14	14	14	14
退行を始める排卵後日数	14～15	12～14	13	17	17	17	17
生殖道							
卵管の長さ (cm)	20～25	15～19	15～30	20～30	2.5～3.2	4～7	10
子宮の型	両分子宮	両分子宮	両分子宮	双角子宮	重複子宮	両分子宮	単子宮
子宮角の長さ (cm)	35～40	10～20	120～150	15～25	3.5～5	10～14	なし
子宮角の粘膜表面	子宮小宮(70～120個)	子宮小宮(88～96個)	総ヒダ状	総ヒダ状	総ヒダ状	ヒダ状	ヒダ状
子宮体の長さ (cm)	2～4	1～2	5	15～25	なし	1.4～2	5
子宮頸管の長さ (cm)	8～10	4～10	10	7～8	0.5	1.5～2	2
子宮頸管の外径 (cm)	3～4	2～3	2～3	3～4	0.5	0.5～1.5	
子宮頸管の内腔表面	輪状環	輪状環	らせん状	ヒダ状	不規則	不規則	縦ヒダ状
膣の長さ (cm)	20～30	10～14	10～15	20～35	2.5～3	5～8	8
膣前庭の長さ (cm)	10～12	2～3	6～8	10～20	—	2～5	—

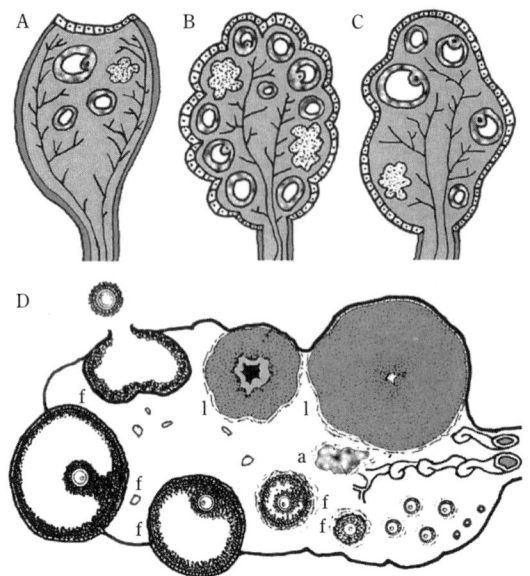

図 3.9　種によって異なる卵巣の構造
ウマ (A) では髄質が皮質を包み込み，皮質の一部が表層に現れている排卵窩からのみ排卵される．ブタ (B) やウシ (C) では皮質が覆う．卵巣は表面上皮に覆われ，この直下に白膜がある．皮質にはさまざまな成熟段階の卵胞 (f)，黄体 (l)，白体 (a) などが含まれる (D).

異なり，季節繁殖動物（ヤギ，ヒツジ，ウマなど）では繁殖期と非繁殖期とで大きく異なる．表面は，表面上皮（以前は表面上皮から卵祖細胞が発生すると考えられていたので胚上皮と呼ばれていたが，誤りである）によって覆われ，この下に白膜がある．これらの下に皮質と髄質がある．多くの動物では，表面の大部分を皮質が覆い，髄質は内側に存在する（髄質という餡を皮質という餅が包む構造）．ところがウマの卵巣では皮質が髄質に包み込まれるように埋没し，皮質の一部が表層に現れた排卵窩 (ovulation fossa) から排卵される（皮質という餡を髄質という餅で包み込んでいるが，一部に裂け目があって餡が顔をのぞかせている構造）．皮質には顕微鏡レベルでやっと観察できる原始卵胞やさまざまな発育・成熟段階の卵胞，黄体，白体などが含まれる．皮質の間質には細い動静脈，リンパ管，神経が豊富に分布している．ウサギ，マウス，ラット，イヌ，ネコの皮質には間質腺（大きな脂質封入体を含む間質腺細胞の集合）がある．間質腺細

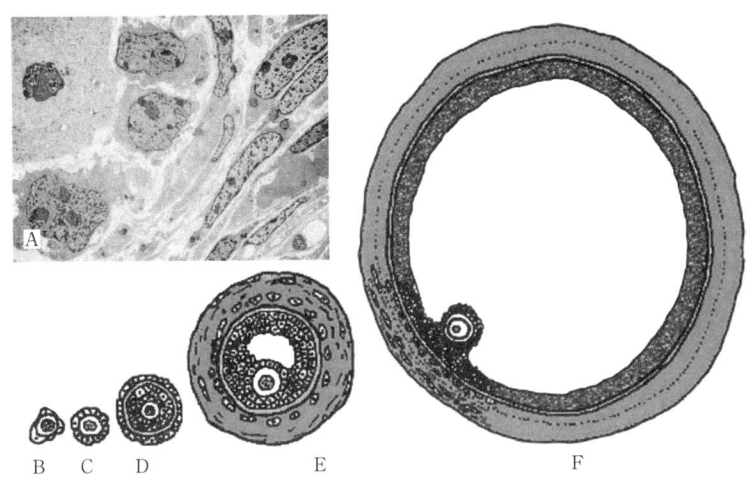

図 3.10 卵胞の発育過程

胎子期に卵祖細胞と単層の卵胞上皮細胞からなる1次卵胞が形成される (B). 性成熟後, 1次卵胞 (A, C) が発育を開始し, 上皮細胞が増殖して重層 (顆粒層細胞) し, 2次卵胞となる (D). 顆粒層細胞は増殖を続け, 卵胞腔が形成されて3次卵胞となる (E, F).

胞は, 閉鎖卵胞の卵胞上皮細胞 (顆粒層細胞) や内卵胞膜に存在する内分泌系細胞に由来するもので, 下垂体が分泌する性腺刺激ホルモンに反応してテストステロンを合成・分泌する. 髄質は, 紐状に連なる平滑筋細胞, 神経線維, 渦巻き状の太い血管, リンパ管を豊富に含んだ大小の空隙がある疎性結合組織である.

a. 卵母細胞と卵胞

卵母細胞 (oocyte) の数はウシで約6万／片側卵巣, ブタで約3万, イヌで約7万, モルモットで約10万, ヒトで約40万であるが (Byskov, 1978), ほとんどが発育を開始することがない. 発育を開始した卵胞 (ovarian follicle) の99%以上は卵胞閉鎖 (atresia) に伴って消滅してしまうが, これの調節機構は未だ不明である. 卵胞は, 卵母細胞, これを取り囲む卵胞上皮細胞層, 基底膜, 内卵胞膜, 外卵胞膜からなる (図3.10). 健常な卵胞は1個の卵母細胞を含む. 動物に外因性内分泌攪乱物質 (いわゆる環境ホルモン) などを投与した場合, 複数の卵母細胞を含む異常卵胞が高頻度で現れる.

1次卵胞の卵胞上皮細胞は1層である. 卵胞上皮細胞は発育過程で分裂して何層にもなり, 顆粒層細胞と呼ばれるようになる. 卵母細胞を直接取り囲んだ顆粒層細胞は, 卵胞腔内に突出するようになり, 卵丘細胞と呼ばれるようになる. 透

明帯に接していて細胞膜が細い細胞突起状になって卵母細胞まで達する特殊な構造をしたものを放線冠と呼ぶ．顆粒層の外側を取り囲む基底膜は，細胞外マトリックス（IV型コラーゲン，ラミニン，フィブロネクチンなど）からなる 20〜100 nm の網目構造体で，さまざまな低分子物質やガスを透過させるが，細胞成分の侵入を防ぐ選択的フィルタである．基底膜より内側に毛細血管，リンパ管，神経線維などが入り込むことはない．ただし，発育過程で 99％以上が閉鎖するが，閉鎖卵胞の基底膜は断裂して隙間ができ，そこを通って卵胞を包み込む毛細血管からマクロファージなどの食細胞が卵胞腔内に侵入してくる．基底膜の外を内卵胞膜と外卵胞膜が包み込む．前者には毛細血管が豊富に分布し，細長い平滑筋細胞と脂肪顆粒を含む多角形の内分泌系細胞が散在している．外卵胞膜には間質性コラーゲンを主成分とする膠原線維が多量に走っており，この中に扁平な線維芽細胞が重層して丈夫な袋構造を維持している．

1) **原始生殖細胞，卵祖細胞，1次卵母細胞と1次卵胞**　　原始生殖細胞は，胎子の第2次性索中で有糸分裂にて増殖を始める．これを卵祖細胞（oogonia）と呼ぶ．卵祖細胞は，卵形の大きな核をもつ卵円形の細胞で，通常の体細胞と同じ倍数体である．有糸分裂を停止した卵祖細胞は，第1減数分裂を開始し，1次卵母細胞（primary oocyte）となる．これは，核小体が顕著な大きな特別な核を有する．この核は，2倍体である体細胞の核とは異なり，卵核胞（germinal vesicle）と呼ばれる．胎子期に，1次卵母細胞はディプロテン期（複糸期）で減数分裂を停止し，その後長い休止期に入る．胎子期に卵祖細胞と単層の卵胞上皮細胞からなる1次卵胞（primary follicle）が形成される（小さなものを原始卵胞と呼ぶことがある）．1次卵胞は，胎性期後期，種によっては出生後まで新生を続ける．春機発動期の成熟した雌の卵巣皮質表層には多数の1次卵胞が観察されるので卵胞帯と呼ばれる．

2) **2次卵胞**　　性成熟後，性周期ごとに一定数の1次卵胞が発育を開始し，ごく一部が排卵にまで至る．扁平であった上皮細胞が増殖して立方形の重層上皮（顆粒層細胞）となる．単層であった卵胞上皮細胞が重層化したときから，卵胞腔が形成されるまでの卵胞を2次卵胞（secondary follicle）と呼ぶ．この2次卵胞の卵母細胞は1次卵母細胞であり，顆粒層細胞から栄養を受けて卵黄を蓄積して大きくなる．2次卵胞の顆粒層細胞の最外側にはよく発達した厚い基底膜が形成されて外界から隔離される．2次卵胞期から3次卵胞期にかけて，卵母細胞はゼリー状のムコ多糖類を分泌して透明帯を形成する．この時期，卵胞周囲の2層

の卵胞膜も発達する．内卵胞膜では毛細血管が豊富で，平滑筋細胞と多くの内分泌系細胞が散在している．外卵胞膜では膠原線維が多量に走り，その中に扁平な線維芽細胞が重なっている．

3) **3次卵胞**　卵母細胞の体積増加が止まった後も顆粒層細胞は増殖を続けて間隙が複数形成され，間隙は互いに融合して卵胞腔（antrum）となる．卵胞腔が形成された卵胞を3次卵胞（tertiary follicle，または胞状卵胞，とくに排卵前の大きなものを成熟卵胞，グラーフ卵胞）と呼ぶ．卵胞腔内には卵胞液が蓄積する．最初はおもに顆粒層細胞が分泌したエストロジェン（17β-エストラジオール）などを含むが，やがて内卵胞膜の内分泌系細胞が産生した物質や毛細血管から浸出した物質なども含むようになる．エストロジェンは，顆粒層細胞と内卵胞膜の内分泌細胞との協調作用によって産生される（2細胞説）．はじめに顆粒層細胞でコレステロールを原料としてプロジェステロンが合成される．これが内分泌細胞に渡されてテストステロンが合成される．これは再び顆粒層細胞に渡されてエストロジェンとなる．卵胞の細胞はステロイドホルモン以外にインヒビン，アクチビン，ホリスタチンなどのペプチド性生理活性物質を合成して卵胞の発育や成熟などの調節にかかわっている．

4) **2次卵母細胞**　卵胞液の増量に伴って3次卵胞は増大し，顆粒層細胞の一部は卵母細胞を包む卵丘細胞となり，透明帯に直接接した放線冠が形成される．これの細胞突起の先端は卵母細胞の細胞膜とコネキシンを介して結合して細胞間の連絡を保っているが，排卵が近づくと退行する．3次卵胞では，肥厚した透明帯に囲まれた半数体の1次卵母細胞が観察され，成長につれて細胞質中に卵黄顆粒，粗面小胞体，ゴルジ装置，ミトコンドリアなどが増加する．やがて下垂体から性腺刺激ホルモンが一過的に放出されると，1次卵母細胞の第1減数分裂が再開され，中期，後期，終期へと進む．第1減数分裂再開時には卵核胞が崩壊しはじめたようにみえるので卵核胞崩壊（germinal vesicle break down）と呼ばれる．これは卵母細胞の成熟過程を調べる場合にはわかりやすく重要な道標である．次いで第1極体が放出されて第1減数分裂が完了し，卵母細胞は2次卵母細胞（secondary oocyte）となる．第1極体は，細胞質をほとんど含まず，きわめて小さくて扁平な形をしており，透明帯と卵母細胞の狭い間隙に放出される．2次卵母細胞は，排卵と受精の準備が調った状態であるので，成熟卵子あるいは単に卵子と呼ばれることがある．ただし，科学的には卵子と呼ぶことは正しくない．なぜなら，第2減数分裂が中期まで進行した2次卵母細胞（イヌやキツネで

は卵核胞崩壊前の1次卵母細胞）が受精するのであって，減数分裂が終了して卵子（第2減数分裂が終了した雌性配偶子のこと）となった後に受精することはないからである．マウス，ラット，ウサギなどでは性腺刺激ホルモンサージの約12時間後，ヒツジでは約20時間後，ウシでは約25時間後，ブタでは約40時間後に排卵が起こる．排卵数は遺伝的に制御されており，ウシ，ウマ，ヒトで1個，ヒツジ，ヤギで1～4個，ブタでは10～20個（少ない品種では5個，多いものでは30個）である．排卵が近づくと，顆粒層細胞はエストロジェン分泌を停止し，卵胞腔は急速に増大し，卵胞膜はきわめて薄くなる．卵母細胞・卵丘細胞複合体は，卵胞腔内に突出して浮遊したような状態となる．このような排卵を迎えた3次卵胞は，卵巣から突出し，卵巣表面に近い卵胞膜で虚血性変化が起こって半透明となった卵胞斑を形成する．排卵はこの部分から起こる．排卵時の3次卵胞の直径は，イヌ，ネコでは2 mm，ヒツジ，ヤギ，ブタでは8～10 mm，ウシでは15～20 mm，ウマでは50～70 mmに達する．

b. 黄　体

　黄体（corpus luteum）は妊娠の成立と維持のために重要なプロジェステロンを分泌するもので，卵生動物には存在しない．「新たに獲得した形質は多様性に富む」という原則が黄体にもあてはまる．黄体の維持機構と退行を制御する機構には種属差が大きく，すべての哺乳類に共通な機構は成立していない．2種類の黄体細胞がある．顆粒層細胞に由来する大型の顆粒層黄体細胞と，内卵胞膜の内分泌細胞に由来する小型の卵胞膜黄体細胞である．排卵を終えた破裂卵胞は卵巣内に閉じこめられ，卵胞腔部に血液が貯留した出血小体が形成される．ここに内卵胞膜の細胞が血管を伴って侵入してきて黄体が形成される．ウシ，イヌ，ネコ，ヒトなどの黄体はルテインを含むので黄色を呈しているが，ブタ，ヤギ，ヒツジの黄体細胞はルテインを含まないので淡い肉色であり，ウマの場合は黒色の色素を含むので黒っぽい肉色である．排卵後に形成された黄体はプロジェステロンを分泌し，黄体期の成立の主要因となる．プロジェステロンは，子宮内膜の分泌機能を亢進させて受精卵の着床に適した環境を準備する．プロジェステロン分泌が盛んな時期は，ウシ，ヒツジでは排卵7～8日後，ウマでは12日後，ブタでは12～13日後である．ウシでは黄体の発達が排卵12日後まで続き，直径25 mmにまで達するが，15日後からルテインの濃縮による赤色化が観察されるのでとくに赤体と呼ぶ．妊娠が成立しないと黄体細胞は退縮して消失するが，フィブリンなどの線維成分や結合組織が置き換わるため白体と呼ばれる瘢痕組織と

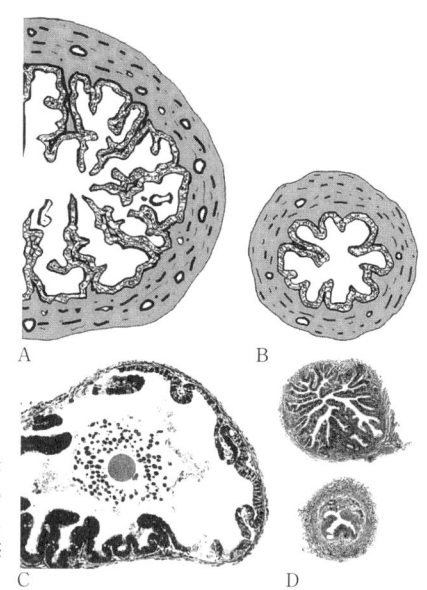

図 3.11 卵管
卵管の膨大部は太い部位で，卵管をさかのぼってきた精子が排卵された2次卵母細胞と出会う受精の場である（A, C）．卵管腔に排卵された2次卵母細胞がみえる（C）．峡部は胚を子宮に運搬する通路である（峡部の上流と下流：B, D）．

なる．これもやがて消滅するが，ウシでは瘢痕組織が残存する．このように妊娠が成立しなかったために退行する黄体を性周期黄体と呼ぶ．妊娠が成立した場合，黄体はいっそう発育して妊娠黄体となる．多くの哺乳類では，妊娠期間の中期ごろまで妊娠黄体が存在して妊娠の維持につとめる．

3.2.3 卵　　管

　卵管（oviduct）は，腹腔に開口する1対の開放系の管状構造物である．漏斗部，膨大部，峡部の3部に区分される（図3.11）．排卵された2次卵母細胞は，卵管の腹腔口周囲にラッパ状に広がる卵管采にとらえられ，卵管に導かれて膨大部で受精する．漏斗部は大きな漏斗状の部位で，腹腔内に排出された2次卵母細胞を確保して卵管に取り入れる．続く膨大部は太い部位で，卵管をさかのぼってきた精子が2次卵母細胞と出会い，受精する場である．下流の峡部は胚を子宮に運搬する通路で，多くの哺乳類では胚が通過するのに4～5日間かかり，着床するまでの胚の発生の場としても重要である．卵管の壁は粘膜，筋層，漿膜の3層からなる．卵管の内腔はよくヒダの発達した粘膜で覆われている．一般に粘膜は粘膜上皮細胞層，粘膜固有層，粘膜筋板，粘膜下組織からなるが，卵管には粘膜筋板がないため粘膜固有層と粘膜下組織は連続している．卵管の最内層を覆うの

は性周期に伴って増減する2種類の単層粘膜円柱上皮細胞である．可動性の線毛を有する線毛細胞と微絨毛を有する分泌細胞である．排卵前の卵胞が発育する時期には線毛細胞が優勢である．排卵後は分泌細胞が増加し，黄体の成長に呼応して盛んな分泌像を呈する．粘膜の下に内層輪走筋層と外層縦走筋層がある．これらの収縮による蠕動運動によって，精子を受精の場まで運搬したり胚を子宮まで運搬している．ウサギ，マウス，ラットなどでは，精子が卵管内に約6時間留まる間に受精能を獲得する．多くの哺乳類では，胚が子宮に進入するまでに2～4日を要し，この間に胚は4～32細胞の範囲まで発生が進む．筋層の外側を漿膜下組織と漿膜が包む．漿膜下組織や粘膜固有層には，豊富な無髄神経線維束が観察され，卵管の機能が自立神経系によって支配されていることをうかがわせる．漿膜は，腹膜と連続する膜構造物で，卵管を腹腔背部から吊している．

3.2.4 子宮と子宮頸管
a. 子 宮

胚は，数日かけて卵管内で発生を進行させながら子宮（uterus）まで下降してきて胎盤を形成して着床する．子宮は，卵管が開口している1対の子宮角，子宮体，膣へと続く子宮頸管の3部位からなるが，種間で構造が異なる（図3.12）．

① 重複子宮： ウサギでは，左右の子宮体が合一することがなく，2つの子宮口をもって膣腔に開く．

② 双角子宮： ブタ，ウマ，ヤギ，ヒツジでは，卵管側は左右一対の分離した子宮角をもつが，膣側で合一して1つの子宮体と子宮頸部を形成し，1つの子宮口をもって膣腔に開く．

③ 両分子宮： 双角子宮の変形と考えられる．ウシでは，左右1対の分離し

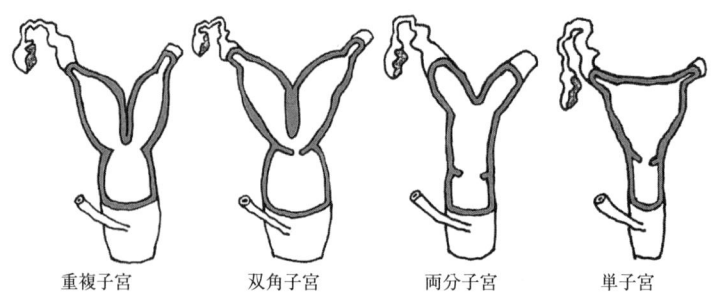

図3.12　種によって異なる子宮の構造

重複子宮　　双角子宮　　両分子宮　　単子宮

た子宮角が子宮体に開口するが，子宮帆と呼ばれる中隔が子宮体を子宮頸管近くまで2分している．1つの子宮口をもって腟腔に開く．

④ 単子宮： ヒトを含む多くの霊長類では，子宮角に相当する構造がなく，1対の卵管が広い子宮体の左右の上隅に直接開口している．1つの子宮口をもって腟腔に開く．

子宮は，粘膜層，筋層，漿膜層の3層構造をとる．最内層の粘膜層は子宮内膜とも呼ばれる．表面を覆う単層の上皮細胞とその下の厚い粘膜固有層からできている．上皮細胞は，少数の線毛細胞と多くの微絨毛細胞からなり，性周期，繁殖期，妊娠期には各ステージの推移に伴って一連の変化をする．ウマ，イヌ，ネコ，ヒトでは，単層円柱あるいは立方上皮である．ブタ，ウシ，ヒツジでは，偽重層円柱上皮あるいは単層円柱上皮である．下層の粘膜固有層には，上皮から固有層を貫いて筋層にまで達する子宮腺が多数あり，粘液を分泌する．粘膜固有層は，血管が豊富で，多くの線維芽細胞とマクロファージ，肥満細胞，リンパ球，顆粒白血球，形質細胞などが散在している疎性結合組織である．ヒツジの粘膜固有層にはメラニン色素に富む黒色の色素細胞が多数存在する．月経のみられる霊長類の子宮内膜は2層に区分される．内腔側の機能層は，稠密層と海綿層からなり，排卵後受精が成立しないと剥離してしまう．この現象が月経である．外側の基底層は月経後も存在しつづけ，この部位から性周期ごとに新たな機能層が形成される．反芻類の子宮角の内腔側には特徴的な構造が発達している．子宮小丘と呼ばれるボタン状の隆起である．その断面は，ウシでは中央部がわずかに膨らんだドーム形，ヒツジでは中央部が窪んだドーム形をしている．この部位には子宮腺は存在せず，血管が豊富で，胎子胎盤と密着して胎盤節（宮阜）を形成し，母体と胎子間の血液を介した代謝的交換を行う．このような胎盤を叢毛半胎盤と呼ぶ．子宮粘膜層を厚い子宮筋層（内側から輪走層，血管層，縦走層）が取り囲む．筋層の平滑筋は，妊娠中に細胞分裂して増加し，各細胞は非妊娠時の数十倍の長さと数倍の太さに成長する．妊娠期間中はプロジェステロンの働きで，平滑筋の収縮性は抑制されている．最外層の漿膜層は，子宮外膜とも呼ばれる．漿膜は，腹膜と連続する膜構造物で，子宮を骨盤部の腹腔背部から吊している．子宮の形態は，性周期に伴って変化する．

① 増殖期： 卵胞が発育する発情前期に子宮は妊娠に備えて発達する．交尾と排卵の時期である発情期にも子宮の発達は継続する．子宮内膜が分裂増殖している発情前期と発情期を増殖期と呼ぶ．子宮腺の数が増し，長くなり，腺細胞は

背の高い円柱状を呈して粘液の分泌に備える.

② 分泌期: 黄体が発達する発情後期から発情間期は, 受精, 胚の発育, 着床の時期である. 子宮腺の発達と分泌は最盛となるので分泌期と呼ぶ. 子宮腺の内腔は拡張し, 管は著しく蛇行し, 腺細胞も肥大して盛んに粘液を分泌する.

着床が成功した場合, 胎盤が形成されて胎子は子宮内で発育する. 発情休止期は性的に不活性な時期で, 動物種差が大きい. イヌやネコは1年に1ないし2回発情する単発情動物で, 発情期のあと非常に長い発情休止期が続く. ヒツジやヤギは季節的周期変化をする多発情動物で, 単発情動物より発情休止期が短い. ブタ, ウシ, ヒト, マウス, ラットは発情休止期のない多発情動物である. 単発情動物の子宮組織の退縮と再生は, 多発情動物のそれより大規模で劇的である. イヌやウシでは発情期に子宮内膜が盛んに再生されるために子宮出血をみるが, この出血は妊娠が成立しないときに子宮内膜の機能層が剥離して体外に排出される霊長類の月経とは異なるものである.

b. 子宮頸管

子宮頸管 (cervical canal) の内面は分岐した複雑なヒダで覆われる. 上皮は, 杯細胞 (粘液細胞) が多数散在する単層円柱上皮である. ブタ, ヤギ, ヒツジでは単管状の子宮頸部腺がある. 粘膜固有層は強靭な結合組織である. これを輪走筋層と縦走筋層が取り巻き, 最外側を漿膜が覆う.

3.2.5 膣, 膣前庭, 外生殖器, 陰核と陰唇

膣 (vagina) とその開口部にあたる膣前庭 (vestibule of vagina) は交尾に必要な器官であり, 出産時には胎子が通る産道となる. 膣は尿生殖洞から, 膣前庭は尿生殖溝から別々に発生し, 胎子期につながる. ウマ, ヒツジ, ヒトでは膣前庭の膣弁が発達していて両者が区分されるが, ウシ, ブタ, イヌでは膣弁の発達が悪いので両者は一連の筒状構造をとる. 膣は, 腺構造のない粘膜層, 筋層, 漿膜層の3層から構成される. 粘膜層の上皮は厚い重層扁平上皮である. ただしウシの膣の奥は粘液を分泌する杯細胞が散在する重層円柱上皮からなる. 膣の粘膜固有層は緻密な結合組織で, 筋層は輪走筋層と縦走筋層からなる. 膣の上皮は性周期に伴って変化する. 食肉類と齧歯類では発情期に上皮が著しく角化するので, 剥離した膣上皮やそこに侵出してきた白血球を含む膣粘液 (膣には粘液腺が存在しないので, 膣粘液は子宮頸部腺が分泌した粘液のこと) の膣垢検鏡法が性周期の判定に用いられるが, 反芻類では明瞭ではない. イヌの膣垢検鏡法の所見は,

発情前期には好中球，赤血球，傍基底細胞，中間細胞，表在性中間細胞，表在性細胞が認められる．発情期には表在性中間細胞と表在性細胞が多く（90％以上）なり，好中球が減少し，傍基底細胞や中間細胞はほとんどみられなくなる．発情後期から間期には表在性細胞が減少（約20％）し，傍基底細胞と中間細胞が増加する一方で好中球が増加しはじめる．発情休止期には傍基底細胞と中間細胞が多数観察され，好中球がわずかに認められる．ラット・マウスの場合は，発情前期には有核の上皮細胞のみが認められる．発情後期には角化した上皮細胞，有核の上皮細胞および好中球を中心とする白血球が認められる．発情休止期には白血球と粘液が認められるようになる．

　膣前庭は外陰部に含まれないが，ひとまとめに取り扱われることが多い．膣前庭の壁に尿道口が開口する．ウシの膣前庭の壁の腹側には尿道下憩室がある．膣前庭の上皮は重層扁平上皮で，膣前庭の粘膜層には大前庭腺，小前庭腺，ガルトナー管などの腺が存在する．粘膜の浅部には小前庭腺（分岐した管状粘液腺）が散在する．反芻類とネコの粘膜下組織中には大前庭腺（管状房状粘液腺）がみられる．

　陰核（clitoris）は，勃起性の陰核海綿体，陰核亀頭，陰核包皮からなる．海綿体は，静脈性の空洞と洞壁に分散する平滑筋束で，中隔によって左右に分けられ，全体を白膜が包んでいる．亀頭は薄い重層扁平上皮で覆われており，包皮は前庭粘膜の連続である．海綿体の近傍には亀頭や包皮に向かって多数の神経線維束が走行し，ファーテル・パチニ層板小体が出現する．粘膜固有層内には，マイスネル小体に似た陰部神経小体が散在する．この一部は触覚や圧覚の受容体であるクラウゼ終棍で，性感の形成にあずかっている．陰唇（lip of the pudendum）は，体外に面した外陰部で，皮膚と類似した重層扁平上皮で覆われ，脂腺と管状のアポクリン腺が豊富に存在し，フェロモンの分泌に関与する．

文　　献

1) White, I. G. (1976): *Veterinary Physiology* (Phillis, J. W. Ed.), pp. 671–720, Wright-Scientechnica.
2) Sorensen Jr., A. M. Ed. (1979): *Animal Reproduction principles and Practices*, pp. 31–58, McGraw-Hill.
3) Setchell, B. P. (1977): *Reproduction in Mammals : 1. Germ Cells and Fertilization* (2nd ed.) (Austin, C. R., Short, R. V. Eds.), pp. 63–101, Cambridge University Press.
4) Hutson, J. M., Hasthorpe, S., Heyns, C. F. (1997): Anatomical and functional aspects of testicular descent and cryptorchidism, *Endocr. Rev.*, **18** : 259–280.
5) Agoulnik, A. I. (2007): Relaxin and related peptides in male reproduction, *Adv. Exp. Med.*

Biol., **612**: 49-64.
6) 吉田重雄ほか監訳（1987）：家畜繁殖学（第5版），pp. 17-33，西村書店．
7) Setchell, B. P. (1991): *Reproduction in Domestic Animals* (4th ed.) (Cupps, P. T. Ed.), pp. 221-249, Academic Press.
8) Cupps, P. T. Ed. (1991): *Reproduction in Domestic Animals* (4th ed.), Academic Press.
9) Leung, P. K., Adashi, E. Eds. (2003): *The Ovary* (2nd ed.), Academic Press.

4 性の決定と分化

4.1 性分化の概略

　哺乳類と鳥類では，個体の性は受精時に遺伝的に決まる．哺乳類では性染色体の構成がXY雄，XX雌であり，鳥類は，ZZ雄，ZW雌である．しかし，受精後の胎子発生過程では，生殖隆起の形成される器官形成期まで，雌雄とも性差なく発生が進行する．初期の生殖原基は，未分化な状態であり，精巣，卵巣を形態的には識別することはできない．一方，生殖原基の背側に付着している中腎組織では，ウォルフ管（中腎管とも呼ばれ，将来，精巣上体・精管などに分化）とミュラー管（中腎傍管とも呼ばれ，将来，卵管・子宮などに分化）の両性の生殖管が発生する（図4.1 A）．性染色体上にコードされる性決定遺伝子（哺乳類では*SRY* (sex determining region on the Y)）の有無により未分化性腺は，精巣あるいは卵巣への分化を開始する．分化した精巣では，生殖細胞を取り囲むようにセルトリ細胞が分化し，精細管（精巣索と呼ばれる）を形成し，その外側の間質領域にライディッヒ細胞が出現する．セルトリ細胞からミュラー管抑制因子（Müllerian inhibiting substance；MIS，抗ミュラー管因子（anti-Müllerian horomone；AMH）とも呼ぶ）が分泌され，ミュラー管を退縮させる．ほぼ同時に，ライディッヒ細胞から，テストステロンが分泌され，ウォルフ管を発達させ，さらにその代謝産物であるジヒドロテストステロンにより前立腺，陰茎への分化が誘導される（図4.1 B）．一方，*SRY*が作用しない場合は，未分化性腺は，卵巣へと分化する．その際，ミュラー管抑制因子，テストステロンは卵巣からは産生されず，デフォルト経路として，中腎内のミュラー管が発達し，ウォルフ管が退行する（図4.1 C）．さらに，左右のミュラー管は，尾側の正中線で動物種で異なったレベルで融合し，家畜，ヒトにおいて比較解剖学的に異なった重複子宮，双角子宮，単一子宮を形づくることになる．

　本章では，性染色体と性決定遺伝子，性腺の形成，精巣および卵巣への分化の

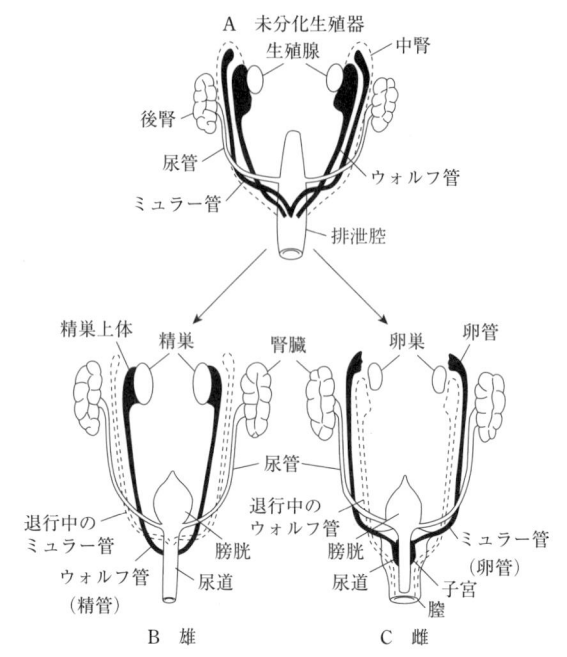

図4.1 哺乳類の生殖器の性分化（文献[1]より一部改変）
未分化期の中腎内ではウォルフ管もミュラー管も発生していることに注意．

機序について順に解説する．

● 4.2 性染色体と性決定遺伝子 ●

　性染色体の起源は，1対の常染色体が性決定遺伝子の偶然の獲得により分化が生じることから始まる．性染色体は，性決定遺伝子を含む性差に有利な領域の組換えの抑制とその領域の拡大により，特定の生物グループごとに独自の進化を遂げ，一方の性染色体の退化と矮小化などの進化が一方向に進み，異型が生じたと考えられている．現在，哺乳類の性染色体は，カモノハシなどの単孔類の分岐後（約1億6千万年前）に新たに発生したものと考えられている．

　哺乳類の性決定遺伝子は，Y染色体上の *SRY* 遺伝子（HMG box型の転写因子をコード）である．*SRY* は，哺乳類にしか見つかっておらず，X染色体上の *SOX3*（*Sry*-related HMG box gene 3，SRY型のHMG box転写因子をコード）より派生したと考えられている．

哺乳類の Y 染色体は，X 染色体よりはるかに小さく（半数体ゲノムあたりの Y と X 染色体の DNA 量の差異は，ヒツジで約 4.2%，ウシで約 3.8%，ブタとマウスは約 3.6%，ヒトが約 2.8%），*SRY* を含め Y 染色体上の遺伝子はヒトでは 78 遺伝子程度であることが報告されている（X 染色体上の遺伝子数は 1098 個）．この Y 染色体上に残された遺伝子の大半は，精巣に特異的な機能をもち，そのために選択的にその欠失を免れたと考えられている．チンパンジーでは，Y 染色体遺伝子数はさらに減少しており，一部のトゲネズミでは，Y 染色体が完全に消失している（XO 雄，XX 雌）．

逆に，比較的新しい性染色体として，魚類のメダカ属の性染色体（XY/XX 型）が知られている．メダカでは，X と Y 染色体は，ほぼ同じ大きさで，メダカ特異的な性決定遺伝子 *DMY*（(DM-domain gene on the Y, DM ドメイン型の転写因子）の有無以外は概ね相同である．このメダカ *DMY* の起源となる *Dmrt1*（doublesex and mab-3 related transcription factor 1, DM ドメイン型の転写因子をコード）は，ショウジョウバエ，線虫の性分化因子である doublesex と mab-3 の脊椎動物における相同遺伝子であり，無脊椎動物から進化的に保存された精巣化遺伝子である．この *Dmrt1* 遺伝子は，哺乳類以外の脊椎動物において，性染色体との関連性が非常に強く，ニワトリの *Dmrt1* 相同遺伝子は，Z 染色体上に位置する（ZZ 雄，ZW 雌）．さらに，Y 染色体上のメダカ性決定遺伝子 *DMY* と類似して，アフリカツメガエルでは，*Dmrt1* のパラログである *DM-W*（DM-domain gene, W-linked）が，W 染色体に存在する．これらのニワトリ *Dmrt1*，アフリカツメガエル *DM-W* は，性決定遺伝子として働いていることが推測されている．

哺乳類の性染色体異常の症例は，家畜，ヒトでよく認められ，とくにヒトでは，XO ターナー症候群（女性，不妊），XXY のクラインフェルター症候群（男性，一部精子形成，妊性あり）が知られている．

4.3 生殖原基の形成

哺乳類の生殖原基を構成する体細胞は，中間中胚葉に由来し，中腎の腹側に左右一対の体腔上皮の隆起として発生する．原始生殖細胞（Primordial Germ Cells；PGCs）は，胚葉形成期に分化し，胚体外でしばらく待機した後，哺乳類では，後腸の形態形成運動により胚内へ運ばれ，腸間膜を経由して生殖隆起へ移動する（図 4.2）．ニワトリでは，血流を介して生殖巣近くの間充織から，生殖隆

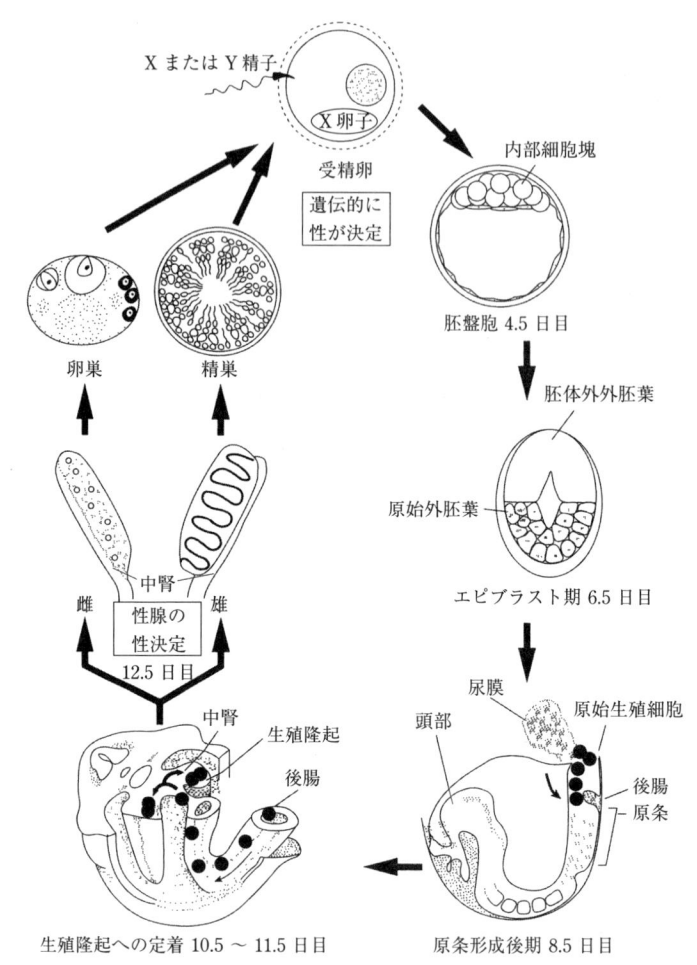

図 4.2 マウス生殖細胞の発生パターン（文献[2]）より一部改変）
原始生殖細胞は，受精後 7.5 日目胚の尿膜下から，生殖原基に移動する（●で示す）．

起へと移入する．この時期の生殖隆起は，腹部に散在する原始生殖細胞が移入しやすいように，前後軸に沿って非常に細長く，生殖巣から分泌されるケモカインSDF-1（CXC chemokine stromal cell-derived factor-1，CXCL12 とも呼ばれる）と生殖細胞側の CXCR（C-X-C chemokine receptor type 4，SDF-1 受容体）の相互作用により生殖隆起内へと導かれる．

4.3 生殖原基の形成

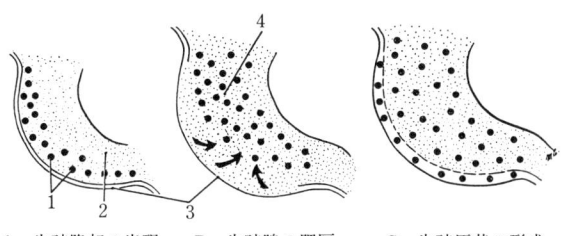

A 生殖隆起の出現　**B** 生殖腺の肥厚　**C** 生殖原基の形成

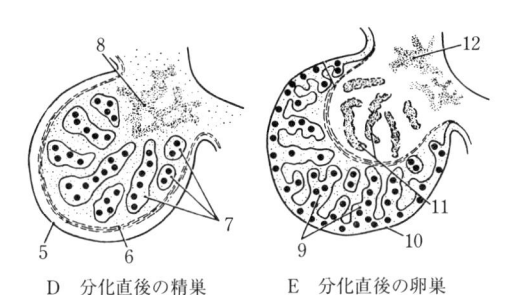

D 分化直後の精巣　**E** 分化直後の卵巣

図 4.3 哺乳類生殖腺発生の模式図（文献[3]より一部改変）
1：原始生殖細胞，2：間充織，3：体腔上皮，4：生殖腺原基，5：生殖腺上皮，6：白膜，7：髄質索，8：精巣網，9：皮質索，10：生殖腺上皮，11：退化髄質索，12：卵巣網．

　生殖細胞が移入後，生殖隆起は肥厚し，生殖原基となる（図 4.3）．この時期の生殖原基は，雌雄ともに未分化な状態で，おもに体腔上皮由来の体細胞が生殖原基を占める．その後，生殖細胞を直接支える支持細胞が索様の構造を形成し，雄ではセルトリ細胞で包まれた精細管となる．索構造の外の間質領域ではライディッヒ細胞が，白膜下には血管網が発達する．雌では，体腔上皮と連続した索構造が顆粒膜細胞となり，生後，卵胞へと分化する．

　生殖原基の形成には，WT1（wilms tumor 1，Zn フィンガー型の転写因子），SF1/NR5A1（steroidogenic factor-1/nuclear receptor subfamily 5A1，核内ホルモン受容体型の転写因子，別名 Ad4Bp とも呼ばれる），LHX9（LIM homeobox protein 9，LIM 型ホメオタンパク），EMX2（empty spiracles homolog 2，ホメオボックス転写因子）などの転写因子が重要な役割を担う．WT1 は，Lys-Thr-Ser の 3 アミノ酸の挿入の有無により +KTS と -KTS の 2 種類のアイソフォームが知られており，-KTS アイソフォームが性腺の形成に機能する．

4.4 精巣（睾丸）の分化

4.4.1 哺乳類の精巣決定遺伝子 *SRY* とセルトリ細胞のマスター制御遺伝子 *SOX9*

哺乳類の性腺の性分化は，生殖腺体細胞の支持細胞が中心的な役割を担っており，この未分化な支持細胞が，雄型のセルトリ細胞か，あるいは雌型の顆粒膜細胞に分化するかの選択により，性腺の性，さらに個体の性が決まることになる（図4.4）．1990年にヒト，マウスから *SRY* が同定され，翌年の1991年に，Y染色体の *Sry* 遺伝子を含む 14 kb の DNA 断片を導入した XX マウスの内外性器が雄性化したことから，*Sry* が，雄を決定する Y 染色体上の唯一の遺伝子であることが証明された．*Sry* は，HMG box 型の転写因子をコードし，生殖原基の未分化な支持細胞において一過性に（マウスで約8〜9時間）発現し，下流の遺伝子発現を制御することによりセルトリ細胞への分化決定の引き金となる．

Sry の上流因子として，CBX2（chromobox homolog 2，ポリコーム因子，M33 とも呼ばれる），WT1＋KTS アイソフォームなどの核内因子，インシュリン受容体，MAP3K4 を介するシグナル因子が知られている．これらの因子を欠失した XY 性腺では，*Sry* 発現が顕著に低下し，XY 卵巣（雌）の性転換を示す．

ヒトにおいて，見かけ上 XX 性染色体で精巣をもつ性転換患者の80％は，*SRY* 遺伝子の他の染色体への転位など *SRY* 遺伝子自体が原因とされている．また，ヒト46XY 女性の性分化異常症例の20％が *SRY* 遺伝子の変異によるもので，その変異は DNA 結合ドメインである HMG box（DNA 結合ドメイン）内に限局して認められる．さらに各哺乳類間においても，SRY の1次アミノ酸配列は，HMG box 以外保存されていない．このことから，SRY の HMG ボックス領域が性決定に必須の機能をもつ．

それでは，SRY は，どのような精巣化遺伝子の発現を"on"にすることにより，セルトリ細胞の分化を誘導するのであろうか？　非常に興味深いことに，SRY の直接の標的遺伝子として，SRY 自身と似た別の HMG box 型の転写因子をコードする *SOX9* 遺伝子があることが判明している．*SOX9* は，*SRY* の起源となった *SOX3* と同様，SOX（*SRY*-related HMG box）ファミリー（*SRY*, *SOX1* 〜 *SOX30*）に属し，2005年，ヒト *SOX9* の変異の患者の75％が，XY 女性の性転換を示すことから，精巣分化に重要な機能を担っていることが見出された．マウスでの *Sox9* 発現は，セルトリ前駆細胞で，*Sry* の発現開始後の数時間で上昇し，

4.4 精巣（睾丸）の分化

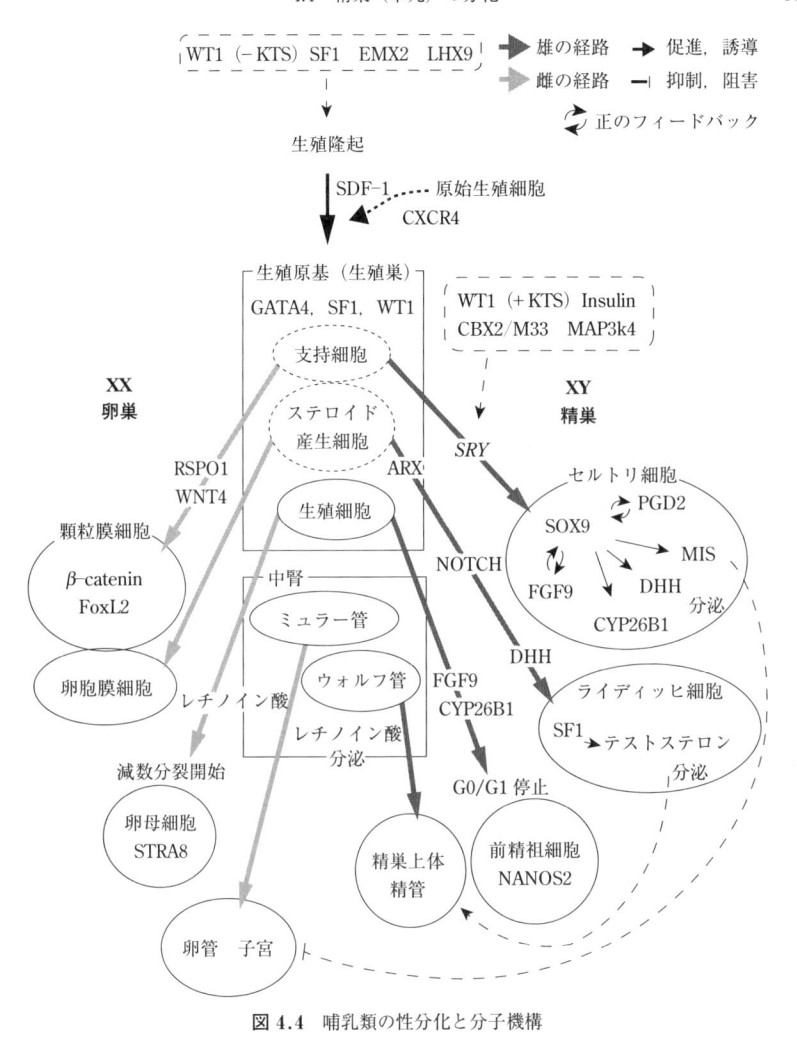

図 4.4 哺乳類の性分化と分子機構

Sry 発現の消失後も，胎子，新生子，成体まで，精巣のセルトリ細胞で持続的に発現する．$Sox9$ を欠失した XY 性腺は，セルトリ細胞の分化が起こらず，XY 卵巣へと性転換する．逆に，XX 性腺での $Sox9$ の強制発現は，SRY 陰性の XX 精巣へと性転換する．この事実は，SRY の機能的な標的遺伝子は $Sox9$ のみであり，$Sox9$ 単独で，未分化生殖腺の雄性化プログラムを"on"にできることを強く示唆している．

*SRY*は哺乳類のみにしか見出されていないのに対し，*SOX9*は，脊椎動物間で進化的に保存された精巣化因子であると考えられる．このことから，哺乳類の祖先において，一対の*SOX3*の先祖遺伝子の一方が，セルトリ細胞マスター遺伝子*SOX9*の発現を"on"にする機能を偶然にも獲得し，哺乳類独自の性決定のシステムが確立されたと考えると理解しやすい．この偶然の*SOX3*先祖遺伝子の分化（精巣決定能の獲得）により，この一対の染色体は，哺乳類の新しい性染色体として機能し，分化した*SOX3*先祖遺伝子をもつY染色体は，退化と矮小化などの独自に進化し，現在の*SRY*遺伝子へと変貌したものと考えられる．

　SRYによるSOX9発現誘導は一過性であり，SRYの消失後，SOX9発現は，どのようにしてセルトリ細胞で維持されるのであろうか？　セルトリ細胞でSOX9発現を維持する因子として，FGF9（fibroblast growth factor 9）とPGD2（prostaglandin D2）が知られており，これらのシグナルによる正のフィードバックによるSOX9自身によるautoregulationによりSOX9発現が維持される．

　FGF9は，SOX9発現開始後すぐに精巣特異的に分泌される．*Fgf9*とFGF9受容体である*Fgfr2*遺伝子を欠失したマウスは，ともにXY性腺でのSRY発現，初期のSOX9発現は正常に認められるが，SRY消失後のSOX9の発現が維持できず，卵巣化する．また，卵巣化プログラムであるWNT4→β-cateninシグナル（4.5節参照）が，このSOX9-FGF9シグナルの正のフィードバックによる維持機構に抑制的に作用することが知られている．

　PGD2も，正のフィードバック機構によりSRY消失後のSOX9の発現の維持に機能していることが知られている．

　以上の結果から，SRY→SOX9の初期スイッチの後，SRYの消失後のSOX9発現維持に，SOX9下流の正のフィードバックのシグナル因子（FGF9/PGD2の精巣化シグナル）とこのフィードバックに負に作用する卵巣化シグナル（WNT4→β-catenin）のバランスが重要な役割を担っており，性腺の性決定の第2の分岐点となっている．

4.4.2　セルトリ細胞の主導による精巣化

　次に，SOX9は，どのような遺伝子の発現を制御することによって，未分化生殖腺から精巣を誘導するのであろうか？　SOX9が，実質的なセルトリ細胞の機能，精細管の構築，間質細胞と生殖細胞の雄性化因子の発現を誘導することがすでに判明している．

SOX9 の下流として，FGF9 因子が第 1 にあげられる．FGF9 シグナルは，体腔上皮からセルトリ細胞を供給し，また，精巣特異的な中腎から血管形成を誘導することによって，精細管形成，精巣特異的な血管構築を導く．FGF9 は，生殖細胞の維持と雄性化にも機能し，SOX9 下流の精巣形成の中心的なシグナル因子としての役割を担う．

SOX9 発現は，胎子卵巣に実験的に誘導した精細管構造や XX 雄変異マウスにおける卵巣内に形成される精巣様構造の構築に一致して認められることから，SOX9 の機能は，精細管の形成と密に関連することが想定されている．事実，精巣特異的にセルトリ細胞で発現するラミン（laminin α5），コラーゲン（collagen 9a3）などの精細管の構築を支える因子の発現にも関与することが知られている．

ミュラー管抑制因子（MIS）も，SOX9 の直接の標的遺伝子の 1 つであることがよく知られている．MIS プロモーター領域内に，SOX9 結合部位と SF1, GATA4 結合部位が互いに近接して存在する．この MIS プロモーター内の SOX9 結合部位に変異を導入したマウス胎子精巣では，MIS の発現がまったく起こらず，完全に子宮が残存する．SF1/GATA4 結合部位には，SF1，GATA4，WT1 （-KTS）が協調的に MIS の転写活性を促進することが明らかとなっている．この SF1 結合部位に変異を導入した胎子精巣は，MIS の初期発現は正常に誘導されるが，その発現量が低下する．これらのことから，セルトリ細胞での MIS 発現の初期誘導は SOX9 により，またその発現を増強する因子として SF1, GATA4，WT1（-KTS）が直接プロモーターを介して機能していると考えられる．

次に，精巣化の過程において，分化したセルトリ細胞の主導のもと，間質細胞，生殖細胞の雄性化が誘導される機序について順に解説する．

4.4.3 ライディッヒ細胞の分化機序

精巣への分化後すぐに間質領域にライディッヒ細胞が出現する．胎生期の精巣の間質領域には，ステロイド産生細胞の前駆細胞のプールが SRY/SOX9 陰性；SF1 陽性の細胞集団として維持されており，胎生期の後半までこの前駆細胞プールからライディッヒ細胞が順次誘導されるものと想定されている．この未分化なステロイド産生細胞の雄性化因子として，Hedgehog シグナルが知られている．

DHH（desert hedgehog）は，SOX9 の下流カスケードでセルトリ細胞から精巣特異的に分泌され，その受容体 Ptch1（Patched-1）は，未分化なステロイド

産生細胞で発現する．DHH を分泌できない XY 性腺では，セルトリ細胞は分化し，精細管形成は正常に誘導され，精巣へと分化する．しかし，間質領域の未分化なステロイド産生細胞のプールでの SF1 発現が抑制され，ライディッヒ細胞の分化が抑制される．逆に，Hedgehog シグナルを異所的に活性化させた XX 性腺では，卵巣内にライディッヒ細胞が異所的に出現し，精巣上体・精管が発達し，（子宮の存在を除けば）すべて性器は雄型となる．この Hedgehog シグナルを活性化させた卵巣は，精巣のように陰嚢方向へ下降するが，精細管やセルトリ細胞などはまったく認められず，ライディッヒ細胞が出現する以外は正常な卵巣へと発達する．この事実は，生殖腺の間質細胞の性決定には，Hedgehog シグナルの有無が必要かつ十分であり，セルトリ細胞から分泌される DHH が間質細胞の性決定因子であると考えられる．

　ライディッヒ細胞でのステロイド合成に際して重要な転写因子として，SF1/NR5A1 と DAX1/NR0B1 があげられる．SF1 は，ステロイドホルモン産生に不可欠なステロイド P450 酵素群の発現に深く関与し，ステロイド産生のマスター制御因子として機能する．DAX1/NR0B1 も，一部 SF1 の機能を相補的に機能しうる．*ARX*（Aristaless related homeobox, X-linked, Paired 型のホメオドメイン転写因子）は，当初，ヒト精巣性女性化症を伴う滑脳症の原因遺伝子として見出され，未分化な間質のライディッヒ前駆細胞集団の分化制御に重要な機能を担う．Notch シグナルも，この間質の未分化な細胞プールからライディッヒ細胞への分化バランスを制御する因子として機能することが知られている．

4.4.4　生殖細胞の性分化の分子機序

　生殖細胞の胎生期の性分化は，生殖細胞自身の XY/XX の核型に関係なく，体細胞の性に依存して性分化が進行する．生殖原基の性分化後，雄の生殖細胞は，前精祖細胞である G0/G1 期で分裂停止し，生後に増殖を再開し，精原幹細胞が誘導され，恒常的に精子を産生する．一方，卵巣内の生殖細胞は，レチノイン酸により減数分裂を開始し，ほぼすべての卵祖細胞は，生後までに卵母細胞へと分化する．

　性分化期において，レチノイン酸合成酵素は中腎組織で雌雄ともに高く，雌では，中腎組織で産生されたレチノイン酸により *STRA8*（retinoic acid gene 8）が誘導され，減数分裂を開始する．雄では，SOX9 の下流において精巣特異的にレチノイン酸代謝酵素 CYP26B1（cytochrome P450 26B1）が高発現し，精巣内の

レチノイン酸を分解し，生殖細胞の減数分裂の開始を抑制する．さらに，SOX9 の下流因子である FGF9 が，直接，生殖細胞に作用し減数分裂を抑制し，雄性化に必須の生殖幹細胞因子 NANOS2（nanos homologue 2）の発現を誘導する．

4.5 卵巣の分化

未分化生殖腺からの卵巣の分化は受動的であり，SRY が作用しなければ，自律的に卵巣化プログラムが作動すると考えられている．この雌化に関与する因子として FOXL2（Forkhead 型）転写因子，エストロジェン受容体（ESR1, 2）と RSOP1/WNT4 → β-catenin シグナルが現時点であげられる．

マウス顆粒膜細胞において，FOXL2 と ESR1/2 は，直接的に協調して，*Sox9* 発現に対して抑制的に作用することが知られている．*FOXL2* は，ヒト頭蓋顔面異常，眼瞼異常を伴う早期卵巣不全症（BPES 症候群）の原因遺伝子として知られ，ヤギにおいて FOXL2 遺伝子近傍の 11.7 kb のゲノム断片の欠失である *PIS*（polled intersex syndrome）変異により，FOXL2 の発現が低下し，*SRY* 陰性の XX 雄の性転換が誘導される．*Foxl2* は，精巣の分化期頃に卵巣特異的に顆粒膜細胞を含む卵巣体細胞で発現する．*Foxl2* を欠損したマウスでは，胎子期の卵巣の形成に異常は認められないが，生後の卵胞形成が正常に進行せず，不妊となる．*Esr1/2*（Estrogen receptor α/β）二重欠損マウスにおいて，XX 卵巣が，生後に精細管様の構造を形成し，SOX9 陽性のセルトリ様細胞が出現することが知られている．

一方，FOXL2，ESR1/2 とは独立して，RSPO1/WNT4 → β-catenin シグナルが卵巣化に関与することが知られている．*Wnt* 遺伝子ファミリーは，β-catenin シグナルを介する分泌タンパク型のシグナル因子をコードしている．*Wnt4* を欠失した XX 性腺では，性分化初期において一過性に異所的な SOX9 の発現が誘導されることから SOX9 発現に対して抑制的に作用すると考えられる．R-spondin1（RSPO1）は，2 つの furin 様のシステインに富むドメインと athrombospondin ドメインをもつ分泌タンパクで，WNT シグナルに対して活性化に作用する．ヒトでは *RSPO1* の変異が，角皮症を伴う XX 男性への性転換を誘導することが知られている．*Rspo1*[-/-]，*Wnt4*[-/-]，*Ctnnb1*（β-catenin）[-/-] マウスは，ほぼ同じ表現型を示し，精巣への分化は正常であるが，卵巣への分化では，ステロイド産生細胞・精巣特異的な血管形成が異所的に誘導され，卵母細胞の消失が生じる．性分化初期より恒常活性型 β-catenin を発現させた XY 性腺では，

SOX9発現,精細管形成が抑制され,卵巣化が誘導される.また,精巣形成後に恒常活性型β-cateninを発現させた場合でも,セルトリ細胞でのSOX9発現が抑制され,精細管構造が崩壊する.

以上をまとめると,卵巣の分化は,支持細胞におけるSOX9を中心とする精巣化経路に対して拮抗し,WNT4→β-cateninとFOXL2/ESR1,2の卵巣化因子が,直接的にSOX9発現に対して抑制的に作用し,顆粒膜細胞への分化が誘導されると考えられる.

4.6 家畜の性分化機構と性分化異常

哺乳類の性決定のメカニズムは,おもにマウス,ヒトで解明されてきたが,妊娠期間の差異と各遺伝子の発現パターンに多少の種差は存在するが,家畜においても基本的には上記と同じ遺伝子群の枠組みで機能していると考えられる.家畜で性分化関連で問題となる点は,性分化異常による繁殖障害であり,ウシのフリーマーチン(異性双子の雌牛)とブタでのSRYの転座などによる半陰陽(精巣,卵巣の両方,あるいは卵精巣)が知られている.ウシでの異性双子の妊娠の場合,隣接する尿膜絨毛膜の血管吻合が生じ,胎子発育過程において雌雄胎子の血流が交わる.この環境では,双子の雄側から精巣由来の雄性化因子(とくにミュラー管抑制因子とテストステロン)が雌胎子の内外性器に影響をおよぼす.フリーマーチンでは,ミュラー管の発達阻害とウォルフ管のさまざまなレベルでの残存を示し,性腺は精巣に似た精細管構造まで形成するケースもみられる.また,家畜全般において,偽半陰陽(性腺と反対の内外性器をもつ)は雄において高頻度に認められ,胎子精巣由来のミュラー管抑制因子とテストステロンの分泌異常やこれらのホルモン標的細胞の非感受性に起因するものと考えられる.

文　献

1) Higgins, S. J., Young, P., Cunha, G. R. (1989): Induction of functional cytodifferentiation in the epithelium of tissue recombinants II. Instructive induction of Wolffian duct epithelia by neonatal seminal vesicle mesenchyme, *Development*, **106** (2): 235-250.
2) 野瀬俊明,金井克晃 (1995):生殖細胞の特異性解明へのアプローチ,細胞工学, **14** (7): 752-760.
3) Turner, C. D. (1996): *General Endocrinology* (4th ed.), Saunders.

5 生殖のホルモン

　動物の生殖活動は精巣での精子の形成と卵巣での卵子の形成に始まる．そして性行動に続いて卵管内では受精が起こり，雌は妊娠期に入る．分娩によって雌は子を生み，泌乳期を経て生殖活動を一周する．この生殖活動の中心的役割を担うのが，脳・視床下部−下垂体−性腺軸である．性腺は下垂体前葉からの情報を受けて，生殖活動に必要な性ステロイドホルモンが分泌される．性ステロイドホルモンは配偶子の生産を導き，そして生殖活動を支える子宮や胎盤など副生殖器官の働きを保っている．さらに，下垂体前葉は上位の脳・視床下部によって制御されている．このように性腺機能を焦点にして，ホルモンが1つの器官から他の器官へと情報の伝達を果たし，情報を受けた器官の機能を調節する．脳・視床下部−下垂体−性腺軸が1つの機能系として生殖活動の主軸となる．この機能系はつねに上位から下位への関係だけでなく，逆に下位から上位への関係をもち，正・負のフィードバック関係で動く．生殖活動においてホルモンは生殖器官の機能を発揮させる役割と機能系の情報伝達の役割を担っている（図5.1）．

5.1 脳・視床下部と下垂体のホルモン

　動物が受ける内外の情報はニューロンネットワークを介して最終的に視床下部へ到達する．視床下部には海馬，扁桃核，分界条，脳弓，中隔野，対角体核などからのニューロンが投射している．その視床下部の支配を受けるのが，内分泌調節の中枢である下垂体である．下垂体は生命の維持，成長，生殖を制御する多くのホルモンを生産・分泌する．視床下部からは性腺刺激ホルモン放出ホルモン（gonadotropin releasing hormone；GnRH）が分泌されるが，このホルモンの分泌を調節する上流の因子が今世紀に発見されたキスペプチン（kisspeptin；KiSS）である．分泌されたGnRHは下垂体前葉からの性腺刺激ホルモン（卵胞刺激ホルモン，follicle stimulating hormone；FSH，黄体形成ホルモン，luteinizing hormone；LH）の分泌を刺激する．ほかに性腺の機能調節にかかわる下垂体前

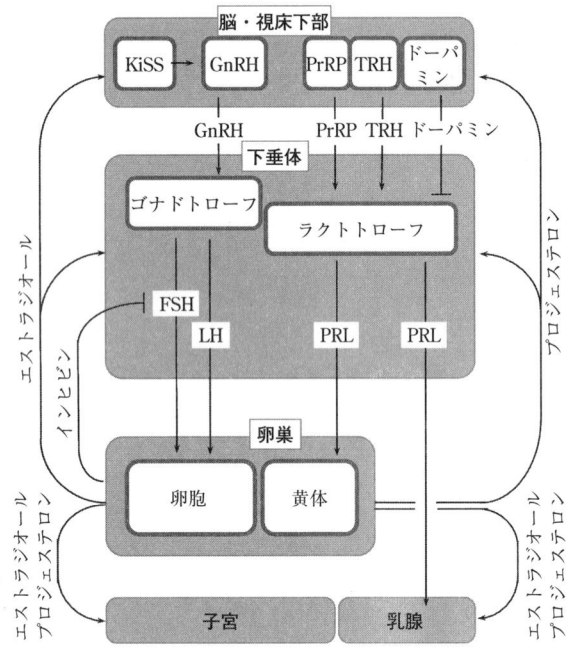

図5.1 脳・視床下部-下垂体-卵巣軸の調節

葉ホルモンとしてプロラクチン（prolactin；PRL），さらに視床下部から下垂体後葉に伸びた神経終末からは分娩や泌乳を調節するオキシトシン（oxytocin；OXT）が分泌される．

5.1.1 脳・視床下部ホルモン

視床下部は神経核と呼ばれるニューロンの集団から構成され，ニューロンは軸索を伸ばし正中隆起および下垂体後葉に投射している．視床下部ホルモンは正中隆起に伸びた軸索の末端から下垂体門脈の毛細血管網に放出され，血流に乗った高濃度のホルモンは下垂体前葉細胞に働いて，下垂体ホルモンの合成・分泌を制御する．視床下部ホルモンの前駆体タンパク質は2連の塩基性アミノ酸（Lys, Arg）で切断され，生成したペプチドはN末端のアミノ酸がピログルタミル化（環状構造のグルタミン：pGlu）やC末端がアミド化（-NH$_2$）などの修飾を受けて，活性をもったペプチドホルモンが完成する．性腺機能を制御する視床下部ホルモンあるいは神経伝達物質は，LHとFSHの分泌調節にかかわるKiSSと

GnRH, および PRL の分泌調節にかかわるプロラクチン放出ペプチド (prolactin releasing peptide；PrRP), 甲状腺刺激ホルモン放出ホルモン (thyroid stimulating hormone releasing hormone；TRH), 血管作動性腸ペプチド (vasoactive intestinal polypeptide；VIP), ドーパミンなどがある．下垂体後葉から分泌される OXT も加えて, これら神経ペプチドの受容体は G タンパク共役型受容体 (G protein coupled receptor；GPCR) に分類され, 細胞膜を 7 回貫通して細胞内に 3 つのループ構造をもつ.

a. KiSS/GnRH による FSH と LH の分泌調節

中隔野, 対角体核, 視索前野, 弓状核に分布する GnRH ニューロンは, 正中隆起に投射して毛細血管中に GnRH を放出する．発生学的には GnRH ニューロンは鼻プラコード由来である．GnRH 前駆体の遺伝子は GnRH デカペプチドと GnRH 関連ペプチド (GnRH-associated peptide；GAP), および両ペプチドをつなぐアミノ酸 (Gly-Lys-Arg) などをコードしている．その塩基性アミノ酸 (Lys-Arg) で切断されて, Gly がアミド供与体となる. 1〜2 位, 4 位と 9〜10 位のアミノ酸はすべての動物で共通し, 哺乳類では 2 位, 5 位と 8 位のアミノ酸が受容体との結合に関係している (図5.2). GnRH は 1 つの祖先型遺伝子から遺伝子重複によって生じたパラログ遺伝子であり, 脊椎動物では系統進化的に 3 つのグループ (GnRH1, GnRH2, GnRH3) に分類されている．哺乳類では GnRH1 のみであるが, 鳥類では GnRH1 と GnRH2, 魚類ではすべてのタイプの GnRH をもつものが多い.

下垂体門脈を介して下垂体前葉に運ばれた GnRH は, 性腺刺激ホルモン細胞 (ゴナドトローフ) 上にある GnRH 受容体と結合して, LH と FSH の分泌を刺激する. GnRH 分泌には, 雄の生殖活動期と雌の卵胞発育期や黄体期にみられるステロイドホルモンの合成に必要なパルス的分泌, および排卵時に起こる大量分泌いわゆるサージ的分泌の 2 タイプがある．その分泌タイプを調節しているニューロン集団をパルスジェネレーターとサージジェネレーターという．その部位がそれぞれ視床下部内側基底部 (medial basal hypothalamus；MBH) と視索前野 (preoptic area；POA) である (図5.3). パルス的分泌は動物種, 動物の生殖ステージ, また栄養状態によってパルスの間隔, 頻度や振幅が異なる．しかし GnRH のサージ的分泌を誘導するエストロジェン受容体が GnRH ニューロンに発現しないことから, 脳・視床下部-下垂体-卵巣軸においてエストロジェンによる脳への正のフィードバック機構が明らかでなかった.

哺乳類 GnRH 前駆体	シグナルペプチド	QHWSYGLRPG	GKR	GnRH 関連ペプチド

GnRH デカペプチド 塩基性アミノ酸

哺乳類	pGlu-His-Trp-Ser-Tyr-Gly-Leu-Arg-Pro-Gly-NH₂
ニワトリ I	pGlu-His-Trp-Ser-Tyr-Gly-Leu-Gln-Pro-Gly-NH₂
アメリカチヌ	pGlu-His-Trp-Ser-Tyr-Gly-Leu-Ser-Pro-Gly-NH₂
マサバ I	pGlu-His-Trp-Ser-Tyr-Gly-Leu-Ser-Pro-Gly-NH₂
マサバ III	pGlu-His-Trp-Ser-Tyr-Gly-Trp-Leu-Pro-Gly-NH₂
サケ	pGlu-His-Trp-Ser-Tyr-Gly-Trp-Leu-Pro-Gly-NH₂
ナマズ	pGlu-His-Trp-Ser-His-Gly-Leu-Asn-Pro-Gly-NH₂
ニワトリ II	pGlu-His-Trp-Ser-His-Gly-Trp-Tyr-Pro-Gly-NH₂
マサバ II	pGlu-His-Trp-Ser-His-Gly-Trp-Tyr-Pro-Gly-NH₂
エイ III	pGlu-His-Trp-Ser-His-Asp-Trp-Lys-Pro-Gly-NH₂
ヤツメウナギ	pGlu-His-Tyr-Ser-Leu-Glu-Trp-Lys-Pro-Gly-NH₂
エイ II	pGlu-His-Tyr-Ser-Leu-Glu-Trp-Lys-Pro-Gly-NH₂
	1 2 3 4 5 6 7 8 9 10

図 5.2 脊椎動物 GnRH のアミノ酸配列の比較
陰で示したアミノ酸は哺乳類と異なることを示す.

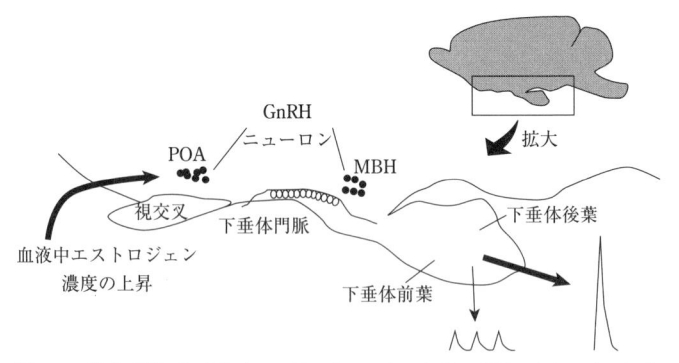

図 5.3 視床下部におけるパルスジェネレーターとサージジェネレーターによる LH 分泌の制御
POA は視索前野，MBH は視床下部内側基底部.

このフィードバック機構を KiSS ニューロンで説明できる可能性が出てきた. KiSS は腫瘍転移抑制因子として発見されたのでメタスチン (Metastin) ともいい，その後 GPCR タイプのオーファン受容体に結合するリガンドとして同定された. KiSS ニューロンは，ラットやマウスでは前腹側室周囲核 (anteroventral periventricular nucleus)，ヒツジでは視索前核 (preoptic nucleus)，ブタでは室周

囲核 (periventricular nucleus) などに分布している. アミノ酸145個のヒトKiSS1前駆体は翻訳後プロセシングを受けて, アミノ酸54個からなりC末端にArg-PheNH$_2$モチーフ (RF amides) をもつKiSS1ペプチドが生成される. 哺乳類の間でもN端側のアミノ酸配列に大きな変異があるが, C端側は変異が比較的小さい. とくにGnRHの分泌活性を担うC端側の配列 (ヒトKiSS1 (45-54) : Tyr-Asn-Trp-Asn-Ser-Phe-Gly-Leu-Arg-PheNH$_2$) のホモロジーが哺乳類から魚類まで高い. KiSSには2つの遺伝子 (*Kiss1*, *Kiss2*) が見つかっているが, 哺乳類では*Kiss1*遺伝子のみである. このKiSSニューロンはGnRHニューロンが多く分布するPOAに軸索を伸ばしており, KiSS1はGnRHニューロンを直接刺激することが考えられる. また, KiSSニューロンにはエストロジェン受容体やアンドロジェン受容体が発現していることから, KiSSニューロンはステロイドホルモンの標的細胞である. このようにKiSSニューロンがエストロジェンとGnRHニューロンを仲介するニューロンとみられている.

b. 脳・視床下部ホルモンによるPRLの分泌調節

PRLの放出を抑制する因子 (prolactin inhibiting factor ; PIF) としてはドーパミン, GABA (γ-aminobutyric acid) などがある. PRL分泌はドーパミンニューロンから正中隆起で放出される高濃度のドーパミンによってつねに抑制されている. 血液中エストロジェン濃度が高くドーパミン分泌が低下している発情期, 交尾刺激と吸乳刺激の時期ではPRL分泌が高い. ドーパミンニューロンは弓状核および腹側室周核など広く脳に分布し, ドーパミンはL-チロシンからL-ドーパミンを経て合成されるアミン系ホルモンである. プロラクチン細胞 (ラクトトローフ) にあるGPCRタイプの受容体D$_2$にドーパミンが結合すると, Giタンパク質を介して, プロテインキナーゼAの活性化が抑制されPRL分泌が減少する.

PrRPはGPCRタイプのオーファン受容体に結合するペプチドとして発見された. PrRPはアミノ酸31個からなりC末端にArg-PheNH$_2$モチーフ (RF amides) をもつプロラクチン放出因子 (prolactin releasing factor ; PRF) で, ヒト, ラット, ウシでアミノ酸配列が確定されている. ヒトPrRPに比べラットは5カ所のアミノ酸, ウシは3カ所のアミノ酸が異なっている. PrRPは下垂体細胞に直接作用してPRLを分泌刺激するペプチドであるが, PRL分泌以外にも多様な作用がある. その他PRLの放出促進効果のあるペプチドとして, TRH, VIP, OXT, セロトニン, サブスタンスP, アンギオテンシンⅡ, ボンベシンなど多数ある. TRHやVIPがPRL細胞にある受容体に結合すると, Gsタンパク

質を介してプロテインキナーゼ A が活性化されて PRL 分泌が増加する.

5.1.2 下垂体のホルモン

　下垂体は視床下部の直下にあり，硬脳膜に包まれ脳底のくぼんだトルコ鞍におさまっている．下垂体前葉は性腺活動に関係する FSH, LH, PRL, および成長や代謝などに関係する甲状腺刺激ホルモン (thyroid stimulating hormone; TSH), 成長ホルモン (growth hormone; GH) と副腎皮質刺激ホルモン (adrenocorticotropic hormone; ACTH) を生成・分泌する．

a. 下垂体前葉ホルモンの合成

　1) FSH と LH　　ゴナドトローフは下垂体前葉細胞の約 10% を占め，そのうち大部分が FSH と LH の両ホルモンを合成・分泌する．FSH と LH は，TSH や後述するヒト絨毛性性腺刺激ホルモン (human chorionic gonadotropin; hCG), ウマ絨毛性性腺刺激ホルモン (equine chorionic gonadotropin; eCG) と同じ α と β サブユニットのヘテロ 2 量体からなる糖タンパクホルモンである．アミノ酸 92 個の α サブユニットは両ホルモンで共通であるが，β サブユニットに特異性がある．α と β サブユニットの立体構造はそれぞれ 5 カ所および 6 カ所のジスルフィド結合によって保たれている．各サブユニットは異なる遺伝子にコードされているため，細胞内ではそれぞれ別々に合成されて，非共有結合により会合して分泌される．翻訳の過程で糖鎖の前駆体（高マンノース型）が N 端寄りのアスパラギン残基に付加されて，ゴルジ装置における濃縮までの間に糖鎖はプロセシングを受けて複合型に変わる（N-型糖鎖）．各サブユニットは 1 あるいは 2 カ所に N-型糖鎖をもつため，電気的には複数のアイソフォームが存在する．その一因となっているのが糖鎖の末端に位置するシアル酸や硫酸化された糖である．また，付加されている N-型糖鎖はホルモンの活性発現に重要な役割を担っている．FSH と LH はいずれも GnRH 刺激によって分泌されるが，FSH の合成・分泌は性腺から分泌されるインヒビン (inhibin) によって抑制される．LH はインヒビンによって影響を受けない．

　2) PRL　　ラクトトローフは下垂体前葉細胞の 15 ～ 25% を占め，妊娠や泌乳によって細胞が増殖する．PRL は下垂体だけでなく，乳腺上皮細胞，子宮組織，リンパ細胞などからでも分泌され乳汁や卵胞液にも含まれる．PRL はアミノ酸 199 個からなり，そのうち 3 カ所のジスルフィド結合によって立体構造が保たれている．PRL 遺伝子の転写開始点の上流には Pit1 が結合するエレメントが

あり，また，PRLの分泌を抑制するドーパミンや，分泌を促進するPrRP，TRHやエストロジェンに対する応答エレメントも存在する．

b. FSHとLHの卵巣および精巣での作用

FSHやLHの受容体は，卵巣の顆粒層細胞や卵胞膜細胞，精巣のセルトリ細胞やライディッヒ細胞でそれぞれ発現し，GPCRタイプに分類される．FSHやLHが受容体に結合するとアデニル酸シクラーゼやホスホリパーゼCが刺激される．アデニル酸シクラーゼの活性化によりATPからcAMPが生成され，次いでプロテインキナーゼAの活性化が引き起こされる．一方，ホスホリパーゼCの活性化によって細胞膜成分からイノシトール三リン酸（inositol 1, 4, 5-triphosphate；IP_3）とジアシルグリセロール（diacylglycerol；DG）が生成され，IP_3は小胞体に作用してカルシウムイオンを放出し，DGはプロテインキナーゼCの活性化を引き起こす．これらプロテインキナーゼの活性化によってタンパク質がリン酸化され，酵素の活性化や遺伝子発現などが誘導される．

1）卵胞成熟の調節　卵巣は卵胞発育，そして排卵に伴う黄体形成および黄体退行と周期的に変化する．発育卵胞の形態的・機能的な変化は，FSHとLHの協同作用によってもたらされる．内卵胞膜細胞ではエストラジオール生成までに必要な酵素は存在しているが，顆粒層細胞では17α-ヒドロキシラーゼ：C17, C20リアーゼ（シトクロム$P450_{17α}$）活性が低いためアンドロジェンやエストロジェンがほとんど生成されない．そこでLH刺激によって内卵胞膜細胞で生成されたアンドロジェンが，卵胞の基底膜を通過してアロマターゼ（シトクロム$P450_{arom}$）の基質として顆粒層細胞へ供給される．顆粒層細胞ではFSH刺激によってアロマターゼ活性が上昇し，アンドロジェンからエストロジェンが生成される（2細胞-2ゴナドトロピン機構）（図5.4）．卵胞発育に伴って顆粒層細胞ではエストロジェン生成が増加し，LH受容体が発現してLH刺激によるプロジェステロン産生能が備わってくる．しかし顆粒層細胞では血流中からの低密度リポタンパク質（low-density lipoprotein；LDL）によるコレステロールの供給がないため，プロジェステロンの生成は排卵まで低い．LHサージによって17α-ヒドロキシラーゼ：C17, C20リアーゼ活性が低下し，プロジェステロン生成の増加とそれに伴うアロマターゼ基質の減少によってエストロジェン生成は低下して，内卵胞膜細胞とともに顆粒層細胞は黄体細胞へと分化する．

2）排卵刺激　排卵前になると成熟卵胞からのエストラジオールの分泌が高まり，その正のフィードバックによりGnRHサージジェネレーターの活動が上

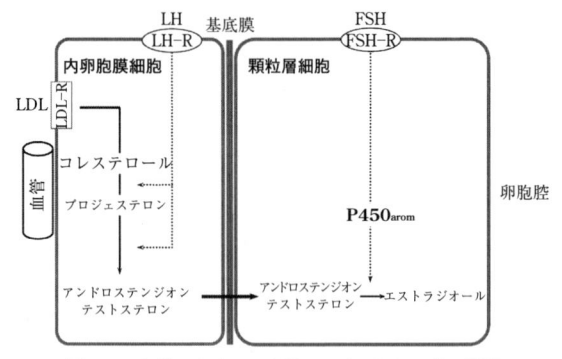

図 5.4 卵巣における 2 細胞-2 ゴナドトロピン機構

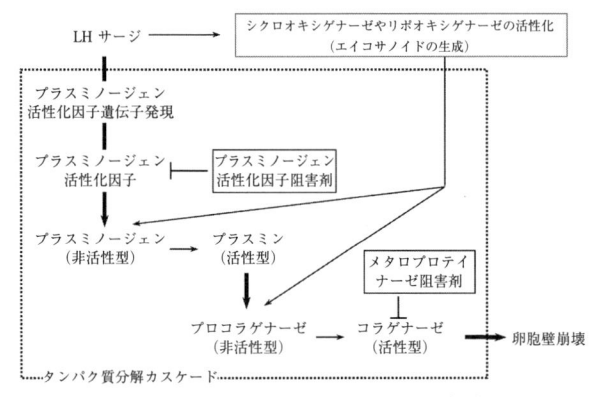

図 5.5 LH サージから卵胞壁崩壊までのタンパク質分解カスケード

昇し，下垂体ゴナドトローフからの LH サージが発生する．顆粒層細胞や内卵胞膜細胞では LH 作用によって，プラスミノージェン活性化因子の発現を起点にタンパク質分解カスケードが活性されて，コラゲナーゼが非活性型から活性型に変換され卵胞壁の崩壊と排卵が起こる（図 5.5）．シクロオキシゲナーゼやリポオキシゲナーゼによって生成されたアラキドン酸由来のエイコサノイド類（PGE_2, $PGF_{2\alpha}$, LT など）がこのカスケードを刺激する．一方，プラスミノージェン活性化因子やコラゲナーゼの活性化は LH 刺激によって発現した阻害剤（プラスミノージェン活性化因子阻害剤；PAI-1，メタロプロテイナーゼ阻害剤；TIMP-1）によって抑制され，他の発育卵胞への影響を防いでいる．

3) 精巣機能の調節 胎生期と初生期のセルトリ細胞の増殖は FSH で促進される．成熟した精巣には精細管腔に各発育段階の精子細胞の層とセルトリ細胞

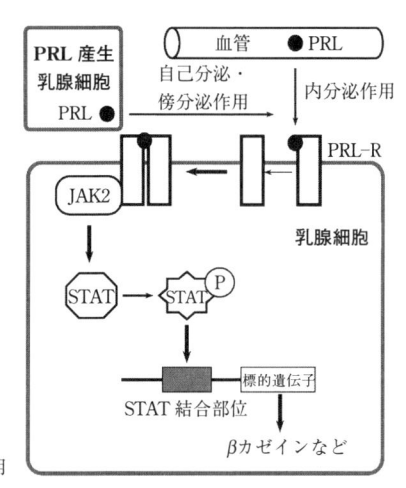

図 5.6 乳腺細胞における PRL の作用

が存在する．FSH はアンドロジェン結合タンパク質やインヒビンの生成を上げる．精巣の間質に存在するライディッヒ細胞では，LH 刺激によってアンドロジェンが生成される．アンドロジェンは精細管内に移動し，セルトリ細胞に作用して精子形成を促進する．

c. PRL の黄体および乳腺での作用

PRL 受容体には細胞内ドメインの長いタイプ（長鎖型）と短いタイプ（短鎖型）がある．長鎖型 PRL 受容体は，細胞内ドメインに自己リン酸化部位が存在するサイトカイン受容体スーパーファミリーに分類され，黄体，乳腺上皮細胞，新生子腸管の上皮細胞などさまざまな組織・細胞に広く分布している．PRL が受容体に結合すると受容体は 2 量体を形成し，受容体の細胞内ドメインの自己リン酸化と Janus kinase 2（JAK2）のリン酸化を起点とする情報伝達系（signal transducer and activator of transcription；STAT）が作動する（図 5.6）．黄体では，PRL が LH 受容体数の維持，細胞増殖やプロジェステロン生成を刺激することにより黄体細胞の機能を保っている．精巣のライディッヒ細胞や前立腺，精嚢腺に PRL 受容体が発現していることから，LH 受容体数の維持や副生殖腺の増殖にも直接的に影響することが考えられている．妊娠の末期になると血液中の PRL 濃度が上昇，また乳腺上皮細胞の PRL 受容体が増加して泌乳に備えている．インスリンやグルココルチコイドなどと協同してカゼイン遺伝子などの転写活性を上げる．

● 5.2 卵巣と精巣のホルモン ●

性腺で生成されるホルモンは性ステロイドホルモンとペプチドホルモンに分けられる．これらのホルモンは，精子形成と卵子発育を促し，また雄では精巣上体，精嚢腺，前立腺，雌では卵管，子宮，胎盤，乳腺などの副生殖器官に対して分化・発育と機能を保っている．

5.2.1 卵巣と精巣のステロイドホルモン

性ステロイドホルモンはステロイド核を基本構造にして，前駆物質であるコレステロール（C27）から合成される（図5.7）．酵素反応によってCの数を減らし，妊娠維持作用をもつプロジェスチン（C21），雄性化作用をもつアンドロジェン（C19）および雌の発情誘起作用をもつエストロジェン（C18）が生成される．プロジェスチンとエストロジェンが雌性ホルモンで，代表的なものにそれぞれプロジェステロン，およびエストラジオールとエストロンがあり，アンドロジェンは雄性ホルモンでおもなものにテストステロンがある．

a. 性ステロイドホルモンの合成

ステロイドホルモンの合成経路は基本的には各ステロイド産生細胞に共通しているが，生成されるステロイドの違いは酵素の存在量による．コレステロール側鎖切断酵素（シトクロームP450$_{scc}$）によって，コレステロール（C27）からプレ

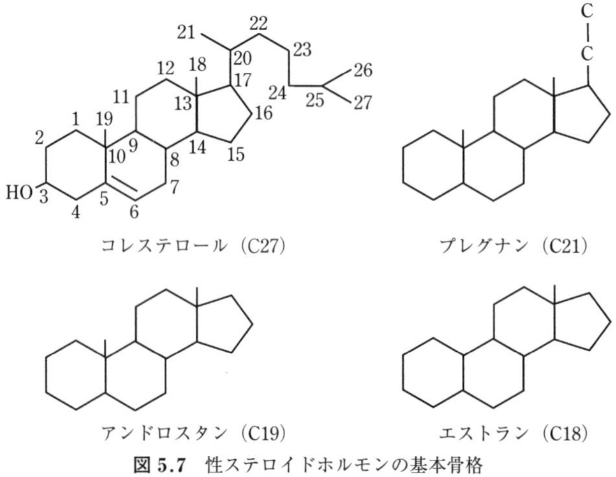

図 5.7 性ステロイドホルモンの基本骨格

5.2 卵巣と精巣のホルモン

① コレステロール側鎖切断酵素（シトクロームP450ssc）
② 17α-ヒドロキシラーゼ：C17-C20リアーゼ（シトクロームP450₁₇α）
③ アロマターゼ（シトクロームP450arom）
④ 3β-ヒドロキシステロイドデヒドロゲナーゼ：Δ⁴, Δ⁵-イソメラーゼ（3β-HSD）
⑤ 17β-ヒドロキシステロイドデヒドロゲナーゼ（17β-HSD）

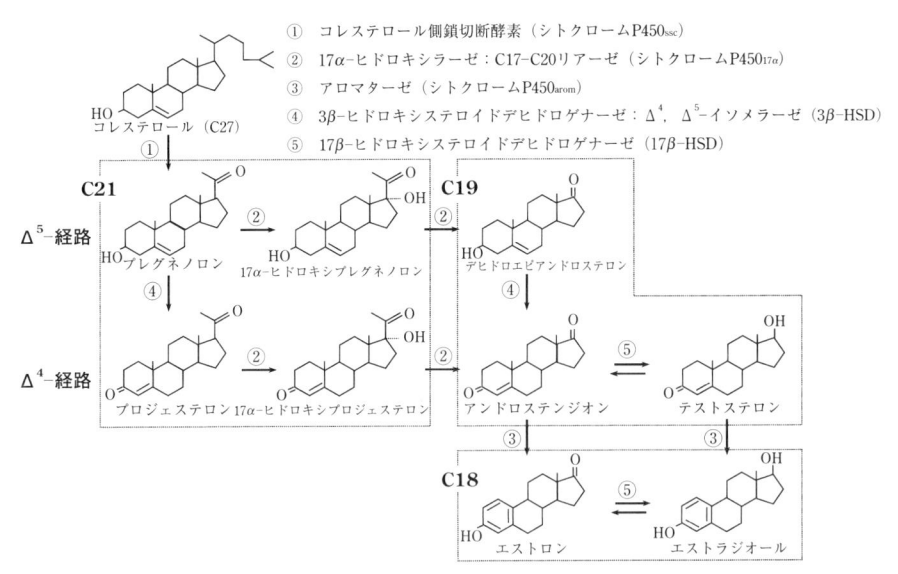

図5.8 性ステロイドホルモンの合成経路

グネノロン（C21）が生成される．3β-ヒドロキシステロイドデヒドロゲナーゼ：Δ⁴, Δ⁵-イソメラーゼ（3β-HSD）によって，プレグネノロンはプロジェステロン（C21）に代謝される．Δ⁴-経路では，17α-ヒドロキシラーゼ：C17-C20リアーゼ（シトクロームP450₁₇α）によってプロジェステロンは17α-ヒドロキシプロジェステロン（C21）へ，さらにアンドロステンジオン（C19）へと代謝される．一方，Δ⁵-経路では，プレグネノロンはシトクロームP450₁₇αによって17α-ヒドロキシプレグネノロン（C21）へ，さらにデヒドロエピアンドロステロン（C19）へ代謝され，3β-HSDによってアンドロステンジオンへとさらに代謝される．Δ⁴-経路とΔ⁵-経路のアンドロステンジオンは17β-ヒドロキシステロイドデヒドロゲナーゼ（17β-HSD）によってテストステロン（C19）へ，アロマターゼ（シトクロームP450arom）が働くとエストロン（C18）へと代謝，エストロンは17β-HSDによってエストラジオール（C18）に変わる（図5.8）．ラット，マウス，ウシではΔ⁴-経路が，ヒト，サル，イヌ，ウサギ，ブタではΔ⁵-経路が主要な経路である．

1）性ステロイドホルモンの合成調節 ステロイドホルモン生成の律速段階となるのは，ミトコンドリアの外膜から内膜へのコレステロールの輸送，コレステロール側鎖切断反応，アロマターゼの誘導などが考えられ，FSHやLHによ

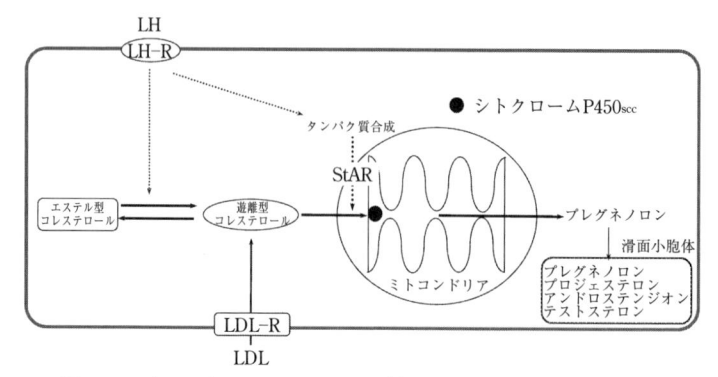

図5.9 ミトコンドリアでのLHによる性ステロイドホルモンの合成調節

って制御されている．ステロイドホルモン合成に使われる細胞内遊離型コレステロールは，細胞内でのde novo合成，血液中LDLの取り込みおよび細胞内貯蔵のエステル型コレステロールから供給される．遊離型コレステロールはミトコンドリアに運ばれて，コレステロール側鎖切断反応によってステロイドホルモンの生成が始まる．このときLH刺激によって速やかに生成される短命なタンパク質（steroidogenic acute regulatory protein；StAR）がミトコンドリア内でのコレステロール輸送を担っている．ミトコンドリアでのコレステロールの輸送からコレステロール側鎖切断までの活性は，LH刺激によって上昇する（図5.9）．そのためStARが発現する細胞は，黄体細胞，内卵胞膜細胞，精巣ライディッヒ細胞である．プレグネノロン合成以降は滑面小胞体で行われる．アンドロジェンからエストロジェン合成に働くアロマターゼは滑面小胞体に局在する．アロマターゼはFSHによって活性化され，エストロジェン生成が増加する．

b. 性ステロイドホルモンの作用

　性ステロイドホルモンのおもな作用機序は，標的細胞の細胞膜を通過して，細胞内のそれぞれの核内受容体との結合により受容体の立体構造を変化させ，核膜孔を通って核内に移行してクロマチンと結合し遺伝子の転写活性を制御することが考えられている．一方，性ステロイドホルモンが細胞膜の受容体と結合して作用を発現することもいくつかの細胞で知られている．しかし，作用の多くは遺伝子の発現につながっている．

1) プロジェステロン　受精卵の着床，妊娠の維持に不可欠なホルモンである．主として黄体細胞から分泌されるが，霊長類やヒツジ，ウマでは胎盤からも

分泌される．生理作用の多くが少量のエストロジェンの存在下で増強される．この協同作用の発現には両者の量比が一定の範囲にある必要があり，その範囲を外れると両ホルモンは拮抗的に働く．子宮への作用としては，子宮内膜の増殖と肥厚，子宮腺の発達と子宮乳の分泌刺激，子宮筋の収縮の抑制，OXT の子宮筋収縮作用の低下などがある．乳腺の乳管末端部では PRL とともに乳腺胞を発達させる．一般的にプロジェステロンはエストロジェンの発情誘起作用に拮抗する．しかしエストロジェンが発情を誘起するとき，プロジェステロンの前感作があると，明確な発情兆候を現す．黄体機能が亢進して血液中のプロジェステロン濃度が高い妊娠期や黄体期では，プロジェステロンの負のフィードバックによって下垂体からの LH 分泌は抑制されている．

2) アンドロジェン　精巣上体，精管，精嚢腺，前立腺などの副生殖器官の発育および機能を亢進させる．胎生期にこれら副生殖器官はライディッヒ細胞から分泌されるテストステロンによってウォルフ管から分化するが，標的細胞の多くに存在する 5α-レダクターゼによってテストステロンは 5α-ジヒドロテストステロン（5α-dihydrotestosterone；5α-DHT）に変換されて作用する．5α-DHT はアンドロジェン受容体に高い親和性をもち，テストステロンよりも強い生理作用を示す．5α-レダクターゼ活性が低い筋肉などはテストステロンがアンドロジェン受容体に結合して作用が発現する．アンドロジェンは FSH とともに精子形成，とくに減数分裂の後半の段階に促進的に作用する．精細管内では，セルトリ細胞で生成されたアンドロジェン結合タンパク質と結合して，精子形成や精子の成熟にかかわる．視床下部-下垂体軸へ負のフィードバック作用により LH と FSH の分泌を抑制する．

3) エストロジェン　卵管の内膜上皮の増殖と分泌活動および運動性を高め，またエストロジェンとプロジェステロン受容体の発現を上げて，子宮内膜の増殖，血管新生，子宮筋層の増殖・肥大など副生殖器官の発育と機能を促進させる．OXT 受容体の発現を増加させて OXT に対する反応を上げる．子宮頸の弛緩，頸管粘液の分泌亢進，膣の粘膜肥厚，膣上皮細胞の角化，外陰部の充血などを引き起こす．視床下部-下垂体軸に負のフィードバック作用によって，FSH と LH の分泌を抑制する．しかし，卵胞発育に伴う血液中エストロジェンの上昇は，GnRH サージジェネレーターの活動を上げる．顆粒層細胞から分泌されたエストロジェンは FSH や LH と協同的に働いて，顆粒層細胞の増殖，エストロジェン受容体の発現，FSH および LH 受容体の発現やアロマターゼ活性の増加を

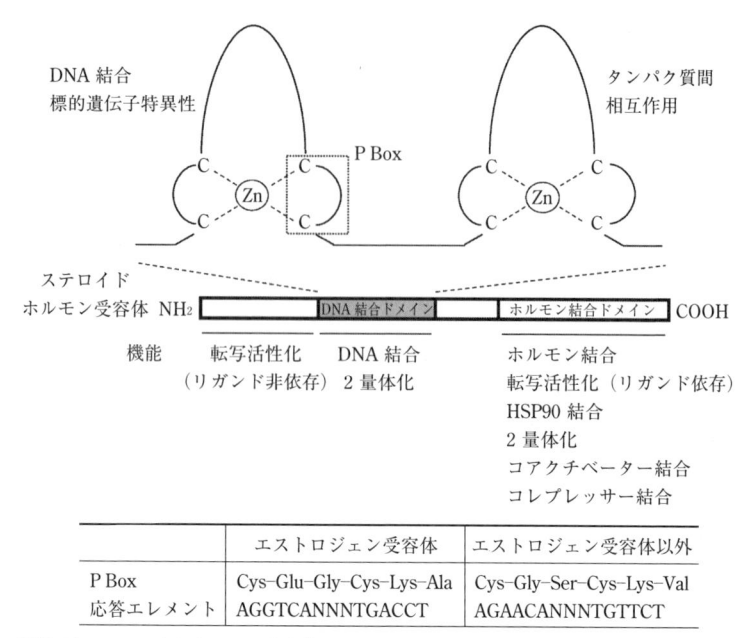

図5.10 ステロイドホルモン受容体における DNA 結合ドメインの構造と各ドメインの機能

	エストロジェン受容体	エストロジェン受容体以外
P Box	Cys–Glu–Gly–Cys–Lys–Ala	Cys–Gly–Ser–Cys–Lys–Val
応答エレメント	AGGTCANNNTGACCT	AGAACANNNTGTTCT

刺激して，卵胞発育を促す．下垂体のラクトトローフに作用して PRL 分泌を増加させる．

4) **性ステロイドホルモン結合タンパク質** 性ステロイドホルモンの多くは血液中に分泌されると担体タンパク質と結合している．担体タンパク質にはアルブミンとグロブリンがある．アルブミンはすべてのステロイドホルモンと親和性は低いが非特異的に結合し，濃度が高いため多くのステロイド分子が結合して運搬される．

c. **ステロイドホルモンの受容体**

ステロイドホルモン受容体には共通して，DNA 結合ドメインと C 末端側にホルモン結合ドメインがある（図5.10）．ホルモンが結合していない受容体では，熱ショックタンパク質の1つである HSP90 が DNA 結合ドメインを覆っている．ホルモンが受容体と結合すると HSP90 が離れ，受容体は2量体となって核内に入り標的遺伝子のホルモン応答エレメントに結合する．DNA 結合ドメインでは，Zn を介してシステイン4残基と結合して Zn フィンガー（zinc finger）と呼ばれ

るループ構造をした2つのαヘリックスを形成している．N端側の第1フィンガーはDNAとの直接結合に，後の第2フィンガーは2量体形成に関係している．第1フィンガーのC端側の"P box"と呼ばれる領域のアミノ酸配列と標的遺伝子のホルモン応答エレメントが，エストロジェン受容体（estrogen receptor；ER）を除くすべてのステロイドホルモン受容体で同じである．ステロイドホルモン受容体には複数のタイプが存在する．プロジェステロン受容体（progesterone receptor；PR）は1つの遺伝子でコードされているが，遺伝子上で異なるプロモーターが存在するために分子サイズが異なる2つのアイソフォーム（PR-A，PR-B）が生成される．アンドロジェン受容体（androgen receptor；AR）も2カ所のATGがあるため2つのアイソフォーム（AR-A，AR-B）がある．一方，ERは異なる2つの遺伝子でコードされているため2つのサブタイプ（ERα，ERβ）があり，機能的には異なることが知られている．ステロイドホルモンと受容体の複合体に結合すると標的遺伝子の転写活性を上げるタンパク質（コアクチベーター），あるいは転写活性を下げるタンパク質（コレプレッサー）が存在し，ステロイドホルモンによる作用発現は複雑な調節を受けている．また，ERのアンタゴニストとして知られるタモキシフェンやラロキシフェンは乳腺ではアンタゴニスト作用を示すが，子宮内膜ではアゴニスト活性を示す．このような物質を選択的ERモジュレーター（selective estrogen receptor modulator；SERM）という．

5.2.2 卵巣と精巣のペプチドホルモン

性腺では，血液中に放出されて遠隔の細胞に働く内分泌作用をもつペプチドホルモンに加え，自己あるいは近傍の細胞に働く自己分泌・傍分泌的に作用する成長因子が分泌される．

1) インヒビン　1カ所のジスルフィド結合によってαとβサブユニットが結合し，αにN-型糖鎖が付加した糖タンパクホルモンである．αサブユニットは2タイプのβサブユニット（βA，βB）と結合してインヒビンAとインヒビンBが形成される（図5.11）．そのほかに哺乳類ではβCとβEがあるが，βCはαと2量体を形成できない．Xenopus laevisではβDが見つかっている．インヒビンは卵巣，精巣，下垂体，胎盤などで産生され，とくに卵巣ではインヒビンAが，精巣ではインヒビンBが多く生成される．インヒビンはFSH刺激によって卵巣では顆粒層細胞から，精巣では精細管のセルトリ細胞から分泌されて，下垂

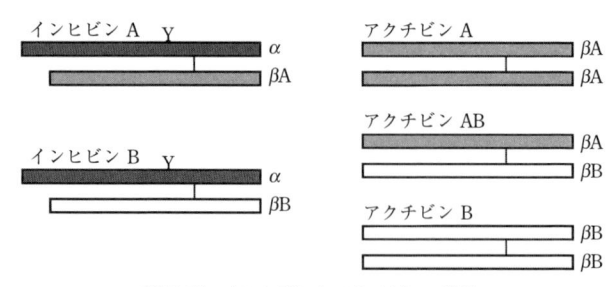

図 5.11 インヒビンとアクチビンの構造
Y は N-型糖鎖を示す．

体のゴナドトローフに作用し FSH の合成・分泌を抑制する．卵巣ではアンドロジェン，エストロジェン，インスリン様成長因子-I (insulin-like growth factor-I；IGF-I)，トランスフォーミング成長因子 β (transforming growth factor β；TGFβ) が顆粒層細胞でのインヒビン分泌を増加させ，精巣ではテストステロンがインヒビンの分泌を刺激する．α サブユニットのノックアウトでは顆粒層細胞腫が発生することから，下垂体からの FSH の過剰分泌を抑制している重要なホルモンといえる．

2) アクチビン　アクチビンはインヒビンの β サブユニット (βA, βB) の 2 量体である．その組み合わせによって βA/βA，βA/βB，βB/βB の 3 分子種があり，それぞれアクチビン A，AB，B と呼ばれる (図 5.11)．アクチビンはインヒビンと同じ TGFβ スーパーファミリーに分類され構造的には類似しているが，生物学的効果はまったく逆である．アクチビンは培養した下垂体ゴナドトローフから FSH 分泌を刺激するタンパク質として卵胞液から分離されたが，細胞増殖，分化，アポトーシス，免疫応答など多様な生理作用を示すことがわかり，卵巣，精巣，下垂体，胎盤など多くの組織で産生されている．アクチビンは顆粒層細胞での FSH 受容体の発現や FSH によるアロマターゼ活性を上げる．しかし，インヒビンがアクチビン受容体と拮抗的に結合するため，アクチビンの作用はインヒビンにより抑制される．アクチビン受容体は細胞内ドメインにセリン／トレオニンキナーゼ活性がある．アクチビンがタイプ II の受容体に結合するとタイプ I の受容体がリン酸化され，次いで細胞内タンパク質 SMAD2 と SMAD3 がリン酸化されると，SMAD3 が核内に移行し標的遺伝子の応答エレメントに結合して転写活性を上げる．アクチビンの活性はフォリスタチン (follistatin) に調節されている．フォリスタチンはアクチビンの結合タンパク質で，サイズが異なる複数の分

子が存在する．これらは転写時の選択的スプライシング，あるいは翻訳後プロセシングでの C 端側の一部切断によって生成される．アクチビンは末梢血中ではフォリスタチンと結合しているため，性腺で分泌されたアクチビンは下垂体に作用して FSH の分泌を刺激することはない．フォリスタチンはアクチビンと結合することによりその活性を抑制し，また細胞膜表面のヘパラン硫酸とも結合している．

3） リラキシン　　リラキシン（relaxin；RXN）は黄体，胎盤，子宮，前立腺，子宮の脱落膜細胞などで産生される．アミノ酸 24 個からなる A 鎖とアミノ酸 29 個の B 鎖が 2 カ所のジスルフィド結合によりヘテロ 2 量体を形成している．RXN の前駆体（プロリラキシン）から一部ペプチド鎖が取り除かれて活性型の RXN が生成され，構造的にはインスリンに近い．ブタやラットでは妊娠中期頃から RXN の血中濃度が上昇し，分娩の数日前に最高値に達する．RXN は雌では分娩期の子宮頸管の拡張や恥骨靱帯の弛緩を促し，胎子の娩出を容易にする．雄では精液に含まれるため，精子の運動性を高めるとされている．

5.3　子宮と胎盤のホルモン

子宮や胎盤からはプロスタグランジン（$PGF_{2\alpha}$，PGE_2）が分泌され，黄体機能の退行や子宮平滑筋の収縮を引き起こす．子宮内膜細胞から分泌される $PGF_{2\alpha}$ は黄体に働いて，プロジェステロン分泌を低下させる．やがて黄体期が終了し，次の発情期が起こる．妊娠末期ではプロジェステロン分泌の減少によって，$PGF_{2\alpha}$ や PGE_2 の子宮平滑筋への収縮作用が強くなって分娩へとつながっていく．一方，妊娠の維持に働く胎盤はペプチドホルモンやエストロジェン，プロジェステロンを分泌する重要な内分泌組織でもある．胎盤で生成される性腺刺激ホルモンはヒト（hCG），サル（mCG），ウマ（eCG）で知られている．胎盤性ラクトジェン（placental lactogen；PL）はヒト，サル，ウシ，ヒツジ，ハムスター，ラット，マウスなどで見つかっているが，ウマ，イヌ，ブタでは報告がない．これらのペプチドホルモンは黄体機能を刺激する．

1） hCG　　ヒト絨毛から分泌され LH 受容体に結合する．LH と同様に α と β サブユニットからなるヘテロ 2 量体の糖タンパクホルモンである．しかし，β をコードする遺伝子に変異があるため複数の分子種が存在する．ヒト LH の β と異なり，アミノ酸 25 個が C 端側に伸びており，その伸長したペプチド部分のセリンやトレオニンにシアル酸を含む O-型糖鎖が付加されている．そのため血液

中での安定性が増し,生物学的半減期がLHに比べると非常に長い(0.1〜2日).hCGは絨毛だけでなく,着床前の胚盤胞からも分泌される.hCGが黄体寿命を伸ばしプロジェステロン生成を持続することにより,妊娠の成立を可能にしている.サルの胎盤でもmCGが生成されるが,mCGによる黄体からのプロジェステロン分泌は1〜2週間である.

2) eCG　αとβサブユニットからなるヘテロ2量体の糖タンパクホルモンである.妊馬血清性性腺刺激ホルモン(pregnant mare serum gonadotropin；PMSG)ともいう.eCGとウマLHのβサブユニットは同じ遺伝子にコードされ,アミノ酸配列がまったく同じである.しかし,eCGはアスパラギンのN-型糖鎖に加えてC端側の複数のセリンやトレオニンにシアル酸を含むO-型糖鎖が付加されているため,hCGと同様に生物学的半減期がウマLHに比べると非常に長い.eCGはウマのLH受容体に結合して作用を発現するが,FSH受容体とは結合しない.しかし,ラットやブタなどほかの動物へeCGを投与すると,FSH受容体に結合して卵胞発育を刺激するが,LH受容体への結合は弱い.このため家畜の繁殖障害の治療や過排卵誘起など基礎および応用研究にFSHの代替として広く用いられている.eCGの産生組織は胎子の絨毛性細胞で構成される子宮内膜盃である.eCGはウマの妊娠60日から120日目の間に血液中に大量に分泌され,妊娠初期に存在する卵胞を副黄体化してプロジェステロン分泌を上げ,妊娠の維持に役割を担っている.

3) PL　ヒトのPLの構造はGHと相同性が高く,ラットやマウスではPRLと高い相同性を示す.PLには2カ所のジスルフィド結合がありプロラクチン・成長ホルモン遺伝子ファミリーに分類される.アミノ酸217個からなるプロホルモンとして翻訳され,シグナルペプチドが除かれてアミノ酸191個のPLが生成される.PL分泌はウシでは胎盤の発育とともに増加するのに対し,齧歯類では妊娠中期に分泌され黄体機能刺激作用を示す.

文　献

1) Knobil, E., Neill, J. D.(1994): *The Physiology of Reproduction*, Raven Press.
2) Adashi, E. Y., Rock, J. A., Rosenwaks, Z.(1996): *Reproductive Endocrinology, Surgery, and Technology*(Vol. 1), Lippincott-Raven Publishers.
3) 日本比較内分泌学会編(1988):ホルモンハンドブック,南江堂.
4) 高橋迪雄編(1999):哺乳類の生殖生物学,学窓社.
5) 日本比較内分泌学会(1998):生殖とホルモン,ホルモンの分子生物学3,学会出版センター.

6) 川島誠一郎 (2000)：内分泌学, 図解生物科学講座 2, 朝倉書店.
7) Conn, P. M., Means, A. R. (2000): *Principles of Molecular Regulation*, Humana Press.
8) 石原勝敏 (2001)：現代生物学, 図解生物科学講座 6, 朝倉書店.
9) Matzuk, M. M., Brown, C. W., Kumar, T. R. (2001): *Transgenics in Endocrinology*, Humana Press.
10) 佐藤英明編 (2003)：動物生殖学, 朝倉書店.
11) Dungan, H. M., Clifton, D. K., Steiner, R. A. (2006): Minireview : kisspeptin neurons as central processors in the regulation of gonadotropin-releasing hormone secretion, *Endocrinology*, 147 : 1154-1158.
12) 松山倫也 (2010)：魚類の生殖周期の内分泌制御機構, 水産海洋研究, **74**：66-83.

6 生殖と免疫

免疫は,動物体へ侵入し体内で増殖することにより生体に重大な危害をもたらす病原体を排除するように働き,生体を防御するために機能する.しかし,この機能ばかりでなく,免疫機構は,生体内および生体外からの異物に対する反応,自己と非自己の識別を行う機能をもち,排除すべき非自己の拒絶,除去などにあたる.そして,体全体におけるホメオスタシスの調節にも,免疫機構の関与が明らかとなってきた.生殖現象において,雌動物では,雄の遺伝子に基づく物質と接触するさまざまな段階の制御に免疫機構が関与する.とくに交尾,受精,着床,出産があげられる.また母動物は,さまざまな方法で,子の成長のために免疫物質を与える.これを母子免疫という.個体の生命維持のためだけでなく,次世代の健康のためにも免疫機構は重要な働きをしている.

6.1 免疫系と神経・内分泌系の相互作用

6.1.1 免　疫　系

高等動物において,免疫系は自然免疫(innate immunity)と獲得免疫(acquired immunity)の協調作用により,生体防御が成立している.自然免疫は微生物感染時には迅速に機能し,初期応答機構として機能する.自然免疫における液性因子としては,補体(complement)やレクチンがあり,これらは病原体の表面に結合し,マクロファージに貪食されやすいように修飾する.自然免疫系に属する細胞は,10種類以上に区分されるToll様受容体(toll-like receptor；TLR)を発現し,それぞれの微生物の外膜成分を pathogen associated molecular patterns (PAMPs)として認識する.自然免疫の担当細胞である樹状細胞(dendritic cell；DC)やマクロファージ(macrophage)は,獲得免疫において,その成立に必須の抗原提示細胞(antigen presenting cell；APC)として働く.獲得免疫はリンパ球(lymphocyte)により担われていて,そのリンパ球には,抗体を産生するB細胞と数種のT細胞,すなわちヘルパーT細胞(Th),キラーT

細胞(Tc), レギュラトリーT細胞(Treg)などがある. これらにより, 多様な外来抗原を特異的に認識し対応することができ, その特異性は長期間記憶される. 獲得免疫の特長は, 抗原特異性と免疫記憶にある. 臓器移植の際に組織適合抗原として機能するのは, 主要組織適合性遺伝子複合体(major histocompatibility complex; MHC)によりつくられ細胞表面に存在する2種類のタンパク分子(MHCクラスI抗原とMHCクラスII抗原)である. クラスI抗原はすべての有核細胞にあり, CD8陽性のキラーT細胞と結合し, 自己タンパクやウイルスなどの非自己タンパクに由来するペプチドを提示する. 一方, クラスII抗原は, 樹状細胞などの抗原提示細胞において細胞外から取り込んだタンパクをCD4陽性ヘルパーT細胞に提示する. リンパ球を含む白血球の動態には, 細胞接着分子とともにケモカイン(chemokine)分子が関与する. 血管内皮細胞表面のこれらの分子と白血球に存在するそれらに対する受容体との結合により, 白血球は血管から遊出し, いろいろの組織へ遊走・浸潤する.

6.1.2 免疫系と神経・内分泌系の相互作用

免疫・神経・内分泌系は生体において細胞間情報伝達システムとして存在し, これらの間には密接な相互関係がある. これまで神経・内分泌系は生体調節機構, 免疫系は生体防御機構と理解されてきたが, 免疫系の情報伝達物質であるサイトカイン(cytokine)を介在し, 神経・内分泌・免疫系が密接に関係していることが明らかになってきた. サイトカインは種々の細胞から産生されるタンパクである. 免疫細胞は病原体(ウイルス, バクテリア, カビ)や腫瘍細胞を検知し, そして神経・内分泌細胞の機能を調節するサイトカインを分泌する. 一方, 神経・内分泌により分泌される因子やホルモンは体のホメオスタシスを維持するとともに, 免疫細胞の機能を調節する. サイトカインの一種であるインターロイキン6(IL-6)はTリンパ球で産生され, Bリンパ球に作用して形質細胞への分化を促進する作用をもつが, 神経系の細胞であるアストロサイトやグリア細胞などからも産生される. インターロイキン1(IL-1)やIL-6などは視床下部や下垂体を介してACTHの分泌に促進的に働くことも知られている. 免疫系細胞から産生されるIL-1やtumor necrosis factor α (TNF-α)は卵巣, 精巣, 胎盤などからも産生され, 卵巣や精巣におけるステロイドホルモンの産生を抑制する. IL-1やTNF-αが下垂体に作用することによりLHやFSHの分泌を抑制し, 結果的に性腺機能を調節するメカニズムも存在する. これとは逆に, エストロジェ

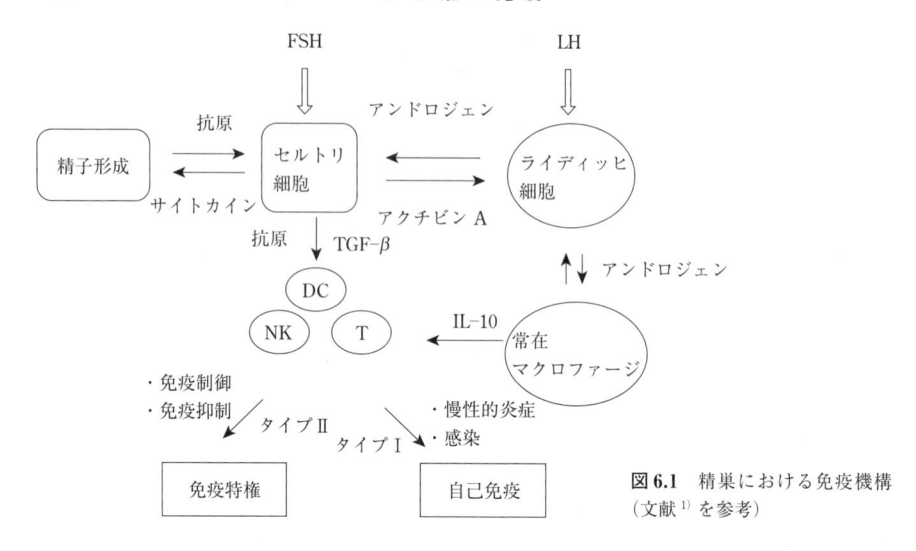

図6.1 精巣における免疫機構
（文献1)を参考）

ンやプロジェステロンがIL-1の分泌に影響することや，下垂体ホルモンであるプロラクチンの低下が細胞性免疫機能の低下を招くことも報告されている．光の長さが生殖現象に影響をおよぼすことはよく知られている．季節繁殖動物では，季節に伴う免疫細胞の変動が報告されていて，短日動物では，日長や松果体，メラトニンと免疫細胞における変動の関連性が示唆されている．

6.2 生殖器官

6.2.1 精巣および精子形成

精巣は免疫特権的な器官であることが知られている．減数分裂後の生殖細胞（精子細胞や精子）は自己免疫原性を示すため，自己の免疫機構により異物として認識され攻撃されるので，血液-精巣関門が，これらを免疫機構から守る．セルトリ細胞の機能は，基本的にはFSHやライディッヒ細胞からのアンドロジェンにより維持される（図6.1）．しかし，また種々のサイトカインや他のシグナル分子とのコミュニケーションにより調節されていることも明らかになっている．老化やアポトーシスを起こした生殖細胞や残余細胞質を貪食することにより生殖細胞抗原がセルトリ細胞に移行する．セルトリ細胞はこの抗原を間質へ出す．一方，精巣の中の免疫細胞集団は常在マクロファージ，樹状細胞（DC），T細胞，ナチュラルキラー（NK）細胞が間質に存在している．常在マクロファージ，セルトリ細胞とライディッヒ細胞の働きにより，間質組織への他の免疫細胞の遊走

と活性を調節する．とくに，DCや常在マクロファージの抗原提示活性による生殖細胞抗原のT細胞への提示は，セルトリ細胞や常在マクロファージの免疫調節の影響のもとでトレランス（タイプⅡ）反応に導く．この調節には，精巣内免疫細胞により産生される免疫調節サイトカイン，TGF-β，IL-10やアクチビンAが関与する．さらに，種々の免疫抑制機構が間質組織環境に存在する活性化T細胞を排除する．その結果，抗原特異的な獲得免疫が抑制されることになる．一方，自然免疫機能は保たれたままか増強される．慢性的炎症や感染により引き起こされる上記の調節の破たんは，精巣内抗原への抗原特異的反応（タイプⅠ）に導くことになり，結果として精子抗体の形成や自己免疫精巣炎，そして最終的には生殖不能となる．

6.2.2 卵巣機能の変化，卵胞や黄体

雌の繁殖システムはダイナミックに変化するが，それはホルモンによって調節されていることは第3章で前述されている．卵巣は，生殖周期において，その機能と形態を急速に，そして著しく変化する．

a. 卵胞形成

卵胞形成過程において，性腺刺激ホルモンだけでなく卵巣に存在する免疫細胞からパラクリンやオートクリンで分泌される因子との相互作用が必要とされる．好中球（neutrophil），マクロファージやT細胞は卵胞基質に存在し，IL-1，TNF-αやインターフェロンガンマ（IFNGまたはIFN-γ）を分泌する．IL-1は細胞増殖を促進するとともに，TNF-αやIFNGはLH受容体形成やステロイド合成を抑制する．これらにより未分化細胞によるステロイド合成の抑制が保たれるようである．

b. 排　卵

排卵は下垂体から放出されるLHにより誘導される．排卵が炎症反応に類似しているという仮説はEspey[3]が出した．排卵に向けて，すでに存在するマクロファージ，好中球，リンパ球やマスト細胞，そしてIL-1やTNF-αのサイトカインが重要な役割をもつ（図6.2）．これらにより白血球走化性ポリペプチドであるケモカイン類（CCL2，CXCL1，CXCL8など）が産生され，血管内皮細胞上の接着因子の発現を増加させることにより，マクロファージ，好酸球，好中球を血管から組織へ遊走させ，組織に浸潤し集積させる．白血球から産生された炎症性因子（ロイコトリエン，プロスタグランジン（PGs），ヒスタミンなど）は卵胞の脈管透過性を増加させ，液体を蓄積する．最終的には，タンパク分解酵素の働き

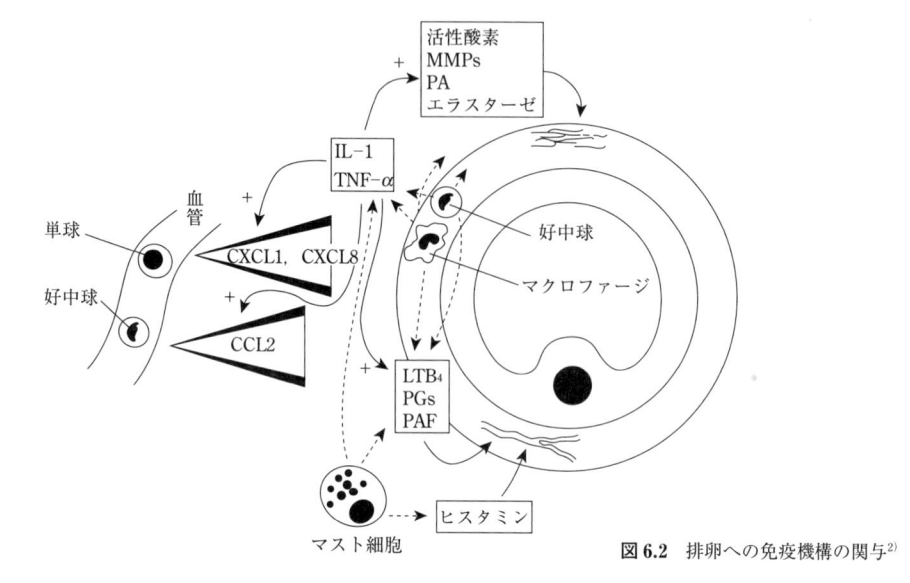

図6.2 排卵への免疫機構の関与[2]

による組織分解により排卵へ導かれる.

c. 黄 体

黄体は，排卵した卵胞に由来する一時的な内分泌器官であり，ステロイドホルモンであるプロジェステロン（P4）の産生の場である．黄体は数種の細胞からなり，ステロイド産生黄体細胞のほかに，内皮細胞，線維芽細胞，平滑筋および免疫細胞がある．種々の免疫細胞は，排卵した卵胞が黄体化するときの組織化，内分泌機能，黄体の機能維持，そして機能退行にわたり関与する．排卵した卵胞における黄体化には vascular endothelial cell growth factor（VEGF）などにより血管新生が必要であり，matrix metalloproteinases（MMPs）や plasminogen activator（PA）により組織の再構成が行われるとともに，サイトカインの働きで，好中球，単球（monocyte）や好酸球（eosinophil）が黄体組織に浸潤してくる．この時期にはリンパ球より顆粒球が多く，IL-1αは P4 合成を促進する．ウシ，ブタ，ヒツジの黄体化では，初期に多くの好酸球が浸潤してくるが，これは神経伝達物質であるサブスタンス P によると考えられている．そして，黄体退行期になると，好中球やマクロファージからの TNF-αや IFNG により黄体細胞のアポトーシスが起こり，IFNG とともに T 細胞から分泌される IL-2 や IL-10 により P4 産生が抑制されるようになる．

鳥類では，排卵した卵胞は機能的な黄体になることなく，退行する．この過程

は，哺乳類の黄体退行現象と類似していて，白血球の浸潤，それを導くケモカイン群やサイトカイン群の存在が報告されている．

6.2.3 雌性生殖道

雌性生殖道の上皮はタイトジャンクション結合した細胞からなり，外界からの病原菌などの機械的バリアとなる．この上皮細胞は他の粘液上皮と同様，抗微生物物質である，デフェンシン，ラクトフェリン，ライソゾーム，補体を産生し，分泌液にはIgAやIgGも存在する．補体成分の1つであるC3は微生物に結合すると，それぞれの微生物に特異的なIgAやIgGの結合を促進する．この結合により食細胞の作用を効率的に行うことができる．補体成分の産生は自然免疫にあたり，抗体は獲得免疫機構に属する分子である．生殖道においては，両免疫機構が微生物からの防御にあたる．生殖道内腔に存在するIgAは上皮細胞下の組織からレセプターを介して内腔へ移行する．上皮細胞は数種類のサイトカイン（GM-CSF，TNF-α，IL-1，IL-6，leukemia inhibitory factor（LIF），TGF-βなど）を産生し，性周期により分泌が変動することから性ホルモンにより調節されていることが示唆されている．IL-1はPGsの分泌を増加させ，IL-6はB細胞の分化に，またGM-CSFは顆粒球やマクロファージの増殖に働く．上皮細胞はCCL5やCXCL8などのケモカインも産生し，免疫細胞の遊走に役立つ．上皮細胞には，微生物抗原として知られるPAMPsを認識するTLR群が認められている．上皮細胞はその下層の基質と一緒に機能し，子宮上皮細胞は子宮の基質や膣にあるAPCと同様，抗原を提示することができ，雌性生殖道における免疫反応を開始することができる．さらに，性ホルモンは抗原提示を調節することにおいて主要な役割をはたしている．

6.2.4 家禽における生殖道

家禽の成熟雌では，卵管は形態的，機能的に5つの部分からなる．すなわち，漏斗部，膨大部，峡部，子宮部と膣部である．卵管全体では，鳥類のβデフェンシンが粘液組織に発現していることから，自然免疫における機能に関与していることが示唆されている．一方，獲得免疫機構に関しては，マクロファージ，抗原提示細胞やCD4陽性とCD8陽性のT細胞，それにB細胞や形質細胞が粘液組織に存在し，産卵の状況による数の増減などから活発な機能変化が示唆されている．家禽において特徴的なことは，膣部の遠位端の子宮-膣結合部（UVJ）に

は，精子貯蔵管（sperm storage tubule；SST）として知られる特別な組織構造が存在することである．同様の構造は漏斗部にもみられる．交尾後の精子は，SSTに入り，蓄積されて1～2週間の長期にわたり生存し，受精能力を保持している．SSTでは，TGF-βのmRNAやタンパクの発現があることから，精子に対する免疫反応が抑制され，精子生存に有利に関与していると推測されている．人工授精後に膣部への免疫細胞の増加や繁殖率の低い個体ではSSTへリンパ球が浸潤することから，精子への免疫反応が発現していると考えられる．

● 6.3 生殖現象と免疫 ●

6.3.1 交　　尾

交尾により精子や精漿が雌性生殖道に入ると，頸管を通過して子宮腔に達する．精液は雌に対して異物であることから，頸管や子宮組織に精液が接触すると，異物を除去する目的の作用として一連の免疫反応が誘導される．即時的な免疫反応としては，排卵過程に影響をもつことである．その後，精子選択，雄に由来する抗原に対する免疫学的トレランスの誘導と維持，着床や胎盤化に対する内膜組織の再構成，そして妊娠中の胎子組織に対する免疫的支持機構へと続く．排卵は，白血球集団による炎症反応に類似し，精漿は卵巣内への白血球集団の遊走を誘導し機能することに関与すると推測されている．排卵過程への影響として，雌ブタにおいて精漿が推定より数時間排卵を早めると報告されている．しかし，子宮から卵巣へ伝えられる信号の機構とルートはまだ知られていない．信号路として，子宮上皮細胞や他の細胞から産生されるGM-CSFやTNF-αなどのサイトカインが卵巣基質や排卵前卵胞に達し，卵巣細胞の受容体に結合することにより機能すると推測されている．

消化器や呼吸器系と同様，子宮は粘液関連リンパ組織をもつ．しかし他のシステムと異なり，子宮は周期的な変化を受ける．この変化はおもに内膜であり，内膜と子宮腔の白血球集団もまた影響を受ける．精漿物質に接した頸管や子宮では，GM-CSFやIL-6などのサイトカイン，ケモカインやほかの介在物の合成と放出を誘導する．精漿中のサイトカインやTGF-βは種々の免疫細胞に対する走化性をもつ．PGE_2やCXCL8は好中球に対する強力な走化性物質であり，TGF-βと相乗作用をもつ．精漿のこのような作用により，生殖道における免疫的変化が起き，内膜の受容性，および妊娠黄体の開始と維持などが胎子の発達に有利な方向へ導くと考えられる．

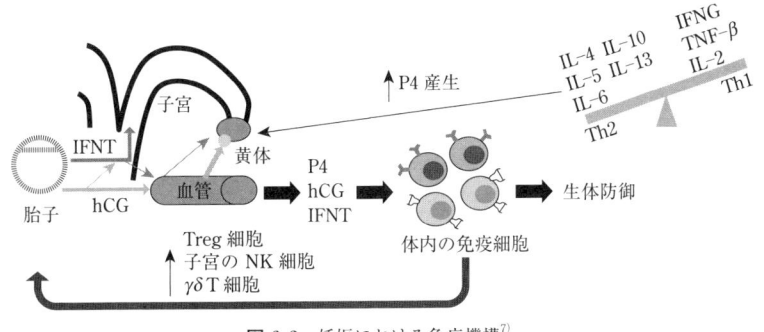

図 6.3 妊娠における免疫機構[7)]

6.3.2 妊　　娠

　主要組織適合抗原の異なる組織・器官が他動物に移植された場合には，一般的に宿主から拒絶される．胎子は遺伝形質を父親と母親から受け取り，両方の組織適合抗原を発現している．ところが母親から拒絶されず成長する．母体の免疫機構は特異的・非特異的に対応しているにもかかわらず，拒絶するのではなく，保護するように働いている．母親における免疫的トレランスと組織再構成が重要であり，TとB細胞アネルギー（不応性），種々のT細胞やサイトカインが関与している．妊娠にかかわる免疫に関しては，第10章で詳述される．胎子由来のインターフェロンタウ（IFNTまたはIFN-τ，反芻類）やhCG（ヒト）は黄体に働きかけ，P4産生を維持させる（図6.3）．IFNTは子宮からのPGF$_{2α}$分泌を抑制し，hCGは性腺刺激ホルモンとして直接黄体に働き，脱落膜での免疫細胞の機能を調節する．また，IFNTは母親の免疫細胞に働き，その機能を高めることにより，感染への抵抗性を増す．加えてNK細胞，γδT細胞やTreg細胞は，内膜に移行する．これは，IL-4，IL-5，IL-6，IL-10，IL-13を増加させることでTh2型のサイトカイン群にシフトさせる．このような胎子を認識し，反応することがP4産生を増加させ，胎子の着床を助けることになり，父親のアロ抗原に対する母親の免疫機構をトレランス状態にすることにつながる．

6.3.3 出　　産

　出産前から出産後にさまざまな免疫機能は低下する．免疫機能が損なわれるのは，栄養の低下やバランスの変化とともに，内分泌ではP4やE2レベルの急激な変化，副腎皮質ホルモンの増加などがあげられる．このような内分泌現象とと

もに，生殖道における炎症と同様の現象が起き，子宮筋層や頸管における炎症性サイトカインの増加，白血球の遊走などにより，子宮筋層の収縮を高め，頸管のコラーゲンの崩壊や再構成を引き起こす．

6.4 母子免疫

母親から産まれた哺乳類の子や卵から孵化した鳥類の雛は，微生物のある環境で生きていかなければならない．外界の微生物に対して，子や雛自身の生体防御が機能を開始するには，生後ある一定の期間が必要である．そこで，その期間の生体防御を行うため，母親から子へ抗体や細胞の移行が起こる．

6.4.1 哺乳類

初期の哺乳類は，卵を産む．その後，母親から子への栄養の移行は，卵黄や卵白から胎盤や乳汁へと変化した．そこで新たな機構が必要となった．妊娠・乳汁分泌は哺乳類になって初めてのことである．母親から抗体が移行するには，2つの過程が必要である．すなわち，母親は抗体を血流や乳汁に分泌し，それを胎子または新生子が取り込むことである．このためには，それぞれの細胞層を通過しなければならず，細胞の受容体が関与するようである．IgG に対する受容体として，新生子の腸管で発見された新生子 Fc 受容体（neonatal FcR；FcRn）が知られている（表6.1）．構造的には，α と β 鎖からなり，α 鎖は主要組織適合抗原（MHC）のクラス I と類似で，MHC クラス I 分子同様，FcRn の $\alpha 1$ と $\alpha 2$ ドメインは IgG の Fc 部分である CH2 と CH3 に結合する．この受容体は，IgG とは酸性条件下のエンドゾームで結合し，塩基性 pH で血管中へ放出する．FcRn は，新生子ばかりでなく年齢や組織にかかわらず発現していることが報告されている．乳腺や胎盤でもこの受容体は見つけられ，IgG の再吸収に対する機能をもつことが考えられている．

   a. 卵黄嚢

胎子が母親の体内にいる間の機構であり，卵黄嚢に蓄積された抗体が胎子の循環へ移行する．この機構はウサギで採用されていて，齧歯類にも存在する．

   b. 胎盤

齧歯類やヒトを含むサル類においては，胎盤における母親の層が消失しているので，胎盤を経て母親からの物質の移行はきわめて容易になっている．しかし，抗体の移行はほかの物質と異なり，ヒトでは FcRn が介在する機構により母親の

表 6.1 IgG の移行と Fc 受容体の役割（文献[9]を参考）

動物名	母親の分泌	子による吸収 出生前	子による吸収 出生後
ニワトリ（鳥類）	卵黄の周囲の卵黄膜を通過	卵黄囊，FcRY	卵黄囊，FcRY
オポッサム（有袋類）	袋への分泌	移行なし	小腸，FcR
ウサギ（ウサギ類）	子宮上皮	卵黄囊，FcR	移行なし
ラット/マウス（齧歯類）	乳腺（常乳），FcRn	卵黄囊，FcRn	遠位小腸，FcRn
ヒト（サル類）	乳腺（初乳），FcRn	胎盤と胎子の腸，FcRn	移行はほとんどなし
ウシ，ヒツジ，ブタ（偶蹄類）	乳腺（初乳），FcRn	移行なし	小腸，FcRn なし
ウマ（奇蹄類）	乳腺（初乳），FcRn	移行なし	小腸
イヌ（食肉類）	乳腺	胎盤	小腸

血液から直接，合胞体性栄養膜へ取り込まれる．齧歯類では，胎盤経由より，生後の移行のほうが重要である．

c. 乳汁

この機構は，子の誕生後に機能する．母親の体内にいる間に胎盤を経由して抗体の移行がない動物種，ウシ，ブタやウマで採用されている．これらの動物では，子は生まれたときには，外界の大腸菌，サルモネラ菌や腸炎ウイルスやロタウイルスなどによる敗血症や致死的な腸炎になることがある．抗体や細胞の移行が，乳汁を通して行われる．出産後数日間の乳汁は初乳（colostrum）と呼ばれ，高濃度の免疫グロブリン（Ig）が存在し，その後の乳汁（常乳）とは異なる．Ig の中では IgG1 が最も多く，IgA や IgM も多く含まれる．これらは母親の血液中濃度より高く，選択的に初乳に取り込まれるためである．ヒツジでは，IgE の移行も報告されている．乳腺上皮細胞では血液から初乳への移行が起こるが，その過程に IgG では FcRn，IgA や IgM には polymeric Ig 受容体（pIgR）が関与すると報告されている．初乳を飲んだ新生子は Ig を腸で分解せず，吸収する．このときは FcRn に依存しない．大きな分子の吸収のバリアとなる腸の閉鎖は出生後 24～36 時間で起こるので，それ以降の腸上皮細胞では，FcRn が IgG の吸収にあたる．その後の常乳では，分泌型 IgA が優勢となる．経口的に取り込まれた抗体は，子の腸管に存在し，病原菌に対する防御に役立っている．

初乳や常乳の中には，上記の抗体のほかに成長因子やサイトカイン（TGF-β，TNF-α，IFNG，IL-12，IL-10，IL-4）の液性因子があり，ブタの初乳では，EGF や TGF-β が報告されている．さらに乳腺分泌物には，上皮細胞とともに，多角白血球，リンパ球，マクロファージが含まれ，初乳にみられる細胞の約

26%はリンパ球でT細胞のほうがB細胞より多い．初乳中の白血球が子ウシのリンパ球の発達に及ぼす影響が報告されている．

6.4.2 鳥　類

鳥類の胚は，母親の体内で育つのではなく，卵の中で育つ．そのための栄養と抗体は卵黄から得る．そこで雌は，これらを血流から卵黄へ分泌蓄積する．哺乳類のIgGに機能的に相当する抗体分子として，鳥類にはIgYがある．構造的には哺乳類のIgEと類似し，その分子量は167,000 kDaである．卵黄中のIgY濃度は卵黄あたり50〜100 mgで，卵黄に蓄積されたIgYは孵化後の雛を守るために使われるため，孵卵中に卵黄から卵黄嚢を経て発育中の胚に取り込まれる．このときの受容体は，哺乳類と異なり，MHC分子とは無関係で，哺乳類のマンノース受容体ファミリーの1つであるフォスフォリパーゼA_2受容体（phospholipase A_2 receptor；PLA$_2$R）と似ている分子である．IgY以外の抗体であるIgAやIgMは卵白から雛へ伝えられる．

文　献

1) Meinhardt, A., Hedger, M. P. (2011): Immunological, paracrine and endocrine aspects of testicular immune privilege, *Mol. Cell. Endocrinol.*, **335**: 60-68.
2) Brännström, M., Enskog, A., Dahm-Kähler, P. (2002): Immunology of the ovary, *Immunol. Allergy Clin. North Am.*, **22**: 435-454.
3) Espey, L. L. (1980): Ovulation as an inflammatory reaction: A hypothesis, *Biol. Reprod.*, **22**: 73-106.
4) Wira, C. R., Grant-Tschudy, K. S., Crane-Godreau, M. A. (2005): Epithelial cells in the female reproductive tract: A central role as sentinels of immune protection, *Am. J. Reprod. Immunol.*, **53**: 65-76.
5) Pate, J. L., Toyokawa, K., Walusimbi, S., Brzezicka, E. (2010): The interface of the immune and reproductive systems in the ovary: Lessons learned from the corpus luteum of domestic animal models, *Am. J. Reprod. Immunol.*, **64**: 275-286.
6) Schuberth, H. J., Taylor, U., Zerbe, H., Waberski, D., Hunter, R., Rath, D.(2008): Immunological responses to semen in the female genital tract, *Theriogenology*, **70**: 1174-1181.
7) Ott, T. L., Gifford, C. A. (2010): Effects of early conceptus signals on circulating immune cells: Lessons from domestic ruminants, *Am. J. Reprod. Immunol.*, **64**: 245-254.
8) Das, S. C., Isobe, N., Yoshimura, Y. (2008) : Mechanism of prolonged sperm storage and sperm survivability in hen oviduct: A review, *Am. J. Reprod. Immunol.*, **60**: 477-481.
9) Baintner, K. (2007): Transmission of antibodies from mother to young: Evolutionary strategies in a proteolytic environment, *Vet. Immunol. Immunopathol.*, **117**: 153-161.
10) West, A. P., Herr, A. B., Bjorkman, P. J. (2004) : The chicken yolk sac IgY receptor, a functional equivalent of the mammalian MHC-related Fc receptor, is a phospholipase A_2 receptor homolog, *Immunity*, **20**: 601-610.

7 配偶子形成

● 7.1 精子形成と射精 ●

7.1.1 精子形成

精子形成（spermatogenesis）は，精細管の中で精祖細胞（spermatogonium，生物学用語として精原細胞，医学用語として精祖細胞という訳語が用いられる）から精子（spermatozoon）が形成される過程をいう．精祖細胞の前駆細胞は，原始生殖細胞から生じるゴノサイト（gonocyte，前精原細胞（prospermatogonium）と呼ばれる場合もあるが，使用は限定的である）で，このゴノサイトの発生から精子形成開始前までを前精子形成（prespermatogenesis）という．精子形成の過程はさらに精子発生（spermatocytogenesis）と精子完成（spermiogenesis）の2つに分けられる．精子発生は，精祖幹細胞（spermatogonial stem cell）の自己複製によって維持されるA型精祖細胞（type-A spermatogonium）が，中間型精祖細胞，B型精祖細胞へと分化したのちに精母細胞（spermatocyte）となり，減数分裂を経て円形精子細胞（round spermatid）がつくられるまでの過程をいう．精子完成は円形精子細胞が伸長精子細胞（elongated spermatid）を経て，精子に変態する過程である[1]．

成熟した雄の精細管上皮（seminiferous epithelium）は，さまざまな分化段階にある造精細胞（spermatogenic cell）と体細胞であるセルトリ細胞（Sertoli cell）から構成されている（図7.1）．隣接するセルトリ細胞間には密着結合による血液精巣関門（blood-testis barrier）が形成され，精細管は精祖細胞が存在する基底膜側と精母細胞から精子までが存在する内腔側に区分されている．精細管上皮の外側は筋様細胞（peritubular myoid cell）によって取り囲まれ，精細管間隙はアンドロジェンを産生するライディッヒ細胞（Leydig cell）や血管によって占められている．

a. 前精子形成

　胎生期の尿膜基底部に発生した原始生殖細胞は，増殖を続けながら生殖隆起へ移動した後，体腔上皮細胞に取り囲まれて1次性索を形成する．1次性索において原始生殖細胞はゴノサイトとなり，体腔上皮由来細胞はセルトリ細胞に分化して精細管を形成する[2]．初期のゴノサイトは分裂を続け増殖するが，やがてG0/G1期で分裂を停止し，精子形成を開始するまで精細管の管腔内に浮遊した状態で維持される．この間，ゲノムDNAのメチル化による父性インプリントの確立や生殖細胞特異的低分子RNA（piRNA）によるレトロトランスポゾン（retrotransposon）の発現抑制などのエピジェネティックな修飾がゲノムに導入される[3]．哺乳類の精子形成は，出生後，動物種に固有のある一定の発達段階に到達して開始されるが，それはゴノサイトが精細管内腔から精細管基底膜上へ移動し，分裂を再開してA型精祖細胞になることから始まる．雄の春機発動は精細管の管腔に精子が出現する時期であるので，実際の精子形成の開始は春機発動の1～2カ月前である．

b. 精子発生

　精祖細胞は精細管基底膜上に位置し，精細管内腔に向かって精子へと分化を進める．多くの家畜や齧歯類では，精祖細胞はA型，中間型，B型に分けられ，さらにA型は齧歯類では，未分化型，A1～4型の5種類に細分される（図7.1）．それぞれの細胞分裂は，娘細胞どうしが細胞間橋（intercellular bridge）によって連結して分離せず同期的に行われる．未分化型精祖細胞は4回の分裂によって最大16（2^4）個まで細胞間橋で連結する．未分化型からA1型精祖細胞に細胞分裂を伴わず分化したあとは，細胞分裂ごとに段階的に分化が進行していく．A型精祖細胞は少数の精祖幹細胞の自己複製によりその数が維持され，春機発動後の継続的な精子形成を可能にしている．幹細胞の生物活性（自己複製能と分化能）を指標にした解析から精祖幹細胞は未分化型に含まれることが示されている[4]．A型精祖細胞の種類（分類）は動物種によって異なるが，ウシ，ヒツジ，ブタなど家畜のA型精祖細胞の分類は齧歯類と類似する．

　B型精祖細胞が分裂して1次精母細胞になると減数分裂を開始する．染色体数を半減して1倍体の配偶子をつくるため，連続した2回の染色体分配，すなわち第1減数分裂（meiosis I）と第2減数分裂（meiosis II）が行われる．1次精母細胞において第1減数分裂が終了すると2次精母細胞となり，その後DNA合成を行うことなく続けて第2減数分裂を行い，1倍体の円形精子細胞になる．精子

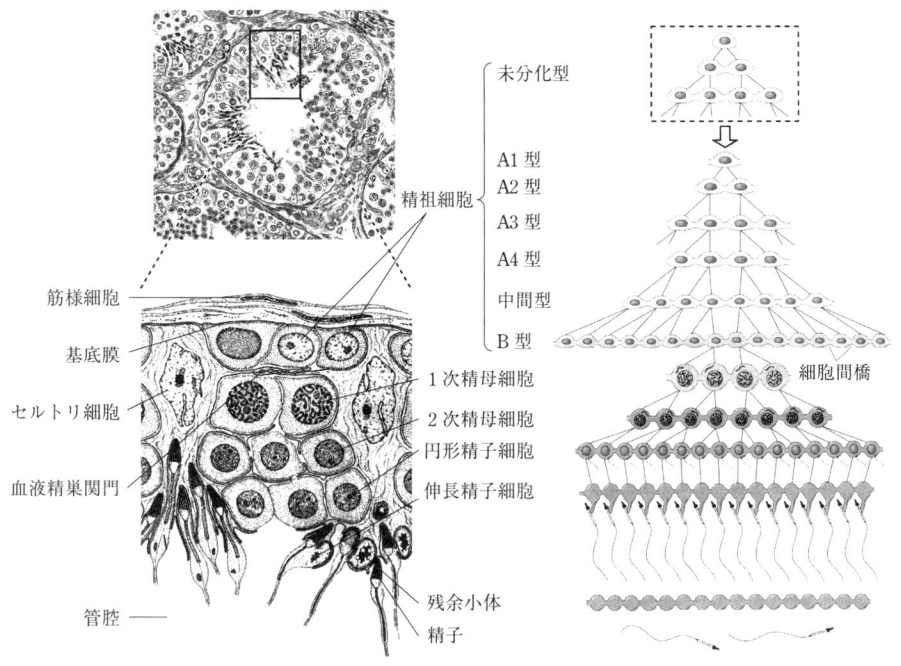

図 7.1 精細管の断面像と精子形成過程（文献[2]をもとに改変）

発生の減数分裂期から円形精子細胞への過程において，DNAやヒストンの化学修飾（メチル化，脱アセチル化など）によるエピジェネティック制御が進み，雄性ゲノムが確立される[2]．

c. 精子完成

精子完成は円形精子細胞が動物種固有の形態をとる精子へと形態変化を行う過程で細胞分裂は伴わない．精子完成の過程は，先体（acrosome）の形成，核の凝縮，ミトコンドリアの集合，べん毛の形成，不要な細胞質の放出などが起こり，通常，ゴルジ期，頭帽期，先体期，成熟期の 4 期に分けられる．また，核クロマチンのヌクレオソームを構成する塩基性タンパク質は円形精子細胞まではヒストンであるが，精子完成の過程でヒストンからいったん，変換核タンパク質（transition nuclear protein）に置換されたのち，精子に特有のプロタミン（protamine）に置き換わる．精子完成の最後に精子に不必要な物質やオルガネラを含む細胞質が残余小体（residual body）として放出され，このとき まで細胞間橋で連結していた精子細胞は，単体の精子となって精細管内腔に遊離する．残余

小体はセルトリ細胞により貪食される．

d. 精細管上皮周期

A1型精祖細胞から精子細胞までの分裂回数は決まっており，細胞間橋で連結した細胞の分裂も同調して進む．そのため，精細管の断面を連続的に観察するとある特定の4～5種類の分化段階の造精細胞が精細管内腔に向かって規則的に配列したパターンが周期的に現れる[5]．この周期的変化を精細管上皮周期（seminiferous epithelial cycle）という．周期的に現れる識別可能な組織像パターンはステージ（ローマ数字表記）として番号付けされており，ウシ，ヒツジ，ブタでは8ステージに分けられている．この精細管上皮周期の各ステージは一定の順序で精細管の長軸に沿って繰り返されており，これを精細管上皮波（wave of seminiferous epithelium）と呼ぶ．1回の精細管上皮周期，たとえばウシ，ヒツジ，ブタにおいて8ステージを完了するのに要する日数は，それぞれ13.5日，10.4日，8.6日である．A1型精祖細胞が精子になるためには4～5回の周期を繰り返す必要があるため，精子形成全過程に要する日数はウシで61日，ヒツジで49日，ブタで34日とされる．

e. 精子形成の制御

セルトリ細胞は，精祖幹細胞から精子細胞までのすべての造精細胞と細胞間接着をもち，栄養分の供給を行うとともに，増殖・分化因子を分泌して精子形成を制御する[6]．精祖幹細胞の自己複製を促すグリア細胞株由来神経栄養因子（GDNF）やA型精祖細胞の増殖因子であるKITリガンドはセルトリ細胞によって産生される．ビタミンAの代謝産物であるレチノイン酸は，A型精祖細胞の分化や減数分裂に必要とされるが，その作用においてはセルトリ細胞を介する機序と造精細胞に直接的に働く経路が知られる．

下垂体からの黄体形成ホルモン（LH）と卵胞刺激ホルモン（FSH）は，直接あるいは間接的にセルトリ細胞に作用して精子形成を制御する．LHはライディッヒ細胞に作用してアンドロジェンを分泌させ，そのアンドロジェンがセルトリ細胞に働いて減数分裂以降の精子完成を進行させる．FSHは，セルトリ細胞に直接作用して精祖細胞と初期精母細胞を増殖させる．また，FSH刺激によってセルトリ細胞から分泌されるアンドロジェン結合タンパク質は，アンドロジェンと結合して高濃度のアンドロジェンを造精細胞に供給することにより精子完成を促進する．

7.1.2 精　　液

　一般に精液（semen）という場合には射出精液をさす．射出精液は，精巣上体尾部より放出される精子（射出精子）と副生殖腺液の混合物を主体とする精漿（seminal plasma）からなる．射出精液と区別して，精巣精液（testicular semen）と精巣上体精液（epididymal semen）があり，それらは精巣精子と精巣上体精子を細胞成分として，精巣漿液と精巣上体漿液を液状成分としてそれぞれ構成される．

a. 精子の成熟

　精子完成を遂げた精巣精子は，セルトリ細胞から遊離し精細管腔に放出されたのち，精巣網，精巣輸出管を経て精巣上体に送り込まれる．精巣精子はほとんど運動能をもたないため精細管から精巣上体への移動は，精巣漿液の生産圧や精巣輸出管の繊毛上皮細胞の繊毛運動によってつくられる精巣上体方向への流れによっている．精巣上体に入った精子は，精巣上体の頭部，体部，尾部へと移動していく過程で，形態ならびに構造的変化を行いながら運動能力の獲得や受精能力（fertilizing ability）の発達などの機能的な成熟（epididymal maturation）を遂げる．精子の運動は体内では抑制する機序が働いているが，それらを除去すると精巣上体尾部の精子では，射出精子と同様の運動能力を示す．また，受精能力に関しても，精巣上体尾部から採取した精子は雌の子宮や卵管への注入，もしくは体外での受精能獲得の処理を行うことにより，高い受精能力を示す．精巣精子や精巣上体頭部精子では，そのような運動能力も受精能力もほとんど認められない．

b. 精子の構造

　成熟精子は，頭部，頸部，尾部からなり，精子全体は頭部から尾部先端まで原形質膜（細胞膜）で覆われている（図7.2）．精子の形態や大きさは動物種によって異なるが，家畜の精子はしゃもじのような形状をとり，全長が50〜70 μmである．

　頭部は，核がほぼ全域を占め，凝縮したクロマチンが含まれている．頭部の前半部は受精の過程で使われる酵素を含んだ先体で覆われている．尾部は，運動器官で，尾部全長の中心部を軸糸（axoneme）が走り運動力を生み出している．哺乳類の精子の軸糸は一般のべん毛や繊毛と同様の「9+2構造」をとる．すなわち2本のシングレット微小管（中心微小管）とその周りに放射状に配置された9本のダブレット微小管（周辺微小管）で構成されている（図7.2）．軸糸の周囲は9本の太い周辺束線維（外側粗大線維，outer dense fiber）で囲まれる．尾部の

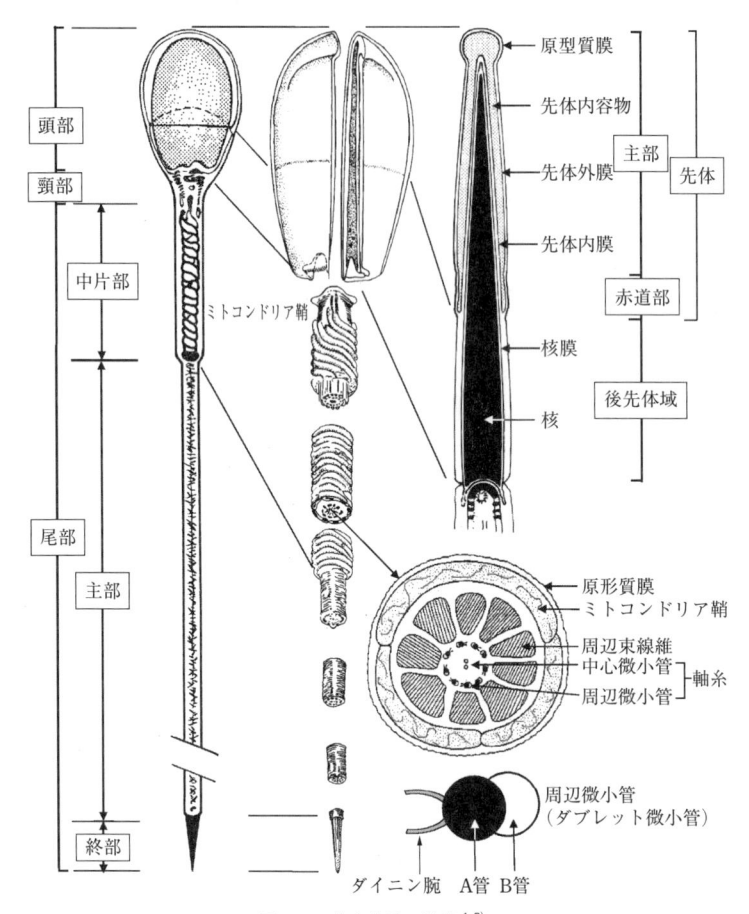

図7.2 家畜精子の構造[1,7)]

中片部（middle piece）では，周辺束線維の外側をさらにらせん状に連なったミトコンドリアが取り囲む．これはミトコンドリア鞘（mitochondrial sheath）と呼ばれ，精子運動に必要なエネルギー生産を行っている．頸部は頭部と尾部の接合部で核と軸糸の連結構造がある．中心部に1対の中心小体（centriole）の1つである近位中心小体が軸糸に対してほぼ直角に存在している．残りのもう1つの中心小体である遠位中心小体からは軸糸が伸びている．

c. 精液の性状

代表的な家畜の精液の性状を表7.1に示す．家畜において精液量と精子数は明らかな差異があり，ウシ，ヒツジなど反芻動物のグループとブタ，ウマのグルー

表 7.1 家畜精液の性状と化学組成[1]

性状・化学組成	ウシ	ヒツジ	ブタ	ウマ
精液量（ml）	5～8	0.8～1.2	150～200	60～100
精子濃度（10^6/ml）	800～2000	2000～3000	200～300	150～300
総精子数（10^9/ml）	5～15	1.6～3.6	30～60	5～15
精子運動率（％）	40～75	60～80	50～80	40～75
精子正常形態率（％）	65～95	80～95	70～90	60～90
タンパク質（g/100ml）	6.8	5.0	3.7	1.0
pH（水素イオン濃度）	6.4～7.8	5.9～7.3	7.3～7.8	7.2～7.8
フルクトース	460～600	250	9	2
ソルビトール	10～140	26～170	6～18	20～60
クエン酸	620～806	110～260	173	8～53
イノシトール	25～46	7～14	380～630	20～47
グリセロリン酸コリン	100～500	1100～2100	110～240	40～100
エルゴチオネイン	0	0	17	40～110
ナトリウム	225±13	178±11	587	257
カリウム	155±6	89±4	197	103
カルシウム	40±2	6±2	6	26
マグネシウム	8±0.3	6±0.8	5～14	9
塩素	174～320	86	260～430	448

表記のない数値の濃度は mg/100ml.

プに大別できる．前者は後者に比べ精液量が少なく，精子濃度は高い．ブタ，ウマのグループは著しく精液量が多いので，1回に射精（ejaculation）される全精子数は，ウシ，ヒツジのグループよりも多くなる．季節繁殖動物の雄は季節に関係なく交尾はできるが，一般的に非繁殖季節には精液量は減少する．これはおもに副生殖腺からの分泌液や膠様物の量が減少することによるもので，全精子数，精子生存率，精子運動性には大きな影響を及ぼさない．一方，季節繁殖動物，周年繁殖動物のいずれにおいても，夏期の高温多湿の時期には，一時的に精子濃度の低下，精子生存率の低下，精子奇形率の上昇が認められる．これは夏期の高温による造精機能の低下を原因とする．

d. 精漿

精漿は，射精の際の精子輸送の媒液であるとともに，代謝基質，酵素やホルモンなどの生理活性物質などを豊富に含み，精子の生理に重要な役割を果たす．多くの哺乳類の精漿の主要な構成成分は，精嚢腺，前立腺，尿道球腺（カウパー腺）からの分泌液に由来する[1]．これに精管膨大部，尿道，精巣上体からの分泌物が少量加わる．各副生殖腺の相対的大きさと分泌機能は動物種間で差が著しく，精漿の構成成分は動物差が大きい．

精漿成分を血漿成分と比較すると，フルクトース，ソルビトール，イノシトールなどの糖類，クエン酸，グリセロリン酸コリン，エルゴチオネインなどを高濃度に含むことが特徴である．フルクトースは，精子の主要なエネルギー基質で反芻類の精漿中に多く，ウマ，ブタでは少ない．ソルビトールも精子のエネルギー基質として利用される．イノシトールはブタで顕著に高いが，これは浸透圧の維持に関係するといわれる．無機イオンは，精漿の浸透圧やpHの維持，精子の代謝や運動を調節している．受精能獲得した精子の受精能を抑制する受精能獲得抑制因子（decapacitation factor）が精漿中に存在することが知られているが，その実体はまだ明らかでない．

e. 精子の運動

精子は雄の生殖器道内では運動を停止しているが，射出されると同時に活発に運動を始める．精子の運動は尾部の波動運動によるが，これは軸糸のダブレット微小管の滑り運動が原動力となっている．ダブレット微小管は2本の微小管（A管，B管）が連結した形をとり，チューブリン（tubulin）と呼ばれる細胞骨格タンパク質が主要構成成分である[8]．A小管からは1対のダイニン（dynein）というATPアーゼ活性をもつモータータンパク質で構成される突起（ダイニン腕）が出ており，これがミトコンドリア鞘から供給されるATPを加水分解して化学エネルギーを産生し，それを微小管の滑り運動に用いている．

エネルギー源であるATPを得るため，精子は精子内外の呼吸基質を代謝する．精漿中や雌の生殖器道中に含まれるフルクトース，ソルビトール，グルコース，グリセロール，グリセロリン酸コリン，脂肪酸，アミノ酸などが外因性の呼吸基質として利用される．また，精子自身のもつリン脂質や中性脂質から遊離する脂肪酸は内因性の呼吸基質として利用される．嫌気的条件下では解糖系によって，好気的条件下では解糖系と呼吸によってATPを産生する．

7.1.3 射　　精

成熟を遂げた精巣上体尾部精子は，管腔が広くなった精巣上体尾部におもに貯蔵される．精巣上体尾部では，精子は代謝を極力抑制し運動を停止した状態にあり，長期間にわたって受精能や運動能を保持したまま維持され射精の機会を待つ．射精は，雄動物の性的興奮が高まり，腰仙髄に中枢をおく自律神経の反射によって，精巣上体の尾部において貯留された精巣上体精子が副生殖腺液とともに体外に放出されることである．射精が起こらなかった場合は尿道に押し出され，

尿とともに排泄されるか，分解されて吸収される．

a. 陰茎の勃起

雌の生殖器内へ射精するために，陰茎は一時的に膨張硬化した勃起状態（erection）になる必要がある．勃起は腰仙髄に中枢をおく自律神経の反射によるもので，直接の輸入刺激は陰茎の知覚刺激であるが，性的興奮などの高次の神経機構，すなわち上位の脳脊髄中枢の支配も受ける．勃起状態は陰茎の勃起組織である陰茎海綿体（corpus cavernosum penis）と尿道海綿体（corpus spongiosum penis）への大量の血液の流入と，流入した血液の流出を防止する機構によって維持される．家畜の陰茎には，海綿体が発達していて勃起時に陰茎の容積の増大が著しい筋海綿体型（ウマ，イヌ）と，海綿体があまり発達せず，海綿体の膨張につれて陰茎後引筋が弛緩し陰茎S字曲（sigmoid flexure）が伸長して勃起する線維弾性型（ブタ，反芻類）の2型がある．線維弾性型は筋海綿体型に比べ短時間で勃起する．

b. 射精の機序

射精も勃起と同様，腰仙髄に中枢をおく自律神経の反射によるもので，直接の輸入刺激は交尾に際して陰茎に加わる知覚刺激である．動物の種類によってこの刺激の性質が異なり，反芻類では膣の温度が射精にとって最も重要である一方，ウマ，ブタ，イヌでは陰茎に加わる圧感が温度より重要な条件となる．陰茎からのこうした知覚刺激は，腰仙髄の射精中枢に入ったのち，反射的に精巣上体，精管，尿管に分布する平滑筋を拍動的に収縮させる．その結果，精巣上体尾部に貯留されていた精子が尿道へ押し出され，同時に精囊腺，前立腺，尿道球腺などの副生殖腺の平滑筋も収縮することから，これら副生殖腺分泌液も尿道へ放出され精子と混合する．こうしてできた精液は尿道筋や海綿体筋の律動的な収縮によって体外へ射出される．ウシやヒツジなどの反芻動物では，射精は瞬間的で副生殖腺液量が少ない．これに対してブタやウマでは射精時間が長く，副生殖腺液量も多い．人工的に精液を採取する方法には，人工膣法，手圧法，電気刺激法，精管マッサージ法があるが，人工膣法と手圧法が性的興奮を促して射精を起こさせるのに対し，電気刺激法と精管マッサージ法は射精中枢のみを刺激して射精を促す．

7.2 卵子（卵胞）形成と雌の性周期

7.2.1 卵子および卵胞形成
a. 卵 子
卵子（egg または ovum）は雌の配偶子であり，減数分裂（meiosis）によって形成される．卵子は次世代の新しい個体を生み出す細胞であり，体細胞とはきわめて異なった特徴をもっている．第1に，卵子は直径約 0.1 mm の球状のきわめて大型の細胞であり（体細胞の 200～1,000 倍の体積をもつ），多くの栄養分や細胞内小器官を蓄えている．第2に，体細胞にはない透明帯（zona pellucida）や表層粒（cortical granule，表層顆粒ともいう）と呼ばれる特殊な構造をもっている．透明帯は，卵子の外側を覆う糖タンパク質からなるゼリー状の層で，物理的な衝撃から卵子や受精後の初期胚を保護するほか，受精の際には同種もしくは非常に近縁な種の精子しか通過させない障壁として働く．また，細胞膜の直下には表層粒と呼ばれる特殊な分泌小胞があり，その内容物は精子の侵入時に放出されて透明帯に作用し，1個の卵子に複数の精子が侵入するのを防ぐ（多精子侵入拒否または多精拒否）．卵子は受精したのち卵割するが，そのたびに細胞（割球）は小さくなり，最終的には体細胞と同じ大きさになる．

b. 卵子形成と減数分裂
卵子形成（oogenesis）は，雌の卵巣内で起こる．卵子形成とは，未分化な原始生殖細胞（primordial germ cell）から，受精し発生することが可能な卵子が形成されるまでの過程全体をさすが（図 7.3），その過程の後半で起こる性腺刺激ホルモン（gonadotropin）の刺激を受けたのちに起こる変化は，とくに成熟または卵成熟（oocyte maturation）と呼ばれる．

胎子期における原始生殖細胞の出現と移動，卵祖細胞（oogonium）への分化とその増殖に関しては第4章において詳述されている．卵祖細胞は胎子の卵巣内で減数分裂の細胞周期に入り，1次卵母細胞（primary oocyte）へと分化する．1次卵母細胞は染色体を複製して1対の姉妹染色分体を形成し，第1減数分裂前期に入る．減数分裂に関しては「精子形成」の項で述べられており，同様な過程が卵子形成過程においても起こるが，精子形成とはいくつかの点で異なる．精子形成過程における減数分裂は，第1減数分裂前期，第1減数分裂中期，第1減数分裂後期，第1減数分裂終期，第2減数分裂前期，第2減数分裂中期，第2減数分裂後期，第2減数分裂終期と進行するが，卵子形成過程には，i）第2減数分裂

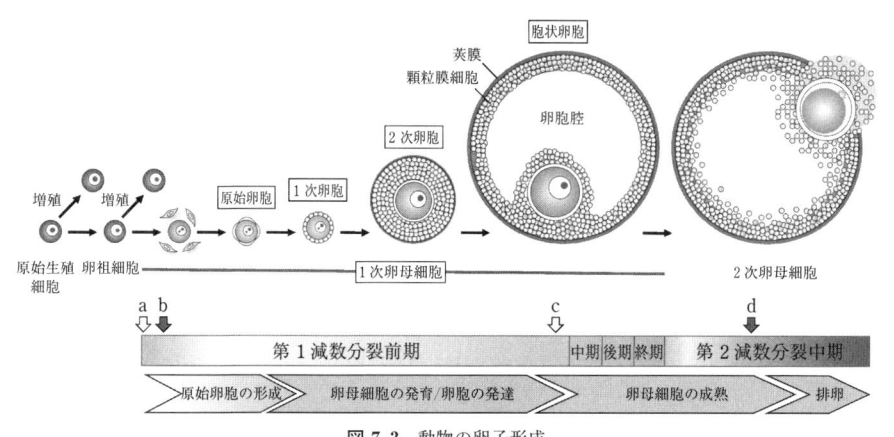

図 7.3　動物の卵子形成

a～dは，卵子形成過程で起こる減数分裂の開始（a, c）および休止（b, d）を示す．a：第1減数分裂の開始，b：第1減数分裂前期のディプロテン期での休止，c：性腺刺激ホルモンのサージによる減数分裂の再開（成熟開始），d：第2減数分裂中期での休止．

前期がない．また，第1減数分裂前期は胎子期の卵巣内で開始するが，ii）第1減数分裂中期以降への進行は，雌の動物が性成熟を迎え，下垂体からの性腺刺激ホルモンの刺激を受けるまで起こらない．さらに，iii）いったん減数分裂を再開した卵母細胞の減数分裂は第2減数分裂中期で再び休止し，第2減数分裂後期以降への進行は，卵子に精子が侵入しなければ起こらない．

　胎子期の卵巣内で，1次卵母細胞の第1減数分裂前期は，レプトテン期（細糸期），ザイゴテン期（接合糸期），パキテン期（太糸期），ディプロテン期（複糸期）と進行する．第1減数分裂前期のレプトテン期では，1次卵母細胞の核の中に細い糸状の染色体が出現し，ザイゴテン期になると父親と母親から片方ずつ受け取った相同染色体が互いに接着して対を形成しはじめ，染色体は対合する．対合した相同染色体は，それぞれが2本の姉妹染色分体からなっていることから4本の染色分体が，あたかも1本の染色体のようにみえはじめる．パキテン期では，相同染色体の対合が染色体の全長におよび，この間に父親および母親由来の相同染色体の間でその一部が交換される（染色体の交差）．ディプロテン期になると，対合が交差の起こった部分（キアズマ）を残して解離し，染色体のループが核内に広がり，それぞれの対合した相同染色体の4本の糸が分離したようにみえる．1次卵母細胞の第1減数分裂前期は，このディプロテン期でいったん休止する．ここまでの一連の変化は，ほとんどの哺乳類では胎子の卵巣内で起こる．

このため出生時の雌の動物の卵巣内にはディプロテン期で休止した1次卵母細胞のみが存在することになる．ウサギやブタなど，出生時の卵巣内に卵祖細胞が残っている動物種もあるが，これらの動物においても出生後しばらくすると卵祖細胞は消失し，卵巣内には第1減数分裂前期のディプロテン期で休止した1次卵母細胞しか存在しない状態となる．

c. 卵母細胞の発育（成長）

1次卵母細胞は，当初裸の状態で互いに接触した状態で存在するが，1次卵母細胞間に扁平な形態の体細胞（顆粒膜細胞，granulosa cell）が侵入し，1次卵母細胞は顆粒膜細胞に1個ずつ取り囲まれ，原始卵胞（primordial follicle）が形成される（図7.3）．原始卵胞内の1次卵母細胞の直径は，ウシやブタなど大型の哺乳類では約30 μm（0.03 mm）であるが，マウスやラットなど齧歯類では約20 μmである．1次卵母細胞は卵胞の発達とともに発育（成長）を開始してその体積を徐々に増加させ，大型の動物では最終の大きさである120〜125 μm（透明帯を含まない1次卵母細胞の直径），齧歯類では約75 μmへと発育する．この間，1次卵母細胞は，第1減数分裂前期のディプロテン期に留まったままであり，最終の大きさへと発育したのちも，動物が性成熟を迎えるまで減数分裂を再開しない．

1次卵母細胞が発育を開始すると，核内ではRNAが，細胞質ではタンパク質が活発に合成され，1次卵母細胞は体積を増加させる．また，卵子に特有の構造や細胞小器官が出現する．1次卵母細胞が一定の大きさに達すると，その周囲には透明帯が形成されはじめる．透明帯は形成当初は不連続であるが，1次卵母細胞が発育する過程で全周を取り囲むゼリー状の層となり，その厚さを増す．透明帯の主成分は糖タンパクであり，その前駆物質は1次卵母細胞中で合成される[9]．表層粒も1次卵母細胞が発育する間に形成される．表層粒は，はじめ細胞質中に広く分布しているが，その後，卵母細胞の表層に位置するようになる[10]．

1次卵母細胞と周囲の顆粒膜細胞の間には，原始卵胞の形成時からギャップ結合（gap junction）と呼ばれる特殊な結合が存在し[11]，この結合を通して顆粒膜細胞から1次卵母細胞へ種々の物質が運ばれる．また，顆粒膜細胞もギャップ結合によって互いに連結し，この結合を通して物質を交換している．タンパク質やRNAなどの巨大分子はこの結合を通過できないが，アミノ酸や核酸，糖などの通過は容易である．透明帯が形成されたのちも，透明帯を貫いて顆粒膜細胞から細い突起が1次卵母細胞に向かって伸びており，その先端は1次卵母細胞と結合

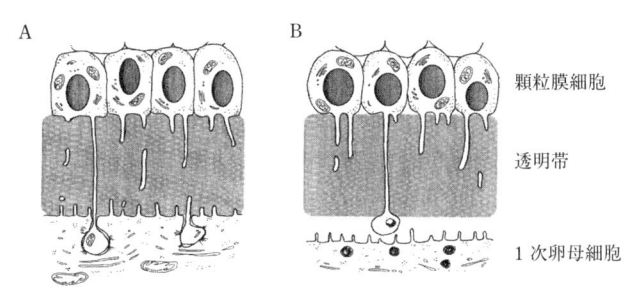

図 7.4　1 次卵母細胞表面の微細構造
1 次卵母細胞周囲の顆粒膜細胞から，透明帯を貫通して細い突起が伸びており，1 次卵母細胞表面に達している（A）．この突起の先端と 1 次卵母細胞の間にはギャップ結合と呼ばれる特殊な結合が存在し，顆粒膜細胞から 1 次卵母細胞に種々の物質が運ばれる．1 次卵母細胞が成熟を開始すると，この結合は解離する（B）．

している（図 7.4 A）．1 次卵母細胞は血液中に存在するグルコース（ブドウ糖）をエネルギー源として利用することができない．顆粒膜細胞がグルコースを卵母細胞が利用できるピルビン酸へと変換し，ギャップ結合を通して卵母細胞へ送り込んでいると考えられている[12]．

d. 卵胞の発達と閉鎖

卵胞は卵母細胞を育てる基本となるユニットであり，卵母細胞の発育は卵胞の発達と同調して進行する（図 7.3）．卵胞の構造については，3.2 節で詳述されているが，卵巣内で最も多いのは原始卵胞であり，その数は動物 1 頭あたりブタで 30 〜 40 万個，ウシでは約 10 万個と報告されている[13, 14]．原始卵胞は胎子期あるいは出生直後の卵巣内で形成されるが，原始卵胞内の 1 次卵母細胞はいっせいに発育を開始するわけではなく，動物の長い生涯を通して次々と発育を開始する．このうち発育を開始するのは数千〜数万個であり，ほかのほとんどの 1 次卵母細胞は，動物の一生を通して発育することなく原始卵胞中に留まったままである．このため成体の動物の卵巣内には原始卵胞が最も多く存在するが，発達段階の異なるさまざまな大きさの卵胞も共存している．1 次卵母細は動物の加齢とともに卵巣内で退行し，その数は次第に減少する．

卵巣内に多数存在する原始卵胞のほとんどは発達を開始せず，発達を開始したとしても，その途中で退行する．卵胞閉鎖（follicular atresia）とは，卵巣内の卵胞が退行性の変化を起こし，排卵に至らず消失することをいう．卵胞閉鎖は卵胞の発達過程のさまざまな段階で起こる．卵胞閉鎖の原因としては，1 次卵母細胞

の遺伝的な欠陥や代謝的障害，卵胞への血液供給量の低下による栄養不足，顆粒膜細胞の異常などが考えられる．卵胞閉鎖は性腺刺激ホルモンやステロイドホルモンによっても支配されると考えられているが，その制御機構には不明な部分が多い．

7.2.2 卵母細胞の成熟と排卵
a. 卵母細胞の成熟

動物が性成熟を迎えると，周期的に下垂体から大量のFSHとLH（黄体形成ホルモン）が放出され，両ホルモンの血中濃度の急速な上昇（サージ，surge）が起こる．胞状卵胞内で十分に発育した1次卵母細胞の一部は，これに反応して減数分裂を再開する．卵巣内で発育を完了した1次卵母細胞に精子を加えても受精は起こらない．成熟とは，発育過程を終えた1次卵母細胞が，性腺刺激ホルモンのサージを受けて第1減数分裂を再開し，第2減数分裂中期に至って受精可能な状態となることをいう（図7.3）．卵巣内で発育の途上にある1次卵母細胞には成熟する能力がなく，卵母細胞はその発育の過程で成熟する能力を徐々に獲得していく[15]．

発育を終えた1次卵母細胞は，第1減数分裂前期のディプロテン期で休止したままの状態である．1次卵母細胞には卵核胞（germinal vesicle）と呼ばれる大きな核が存在することから，成熟開始前の1次卵母細胞は，卵核胞期（GV期）の卵母細胞とも呼ばれる（図7.5）．1次卵母細胞が成熟を開始すると，卵核胞内に

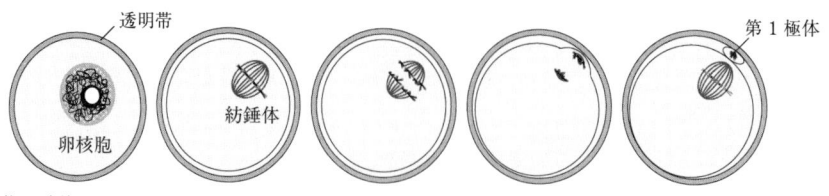

図 7.5 卵母細胞の成熟

第1減数分裂前期　第1減数分裂中期　第1減数分裂後期　第1減数分裂終期　第2減数分裂中期
（GV期）　　　　（MI）　　　　　（AI）　　　　　（TI）　　　　　（MII）

発育を完了した第1減数分裂前期（卵核胞期；GV期）の1次卵母細胞には，明瞭な核膜に包まれた卵核胞と核小体がみられる．1次卵母細胞が成熟を開始すると，染色体は凝縮し，次いで核小体および卵核胞は消失する．凝縮して対を形成した相同染色体は紡錘体の赤道面に配列する（第1減数分裂中期）．その後，相同染色体間で染色体は分離し，第1減数分裂後期，第1減数分裂終期を経て，半数の染色体は第1極体とともに囲卵腔に放出され，第2減数分裂中期に至る．

広がっていたクロマチンのループは引き寄せられ，染色体は短く太くなる．このとき，対になっている相同染色体の合計4本の姉妹染色分体は1本であるかのように行動する．核小体，次いで核膜が消失するが，1次卵母細胞の核膜の崩壊は，とくに卵核胞崩壊（germinal vesicle breakdown, GVBD あるいは GVB）と呼ばれ，卵母細胞の成熟開始の指標として用いられる．凝縮した染色体は，紡錘体の赤道面に配列する（第1減数分裂中期，metaphase I, MI）．このころになると，透明帯を貫通して伸びていた卵丘細胞（卵丘顆粒膜細胞）の突起と1次卵母細胞との間の結合は解離しはじめる（図7.4 B）．次いで，染色体は紡錘体の両極に引き寄せられ（第1減数分裂後期，anaphase I, AI），両極に完全に分離する（第1減数分裂終期，telophase I, TI）．第1減数分裂では相同染色体間での分離が起こり，姉妹染色分体は互いに接着したままである[16]．卵母細胞の減数分裂では，極端に偏った不等割分裂が起こり，半数の染色体と少量の細胞質を含む第1極体（first polar body）が，透明帯と卵母細胞との間隙である囲卵腔（perivitelline space）に放出される．第1極体を放出したあとの卵母細胞は，2次卵母細胞（secondary oocyte）と呼ばれる．2次卵母細胞はただちに紡錘体を形成したのち（第2減数分裂中期，metaphase II；MII），再び減数分裂を休止する．2次卵母細胞内に形成された紡錘体の赤道面には，姉妹染色分体が配列する．ここに至って卵母細胞は成熟を完了し，排卵される．性腺刺激ホルモンのサージを受けたのち成熟を完了するまで（第2減数分裂中期に至るまで）に，ブタでは約36時間，ウシやヒツジでは約22～24時間，マウスでは約12時間かかる．

　成熟して排卵された2次卵母細胞は，通常「卵子」と呼ばれるが，いまだ減数分裂を完了してはおらず，第2減数分裂中期で休止したままの状態である．排卵後，卵管内で精子の侵入を受けると，2次卵母細胞は再び減数分裂を開始し，第2減数分裂後期（anaphase II；AII），第2減数分裂終期（telophase II；TII）を経て，第2極体を放出する．第2減数分裂では姉妹染色分体が分離し，最終的に体細胞の半数の染色体をもつ核（雌性前核）が形成される．胎子期の卵巣内で開始した減数分裂はここに至って完了する．

　卵成熟過程では，第1減数分裂終期を経た卵母細胞は核膜を形成することなく，そのまま第2減数分裂中期に移行することから，第2減数分裂前期はない．また，卵成熟過程で形成される第1減数分裂中期と第2減数分裂中期の紡錘体は，体細胞の紡錘体とはその形態が異なっている．体細胞では分裂に先立って中

心体が複製されて2個となり，紡錘体の2つの極を形成する．これに対して卵母細胞は，卵子形成過程で中心体の成分である中心小体を失っており，紡錘体の極に中心体をもたない「樽型」の紡錘体を形成する[17]．

卵母細胞の成熟には，卵成熟促進因子（maturation-promoting factor；MPF）として発見[18]されたCDK1（cyclin-dependent kinase 1；CDC2キナーゼとも呼ばれる）の活性が関与する．活性型のCDK1は，CDK1とCyclin Bの2つの分子からなり，卵母細胞の成熟に限らず，体細胞の分裂中期にも活性化されることが知られている．性腺刺激ホルモンのサージを受けた1次卵母細胞内ではCDK1が活性化され，これによって染色体の凝縮，卵核胞の崩壊など一連の分裂中期に向かう変化が引き起こされる．第1減数分裂後期・終期に活性はいったん低下するが，第2減数分裂中期で再び高くなる．受精の際，精子が侵入するとCyclin Bは分解され，CDK1はその活性を失う．これにともなって染色体の脱凝縮，核膜（前核）の形成が引き起こされる．

c. 排　卵

成熟を完了した卵母細胞が，卵胞から排出されることを排卵（ovulation）という（図7.6）．性腺刺激ホルモンのサージを受けて1次卵母細胞は成熟を開始するが，同時に卵丘も変化しはじめる．卵丘細胞はヒアルロン酸を盛んに分泌し，卵丘細胞は互いに遊離しはじめる．また，LHサージを受けて卵巣の血流量は増加し，毛細血管の透過性は亢進する．その結果，排卵直前の胞状卵胞は卵胞液に満たされて著しく膨張し，ブタやヒツジでは8～10 mm，ウシでは15～20 mm，

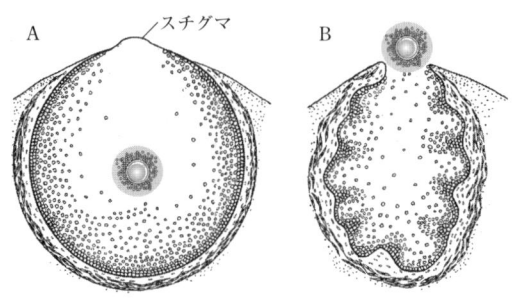

図7.6　排卵
排卵直前の胞状卵胞は卵巣表面より突出し，その頂上部にスチグマが形成される（A）．スチグマは徐々に広がり，卵丘細胞とヒアルロン酸のマトリックスに取り囲まれた2次卵母細胞は卵胞液とともに放出される（B）．

表7.2 動物の性周期と排卵数

種	繁殖季節	性周期の長さ（日）	卵胞期（日）	黄体期（日）	排卵数
ウシ	周年	21	3～6	16～17	1
ブタ	周年	21	3～6	16～17	10～18
ヒツジ	晩秋～初冬	17	2～3	14～15	1～2
ヤギ	晩秋～初冬	20	3～4	17	1～3
ウマ	春～初夏	22	3～8	14～19	1
マウス*	周年	4～5			8～15

*：マウスは不完全性周期を示す．

ウマでは50～70 mmに達する．この段階になると，卵丘細胞と粘稠性に富むヒアルロン酸のマトリックスに取り囲まれた卵母細胞は，卵胞腔内に浮遊した状態となる．卵胞の膨張に伴って，卵胞は卵巣表面から外側に突出し，その頂上部に血行の乏しい薄く透明な部分（スチグマ）が形成される（図7.6 A）．スチグマは徐々に広がり，やがて破裂し，卵母細胞は卵丘細胞に取り囲まれた状態で，卵胞液とともに排出される（図7.6 B）．排卵された卵母細胞は卵管采にキャッチされ，受精の場である卵管膨大部へと運ばれる．排卵は，LHサージ後，動物種によって決まった時間，ウシやヒツジでは約24～25時間後，ブタでは約40～42時間後，マウスやラットでは約12時間後に起こる．

ほとんどの哺乳類では，胞状卵胞内で成熟を完了した第2減数分裂中期の2次卵母細胞が排卵されるが，イヌやキツネのように第1減数分裂中期前後の1次卵母細胞が排卵される動物種もある[19]．各性周期において排卵される卵子の数は，単胎のウシ，ウマ，ヒトでは1個，多胎のブタやマウスでは10～20個である（表7.2）．このため一生を通して排卵される卵子の数はウシでは200個以内，ヒトで400～500個，ブタでも多くて数千個である．排卵後の卵子が正常に受精し発生する能力を保有する時間は，12時間程度と考えられている．

7.2.3 黄体形成

排卵後の胞状卵胞は血液やリンパ液で満たされ，その後，黄体（corpus luteum）へと変化する．顆粒膜細胞は大型の黄体細胞（直径20～40 μm）へと変化し，また内莢膜細胞に由来する細胞も黄体の形成にあずかる．

黄体はステロイドホルモンの一種であるプロジェステロンを活発に分泌する．プロジェステロンの分泌が盛んな時期は，ウシやヒツジでは排卵の7～8日後，

ブタでは 12 〜 13 日後，ウマでは排卵 12 日後である．プロジェステロンは子宮内膜の分泌機能を亢進させ，受精卵の着床に適した環境を準備する．排卵された卵子が受精し，子宮に着床するかしないかによって黄体のその後の経過は異なる．排卵された卵子が受精せず，あるいは受精後発生した胚が子宮に着床しなければ，黄体は発達したのち，線維性成分や結合組織に置き換わり白色の組織（白体，corpus albicans）へと変化し，消失する．着床が成立すれば，黄体はさらに発達して妊娠黄体となり，妊娠の維持に機能する．

7.2.4 性周期

性成熟した雌の動物の卵巣では，胞状卵胞の発達，卵母細胞の成熟と排卵，黄体形成，黄体退行が周期的に繰り返される（図 7.7）．これを性周期（sexual cycle）と呼ぶが，動物では性周期の間，排卵時期に周期的に発情が起こることから発情周期（estrous cycle)，また，ヒトや霊長類では黄体退行期に子宮内膜からの出血（月経）が起こることから月経周期（menstrual cycle）と呼ばれる．ヒツジ，ヤギ，ウマなどの家畜，イヌやネコは季節繁殖動物（seasonal breeder）で，繁殖季節の間にのみ性周期が繰り返されるが，ウシやブタなどの家畜，マウス，ラットなどの実験小動物は周年繁殖動物（continuous breeder）で，1年を通して性周期を繰り返す（表 7.2）．

性周期は，下垂体から周期的に分泌される性腺刺激ホルモンの分泌と卵巣機能の変化によって支配されている．卵巣では卵胞期（follicular phase）と黄体期（luteal phase）が通常繰り返される．

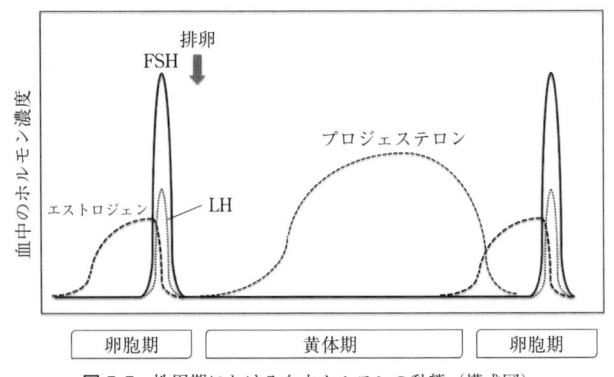

図 7.7 性周期における血中ホルモンの動態（模式図）

① 黄体期： 排卵後に黄体が形成され（黄体形成期），盛んにプロジェステロンを分泌した（黄体開花期）のち，退行する（黄体退行期）までの時期.
② 卵胞期： 黄体の退行に伴って卵胞が発達し，排卵に至る時期．排卵直前には胞状卵胞から活発にエストロジェンが分泌され，動物は発情し，雄との交尾を許容する．

下垂体から大量のLHが分泌されると（LHサージ），発達した胞状卵胞から成熟した卵母細胞が排卵される（図7.7）．排卵の起こった卵胞は黄体へと変化し，プロジェステロンを盛んに分泌し，血中のプロジェステロン濃度は高く維持され，子宮では着床の準備が整う．排卵された卵子が受精せず，あるいは発生した胚が子宮に着床しなければ，黄体は退行し，プロジェステロンの分泌は低下する．この低下に伴って卵胞が発達し，胞状卵胞の発達に伴ってエストロジェンが産生され，血中のエストロジェン濃度が上昇する．このエストロジェン濃度の上昇が下垂体からのLHサージを誘起し，再び排卵が起こる．胚が着床した場合には，妊娠黄体が形成され，この周期は停止する．

性周期は完全性周期と不完全性周期に分けられる．卵胞期と黄体期を交互に繰り返す場合を完全性周期（ウシ，ブタ，ウマ，ヤギ，ヒツジ，ヒトなど），排卵後に次の卵胞期が始まり，明瞭な黄体期がない場合を不完全性周期（マウス，ラット，ハムスターなど）と呼ぶ．ウサギやネコは交尾刺激によって排卵を起こすことが知られており，不完全性周期に分類される．いずれの動物においても，加齢に伴って卵巣の機能は衰退し，性周期は停止する．ヒトでは月経が停止することから閉経と呼ばれる．

文　献

1) Hafez, E. S. E., Hafez, B. (2000): *Reproduction in Farm Animals* (7th ed.), Lippincott Williams & Wilkins.
2) Gilbert, S. F. (2010): *Developmental Biology* (9th ed.), Sinauer Associates.
3) Sasaki, H, Matsui, Y. (2008): Epigenetic events in mammalian germ-cell development : reprogramming and beyond, *Nat. Rev. Genet.*, **9** : 129–140.
4) Phillips, B. T., Gassei, K., Orwig, K. E. (2010): Spermatogonial stem cell regulation and spermatogenesis, *Philos. Trans. R. Soc. Lond. B Biol. Sci.*, **365** : 1663–1678.
5) Russell, L. D., Ettlin, R. A. Shinha Hikim, A. P., Clegg, E. D. (1990): *Histological and Histopathological Evaluation of the Testis*, Cache River Press.
6) Skinner, M. K., Griswold, M. D. Eds. (2004): *Sertoli Cell Biology*, Academic Press.
7) 佐藤英明編（2003）：動物生殖学，朝倉書店．
8) 星　元紀監修，森沢正昭，岡部　勝，星　和彦，毛利秀雄編（2006）：新編　精子学，東京大学出版会．

9) Bleil, J. D., Wassarman, P. M. (1980): Synthesis of zona pellucida proteins by denuded and follicle-enclosed mouse oocytes during culture in vitro, *Proc. Natl. Acad. Sci. USA*, **77** (2): 1029-1033.
10) Gosden, R. G., Bownes, M. (1995): Molecular and cellular aspects of oocyte development, In *Gametes — The Oocyte*, pp. 23-53, Cambridge University Press.
11) Anderson, E., Albertini, D. F. (1976): Gap junctions between the oocyte and companion follicle cells in the mammalian ovary, *J. Cell Biol.*, **71** (2): 680-686.
12) Eppig, J. J. (1976): Analysis of mouse oogenesis in vitro: Oocyte isolation and the utilization of exogenous energy sources by growing oocytes, *J. Exp. Zool.*, **198** (3): 375-382.
13) Gosden, R. G., Telfer, E. (1987): Numbers of follicles and oocytes in mammalian ovaries and their allometric relationships, *J. Zool. Lond.*, **211** (1): 169-175.
14) Erickson, B. H. (1966): Development and senescence of the postnatal bovine ovary, *J. Anim. Sci.*, **25** (3): 800-805.
15) Miyano, T., Manabe, N. (2007): Oocyte growth and acquisition of meiotic competence, *Soc. Reprod. Fertil. Suppl.*, **63** : 531-538.
16) Lee, J. Kitajima, T. S., Tanno, Y., Yoshida, K., Morita, T., Miyano, T., Miyake, M., Watanabe, Y. (2008): Unified mode of centromeric protection by shugoshin in mammalian oocytes and somatic cells, *Nat. Cell Biol.*, **10** (1): 42-52.
17) Lee, J., Miyano, T., Moor, R. M. (2000): Spindle formation and dynamics of γ-tubulin and nuclear mitotic apparatus protein distribution during meiosis in pig and mouse oocytes, *Biol. Reprod.*, **62** (5): 1184-1192.
18) Masui, Y., Markert, C. L. (1971): Cytoplasmic control of nuclear behavior during meiotic maturation of frog oocytes, *J. Exp. Zool.*, **177** (2): 129-145.
19) Pearson, O. P., Enders, R. K. (1943): Ovulation, maturation and fertilization in the fox, *Anat. Rec.*, **85** (1): 69-83.

8 受　　　　精

　雌雄間の両性生殖（bisexual reproduction）で体内受精（*in vivo* fertilization）という生殖戦略をとる哺乳類では，雌の配偶子（gamete）の卵子（ovum, oocyte）と雄の配偶子の精子（spermatozoon, sperm）が雌の生殖道内で出会い，融合することで新たな遺伝子の組み合わせの生命体が生じる．すなわち半数体（haploid）である卵子へ同じく半数体である精子が侵入し，融合することにより2倍体（diploid）の受精卵（zygote, fertilized oocyte）となる．この現象を受精（fertilization）と称する．受精は，単に卵子と精子が出会うことで起こるのではなく，種々の条件が合致することで初めて成立する精緻な現象である．その条件と成立過程を説明する．

● 8.1 精子と卵子の移送 ●

8.1.1 精子の移送

　雌と雄の交尾によって，数千から数十億の精子を含む精液（semen）が膣内（ウシ，ヒツジ，ヤギ，ウサギ，ヒト）もしくは子宮頸管～子宮内（ウマ，ブタ，マウス，ラット）に射出される．膣内は酸性で，精子にとって過酷な環境であり，膣内射精の場合には，ここで大多数の精子が除外される．膣内へ射出された精子にとっての第1関門である子宮頸管（cervical canal）は，膣と子宮の接続部で不規則に曲がりくねり，頸管上皮には多くの深い窪みがある．頸管上皮は粘液分泌細胞に富んで，内腔は粘液で満たされている．頸管に分泌される粘液の濃度と粘性は，エストロジェンレベルが高くプロジェステロンレベルが低いとき，粘性を失い水様になり，精子の頸管通過を促進する．逆に，プロジェステロン濃度が高いとき，性周期の黄体期には，頸管粘液は粘性があり，糊状になり，子宮への精子の侵入を困難にする．

　その後，精子は尾部のべん毛運動と子宮・卵管の収縮運動により，子宮を経由して受精部位の卵管膨大部（oviductal ampulla）へと移送される．子宮内の多数

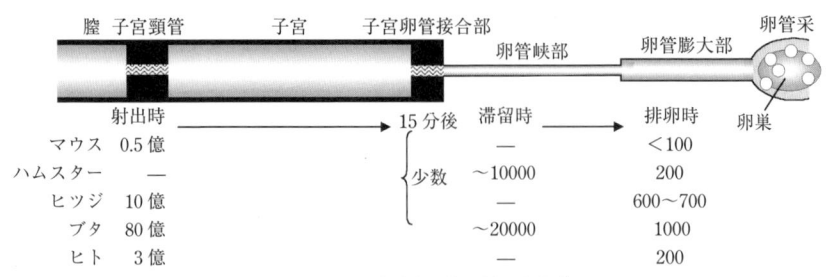

	射出時	15分後	滞留時	排卵時
マウス	0.5億		—	<100
ハムスター	—	少数	~10000	200
ヒツジ	10億		—	600~700
ブタ	80億		~20000	1000
ヒト	3億		—	200

図 8.1 雌生殖道内の精子数の変化[1]

の精子は遊走している白血球の食作用にあって数が減少する．子宮角の先端が卵管に接合している部位（子宮卵管接合部，uterotubal junction）の形態は種間でかなり異なっているが，とくに多量の精子が子宮頸管を経て子宮腔内に直接射出される齧歯類やブタのような動物種においては，この部位の構造が関門となり，ここで精子数が減少する．ごく一部の精子は十数分という短時間で射出部位から卵管膨大部へ到達するが，これらの精子は受精には関与せず，精子が受精部位まで到達するのには数時間を要する．

このように動物種による射出場所の違いと射出される精子総数が数億から数十億と顕著に異なるにもかかわらず，卵管へ到達する精子の総数については，種間に大きな差異はほとんどなく，一般的に1回の交尾後に受精部位である卵管に到達する精子の数は数百から数千で，射出された精子のうちの1%にも満たないごくわずかである（図8.1）．

8.1.2 卵子の移送

卵巣の中には，さまざまな成長過程の卵母細胞（oocyte）を包含する卵胞（follicle）が何万個も存在する．その卵胞が大きく成長し，卵母細胞が卵巣外へ放出されることを排卵（ovulation）という．排卵の時期が近づくと卵管の腹腔側の先端部（卵管采）が，覆いかぶさるようにして卵巣を包み込み，排卵される卵子（卵母細胞，oocyte）を受け止める．マウス，ラット，ハムスター，イヌなどでは，卵巣は卵巣嚢と呼ばれる薄い膜で完全，またはほぼ完全に覆われている．ほとんどの哺乳類の卵子は，2次卵母細胞と卵丘細胞（cumulus cell）の複合体（卵丘・卵母細胞複合体，cumulus oocyte complex；COC），すなわち卵丘細胞の塊に埋まった卵子として卵胞から排卵される．卵子は，周囲を何層もの卵丘細胞によって覆われることでその体積を増して卵管采に取り込まれやすくなってお

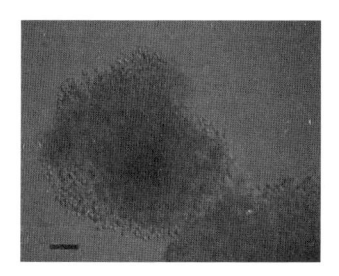

図 8.2 ウシ卵丘・卵母細胞複合体
（吉澤原図）
スケールバーは 50μm.

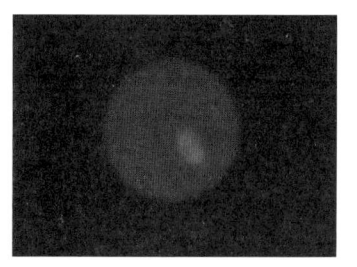

図 8.3 マウス排卵卵子（吉澤原図）
カラー口絵参照．紡錘体（緑）と染色体
（青）の赤道面への配列がみられる．

り，さらに卵丘細胞層の粘性と卵管上皮細胞の繊毛運動，そして卵管の蠕動運動により，卵管采から卵管漏斗部，卵管腹腔口，そして卵管膨大部へと移送される．現在では，卵胞内の卵母細胞を体外で成熟できる[2]．図8.2は，卵胞から取り出された後，22時間体外で成熟培養されたウシ卵丘・卵母細胞複合体（卵子）であり，多層の卵丘細胞の内側に放射冠細胞（corona radiate），その内側に透明帯（zona pellucida）があり，卵細胞質内部は黒ずんでみえる．

8.1.3 精子と卵子の受精能保持時間

受精成立に必要な配偶子の条件として，卵子も精子も成熟しているものの加齢していない，すなわち互いに最適な状態で出会わなければならない．

精子は，精巣の精細管で生産され，精巣上体を通過する間に成熟し受精能力を有するものの，精漿中にある間は運動性を抑制されている．射精され雌性生殖道内に入った精子の生存時間には動物種によって大きな差がみられ，ウマでは5〜6日と長いものの多くの動物種では2〜3日程度であり，受精能保持時間はそれよりも短く，ウマで3〜5日，他の家畜で1〜2日，マウス，ラットなどではより短く6時間〜半日程度である[3,4]．

ほとんどの哺乳類では，卵子は第1極体（first polar bocy）を有し，第2減数分裂中期（second meiosis）で分裂を停止している成熟した状態で排卵される（図8.3）．しかし，卵子と呼称するものの，減数分裂を終了していないことから，厳密には2次卵母細胞（卵娘細胞）である．この排卵卵子の受精能保持時間は精子より短く，動物種によって変動があるものの6時間から長くても24時間以内である[4]．

精子と卵子の受精能保有時間が短いことは，交尾や受精が排卵と厳密に一致す

るタイミングで行われなければならないということを意味している．もし卵子が卵管に到達する前に精子が数日間雌性生殖道内へおかれると，精子には受精まで生きながらえるチャンスはほとんどない．逆に，もし精子が排卵数日後に卵管に到達すると，精子は退行した卵子と出会うことになる．ベストタイミングでの受精とは，排卵に先立って精子が受精部位へ到達している状況で生じる．

8.1.4 精子の受精能獲得と先体反応誘起

精子は，そのままでは受精できないか，受精能力がきわめて低く，射精部位から卵管膨大部まで到達する間に「受精能獲得（capacitation）」として総括的に知られる生理的・機能的な一連の変化を受けなければ，卵子に侵入できない．

受精能獲得は，精子に付着した精漿（精巣上体や副生殖腺由来の分泌液）由来の糖タンパク質などの物質が除去されることや，細胞膜からのコレステロールの除去によって細胞膜に種々の変化が生じることが大きな要因とされる．雌性生殖道内の分泌液中の重炭酸イオン濃度が高いことで，精子内への重炭酸イオンの流入が起き，アデニレートシクラーゼを活性化することでcAMP濃度が上昇し，cAMP依存性タンパク質キナーゼの活性化が起こる．これによって種々のタンパク質（レセプターや酵素など）がリン酸化し，精子細胞膜に生理的な変化が生じることによってエネルギー源の取り込みが増え代謝活性が高まり，超活性化運動（hyperactivation）という尾を大きく振幅させる活発な前進運動を示すようになる．また精子内へカルシウムイオンが急激に流入し，先体反応（acrosome reaction）が誘起される．受精能獲得は，精子が一定の時間雌生殖道におかれる間に生ずる現象であり，必要とされる時間は，種により異なるが，普通は数時間である．

現在では受精能獲得を体外でも生じさせることが可能である[5]．多くの哺乳類の精子は，培地に重炭酸イオン，カルシウムイオン，そしてコレステロール結合因子としてアルブミンなどが含まれ適切な条件であれば，体外培養においても受精能獲得を生じうる．しかし，体外で受精能獲得した精子は，自然に先体反応を引き起こすことがある．卵子に出会う前に先体を失った精子は，透明帯に結合できず，したがって受精できない．そこで，体外の受精能獲得では，精子が透明帯に結合する前に先体反応を引き起こさないよう抑制されなければならない．マウスの体外受精においては，受精促進ペプチド（fertilization promoting peptide；FPP）やアデノシンなどの培地への添加が，受精能獲得の効率的な誘起と先体反

応の抑制に有効なことが示され，精子の受精能獲得後の変化を判定する方法として CTC（chlortetracycline）蛍光染色法などがある[6]．

8.2 受精の過程

8.2.1 精子の卵丘細胞層の通過と透明帯結合，先体反応

卵子は何層もの卵丘細胞層で覆われており，粘性のある卵丘細胞層基質はヒアルロン酸を主成分としている．受精能獲得精子の頭部の先体が有するヒアルロニダーゼ（hyaluronidase）がヒアルロン酸を分解して，精子は卵丘細胞層を通過し，透明帯へと到達する．透明帯は，精子に対して種特異性を有しており，異種の精子は透明帯に結合できない．しかし，透明帯を除去すると他種の精子を受け入れるハムスター卵子のようなものもある．ハムスター卵子は，この性質を利用してヒト精子の卵子侵入能の試験（ハムスターテスト）に使われている[7]．透明帯を通り抜ける過程で，精子は頭部の細胞膜の受容体を介して透明帯の糖タンパク質と結合し，精子細胞膜と先体外膜が融合して胞状化し，先体（acrosome）内に含まれていた内容物，ホスホリパーゼやタンパク分解酵素アクロシンなど種々の酵素が放出される．これを先体反応（acrosome reaction）と呼び，受精能獲得を起こした精子においてのみ生ずる，受精過程において必須の精子の変化である．先体反応の誘起には，精子細胞膜の種々の変化による細胞外カルシウムイオンの精子内への劇的な流入増加が必須である．先体反応が進行し，精子が透明帯を通過するとき，多くの細胞膜と先体内容物が失われ，精子が透明帯を横断するまでには，その頭部先端表面は胞状化により最終的には先体内膜が露出される（図 8.4）．卵子に出会う前に先体を失った精子は，透明帯に結合できず，ゆえに

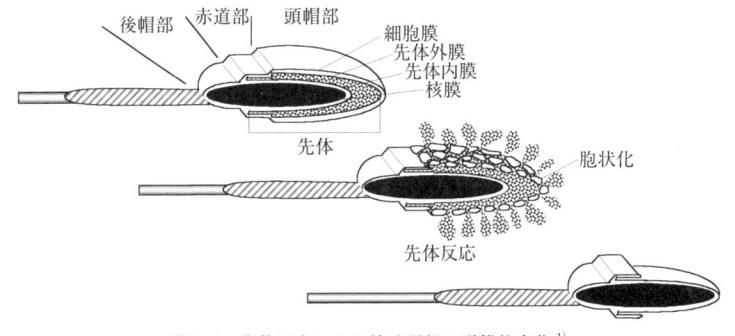

図 8.4　先体反応による精子頭部の形態的変化 [1]

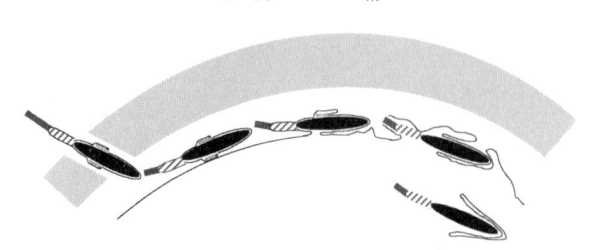

図 8.5 精子と卵子の融合の様子[1]

卵子内へ侵入できず,受精には関与できない.

精子の運動性,すなわち尾部のべん毛運動による推進力が,先体酵素の作用と組み合わさり,精子が透明帯を通り抜けることを可能にする.透明帯を通り抜けた精子は,頭部の後部部分(先体後部)で卵子の細胞膜に融合し,卵細胞質内へ取り込まれる(図 8.5).

8.2.2 卵活性化と表層反応

受精に先立って,成熟した卵子は第 2 成熟分裂中期で停止した状態(2 次卵母細胞)にあるが,精子が卵細胞質内へ取り込まれると,卵子は急速に,卵活性化(oocyte activation)と概括的に呼ばれる,多くの代謝と生理学的な変化を受ける.卵活性化とは,卵子の G タンパクの活性化によりホスホリパーゼ C が活性化され,それによって卵細胞膜のイノシトールリン脂質が分解されてできたイノシトール 1, 4, 5-三リン酸が卵子小胞体からのカルシウムイオン(Ca^{2+})を分泌させることにより,カルシウムイオンの卵細胞質内での一過性の濃度の上昇が繰り返され(カルシウムオシレーション,calcium osillation),第 2 減数分裂中期での停止が解かれることである(図 8.6).2 次卵母細胞は,第 2 極体の放出により第 2 減数分裂を完了して卵子となる.このときすでに精子侵入卵子である.

成熟した卵子の細胞膜直下には表層粒(表層顆粒,cortical granule)と呼ばれる小胞が多数存在し,プロテアーゼなどのさまざまな酵素や糖タンパクを内含している.精子の卵細胞質内への侵入直後に起きる卵細胞膜のイノシトールリン脂質の分解により,ジアシグリセロールが生じプロテインキナーゼ C が活性化されることで表層粒の膜と卵細胞膜が融合し,表層粒の大規模な開口分泌(エキソサイトーシス(exocytosis),内容物が放出されること)が起こる.これを表層反応(cortical reaction)と呼んでおり,囲卵腔へ放出された表層粒の内容物が透明帯へと拡散し,透明帯の構造を変え,透明帯反応を引き起こす.表層粒の成分

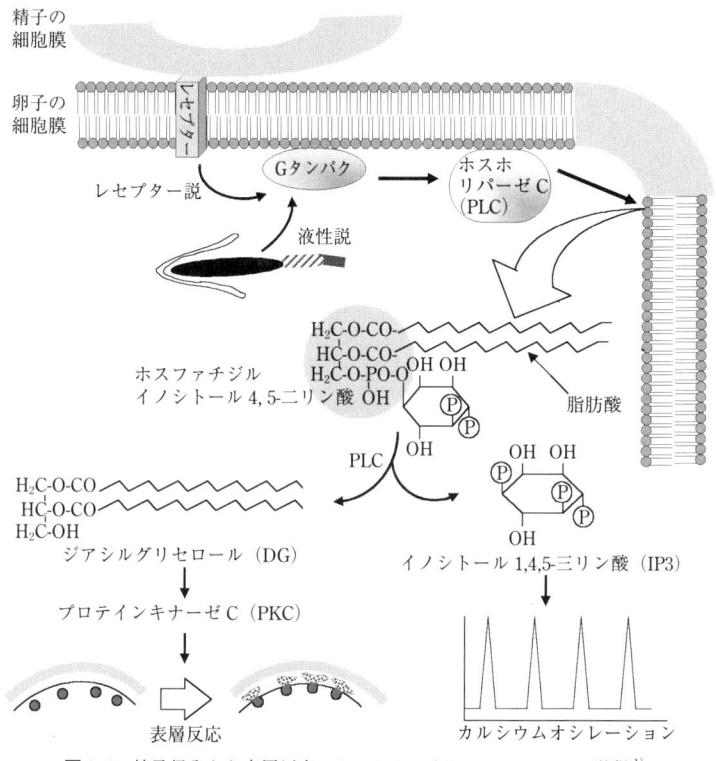

図8.6 精子侵入から表層反応，カルシウムオシレーションへの過程[1]
Ⓟはリン酸基を表す．

は卵細胞膜にも作用し，その変性を引き起こしていると考えられる．

8.2.3　多精子受精の阻止（透明帯反応と卵黄遮断）

　正常な受精には，1個の卵子（半数体（haploid），染色体数 n）と1個の精子（n）が受精して，2倍体（$2n$）の受精卵が形成されること（単精保証）が必須であり，卵子には2個以上の精子の侵入，すなわち多精子受精（polyspermy）を阻止する機構がある．しかし前提条件として，膨大な数の精子が射出されるにもかかわらず，受精部位の卵管膨大部ではわずかな精子しか存在しないことが重要であり，次いで卵子が有する多精子受精を阻止する機構として，透明帯反応（zona reaction）と卵黄遮断（卵黄ブロック，vitelline block）の二重の機構がある．
　透明帯反応とは，前述のように表層反応による透明帯の構造における変化であ

り，透明帯硬化と透明帯での精子受容体の破壊によって，余分な精子の透明帯通過が阻止される．卵黄遮断とは，卵細胞膜の変化により卵細胞質内への2個以上の精子の侵入を阻止する機構である．動物種によって，この2つの機構の強さが異なり，ハムスター，ウシでは透明帯反応が強いが，ウサギの卵子では透明帯より卵細胞膜での阻止機構が強く囲卵腔内に多くの精子（補足精子）がみられる．しかし，体外受精では卵子の周辺に生体内より多くの精子が存在するため，卵子が有する多精拒否機構では単精保証をできず，余分な精子が侵入し3個以上の前核（多前核，polypronuclei）を生じ，3倍体（triploid）などの多倍体（polyploidy）やモザイク（mosaic）の異常胚が生ずる割合が高くなる[8]．染色体数が異なる細胞が1個体中に混在するモザイクの胚は生存しうるが，重篤な3倍体などの多倍体胚は発生途中もしくは着床後早い時期に死に至ることから流産となる．とくにブタでは生体内での受精でも多精子侵入が多く，体外受精ではより高い割合で異常胚がみられる．

8.2.4 前核形成から第1卵割

精子の頭部が卵細胞質内へ受け入れられ，尾部が切り離されると，精子頭部の膜は消失し頭部は膨化して，そのクロマチン（chromatin）は脱凝縮（decondensation）と呼ばれる過程で，硬く凝縮された状態から急速にほぐれる．一方，卵子は第2減数分裂中期から分裂を再開し，第2極体（second polar body）として染色体の半数をわずかの細胞質とともに囲卵腔へ放出（図8.7 A, B）することで，染色体数を半減し，正常な受精を可能にする．このとき，極体放出がなされずに卵子が2倍体のままであると，精子侵入が1個の場合でも3倍体の異常な受精卵を生じる．これは多卵核受精（polygynic fertilization）と呼ばれる異常受精であり，早期の胚死亡を導く．なお，顕微授精において1個の精子のみを注入したにもかかわらず，前核が3個以上観察される場合はこの多卵核受精と考えられる．

精子と卵子の双方からのクロマチンはすぐに核膜によって包まれ，それぞれ半数体のゲノムを含む前核（雄性前核（male pronucleus）および雌性前核（female pronucleus））を形成する．受精卵のこの時期を前核期（pronuclear stage）と称する（図8.7 C）．この雌雄両前核は卵子の中央に集まり，その膜は壊れ融合（受精）する（図8.7 D）．そして2つのゲノムは染色体（chromosome）へと凝縮，赤道面に配列し，中心体（centrosome）から紡錘体（spindle）が形成され（図

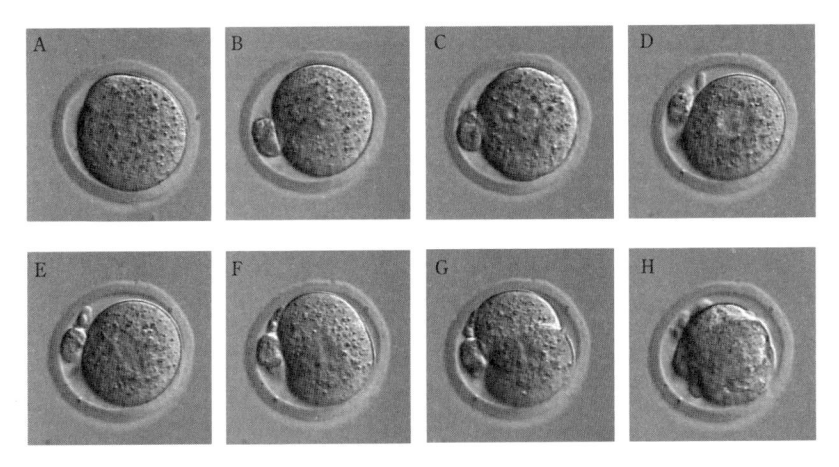

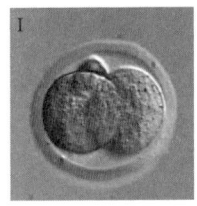

図 8.7 マウス卵子の受精過程（高度生殖医療技術研究所　荒木泰行氏提供）
A：第 2 極体放出直前，B：第 2 極体を囲卵腔へ放出，C：前核期（雌雄の 2 前核がみられる正常受精），D：雌雄両前核が融合，E：紡錘体形成，F：紡錘体が伸長し，細胞質も細長く変形開始，G：紡錘体がさらに伸長し，細胞質も二分しはじめる，H：細胞質の二分後に割球形態が不整となる，I：第 1 卵割を終え 2 細胞期．

8.7 E），紡錘体が染色体を両極へ引くように伸長し細胞質も細長く変形を開始し（図 8.7 F），核分裂の終了とほぼ同時に細胞質が 2 分し（図 8.7 G），割球の形態が不整となりながら第 1 卵割（first cleavage division）を終え（図 8.7 H），2 細胞期（2-cell stage）へと発生する（図 8.7 I）．第 1 卵割の際，齧歯類では卵子の中心体が機能化するが，それ以外の哺乳類のウシ，ブタ，ヒトなどでは精子由来の中心体が機能化する[9]ため，多数の精子が侵入する多精子受精の場合には，分裂中心が増え第 1 卵割で細胞質が異常分割するものがみられ，染色体数が異常となり，異なる染色体数の細胞が混在するモザイクの胚へと発生する[10]．

文　献

1) 佐藤英明編（2003）：動物生殖学，朝倉書店．
2) 佐藤英明（2004）：哺乳類の卵細胞，朝倉書店．
3) 加藤征史郎編著（1994）：家畜繁殖，朝倉書店．
4) 菅原七郎ほか（1997）：動物生殖科学，川島書店．
5) 鈴木秋悦，佐藤英明編（2001）：卵子研究法，養賢堂．
6) Fraser, R. L. (2010): The "switching on" of mammalian spermatozoa: Molecular events involved in promotion and regulation of capacitation, *Mol. Reprod. Dev.*, **77**: 197-208.

7) Yanagimachi, R., Yanagimachi, H., Rogers, B. J. (1976) : The use of zona-free animal ova as a test-system for the assessment of the fertilizing capacity of human spermatozoa, *Biol. Reprod.*, **15** : 471-476.
8) 日本哺乳動物卵子学会編 (2005) : 生命の誕生に向けて, 近代出版.
9) Sathananthan, A. H., Kola, I., Osborne, Trounson, J. A., Ng, S. C., Bongso, A., Ratnam, S. S. (1991) : Centrioles in the beginning of human development, *Proc. Natl. Acad. Sci. USA*, **88** : 4806-4810.
10) Trounson, A., Gardner, K. D. (1993): *Handbook of In Vitro Fertilization*, pp. 173-193, CRC Press.

9 初期胚発生と胚の初期分化

● 9.1 初期胚発生の進行 ●

9.1.1 初期胚の形態変化の概要

卵内に侵入すると精子の頭部はただちに膨化し，3時間後には脱凝縮した卵由来のDNAと膨化した精子頭由来のDNAの周囲に核膜が形成される．これらは半数体の核であり，それぞれ雌性前核（female pronucleus），雄性前核（male pronucleus）と呼ばれる．これらの前核内では，ほぼ同時にDNAの複製が開始する．DNAの複製時期はマウスでは精子侵入の約7時間後から14時間後ごろまで，ウシでは約10時間後から18～20時間後までと報告される．この間に雌雄の前核は次第に接近し，両前核が合体するとただちに染色体凝縮，核膜消失が起こり第1分裂へと移行する．したがって，哺乳類の初期胚には1個の核をもつ時期は存在しない．

第1分裂が終了し細胞が2つになった段階は2細胞期（two-cell stage），その段階の胚は2細胞期胚（two-cell embryo），分裂の結果生じたそれぞれの細胞は割球（blastomere）と呼ばれる．以後，細胞分裂に伴って割球は数を増し，割球数に応じて4細胞期胚，8細胞期胚などと称する．無脊椎動物や一部の脊椎動物では割球が完全に同期して分裂するが，哺乳類初期胚の各割球の分裂は同期しておらず，3細胞期胚，5～7細胞期胚も出現する．この時期は透明帯を除去すると各割球は分離可能である．8～16細胞期になるとそれまで球形であった割球が互いに密着して胚全体が1つの塊となる．この現象をコンパクション（compaction），この状態になった胚を桑実胚（morula）と呼ぶ．桑実胚は透明帯を除去してもそれぞれの細胞に分離することはできず，これ以降は割球という呼び方はふさわしくない．やがて桑実胚内部には液体がたまり腔ができてくる．腔ができた胚を胚盤胞（blastocyst），この腔を胚盤胞腔（blastocyst cavityまたはblastocoel）と呼ぶ．胚盤胞腔は時間とともに液が増し，それに伴い胚盤胞は

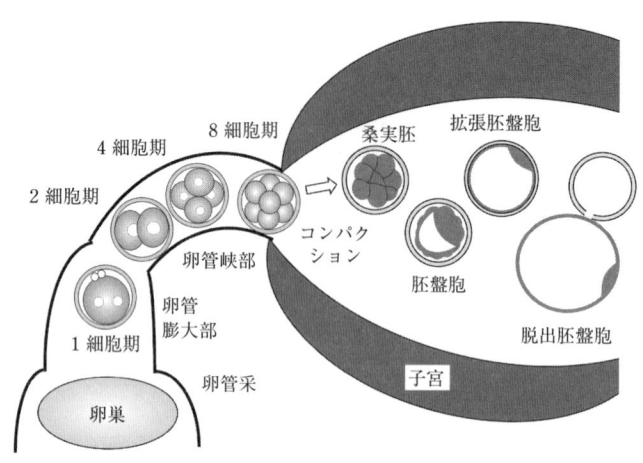

図 9.1 初期胚の発生に伴う形態的変化と卵管内の移動

大きくなり透明帯を押し広げ囲卵腔が完全にみえなくなる．この状態が拡張胚盤胞（expanded blastocyst）である．やがて多くの動物種で主として機械的な圧力によって透明帯に亀裂が生じ，胚は透明帯を破って脱出する．この過程には酵素活性も関与する．この現象を孵化（hatching），孵化した胚盤胞は脱出胚盤胞（hatched blastocyst）と呼ばれる．脱出胚盤胞は子宮内膜と直接接触することが可能となり，着床へと向かう（図 9.1）．

9.1.2 初期胚の移動

胚は卵管の膨大部−峡部接合部付近に約 1 日留まった後，卵管峡部へ移行する．卵管峡部では，卵管筋による蠕動運動，卵管上皮細胞の線毛運動，卵管粘液の流動により，胚は細胞分裂を行いながら下降していく．この卵管による胚輸送には種々のホルモンや神経などが関与する．胚は多くの動物種で排卵から約 3 日後に子宮に入り，このとき 8 細胞期から桑実胚となっている（図 9.1）．子宮への進入はブタではやや早く 4 細胞期であり，逆にウマや食肉類では遅い．多胎動物では子宮内で複数の胚がほぼ等間隔で配置される胚のスペーシング（spacing）と呼ばれる現象が起こる．この現象にはプロスタグランジンによる子宮収縮の関与が示唆されている．

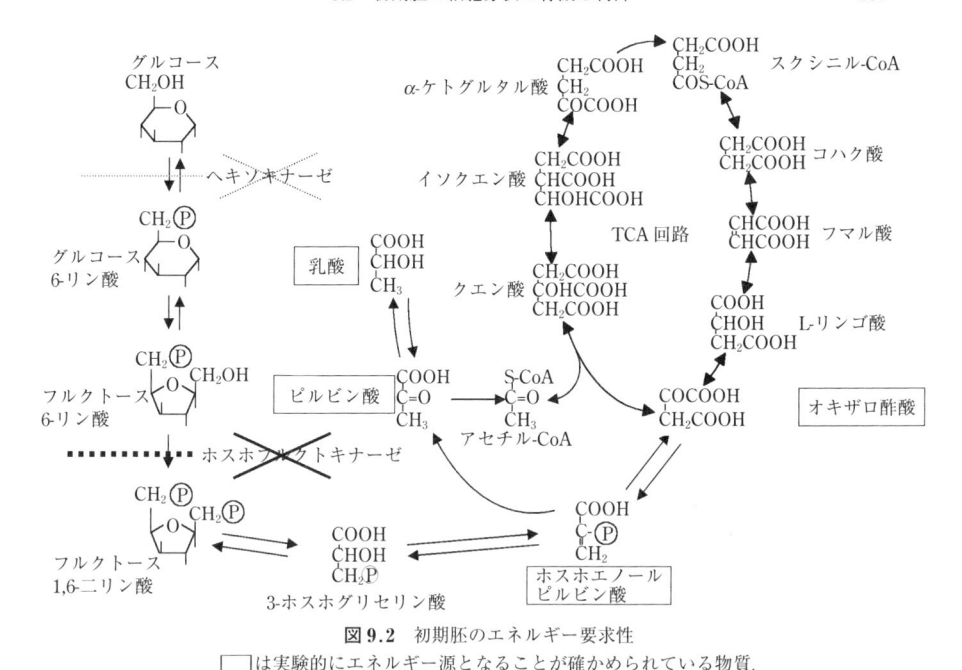

図9.2 初期胚のエネルギー要求性
☐は実験的にエネルギー源となることが確かめられている物質.

9.1.3 エネルギー要求性の変化

哺乳類の初期胚は，発生の最初から外部からのエネルギー供給が必要である点が体外発生する動物種の胚と大きく異なる．体細胞ではグルコースがよいエネルギー源となるが，一般に8細胞期以前の胚はグルコースを利用できない．これはこの時期の胚が，解糖系のフルクトース6-リン酸をフルクトース1,6-二リン酸に変換するホスホフルクトキナーゼ活性をまったくもたないことによる．またヘキソキナーゼ活性も非常に低い．8細胞期以前の初期胚には，これらの酵素より下流の解糖系やTCA回路の代謝産物をエネルギー源として供給する必要がある．実験的にピルビン酸，ホスホエノールピルビン酸，オキザロ酢酸はよいエネルギー源となること，乳酸も利用可能であることが示されている．この酵素活性は8細胞期胚では上昇しており，これ以後はグルコースがよいエネルギー源となる（図9.2）．

9.2 初期胚の細胞分裂の特徴と制御

初期胚の発生過程は以下のような特徴をもち，この時期の分裂は通常の体細胞

分裂とは区別し，卵割（cleavage）と呼ばれる．

9.2.1 増殖因子の影響

体細胞の培養には増殖因子（growth factor）を補うため通常血清を添加する．血清（増殖因子）がないと体細胞はDNAの合成期（S期）へ進行できずに増殖を停止し，やがて分裂静止期（G0）期へと移行する．この現象は血清飢餓（serum starvation）としてよく知られる．一方，初期胚の体外培養では増殖因子を添加しなくても細胞分裂を継続でき，血清飢餓は起こらない．ところで，卵管はEGF，TGF-α，IGF-Iなど種々の増殖因子を分泌しており，また初期胚自身もこれらの因子を分泌しているため，生体内では初期胚周囲に増殖因子が存在しないわけではない．事実，初期胚はこれらのレセプターを発現しており，卵管や自身が分泌した因子が，オートクライン（autocrine），パラクライン（paracrine）機構により作用して，発生率を高めたり細胞数を増したりすることが知られている．初期胚の体外培養では少量の培養液中で複数個の胚を一緒に培養した場合に発生率が高まることが知られ，これは胚が分泌する増殖因子が互いに作用するためと説明される．このことから，初期胚の体外培養に増殖因子が不要なのは，胚自身のオートクラインがあるためとされることもある．しかし，近年の遺伝子欠損マウスの初期胚を用いた実験から，これらの因子は欠損させても初期胚の発生は完了することが示されている．すなわち増殖因子は発生の促進作用をもつことは事実であるが，必須なものではないととらえられる．

9.2.2 細胞周期の時間

体細胞の細胞周期にはM期とS期の後にそれぞれG1期，G2期が存在し1周期を終了するために20〜30時間を要する．これに対し初期胚の細胞周期にはG1期がほとんどなくG2期も短いため1周期に要する時間が短い．第1分裂は，卵子活性化，精子頭変形，および両前核の合体といった特殊な時期を含むため20〜28時間と比較的長いが，それ以外は，後に述べる特定の時期を除いて，多くの動物種で8〜10時間のS期と2〜4時間のG2/M期よりなり約12時間で1周期を終了する．

9.2.3 胚の大きさ

分裂によって細胞の体積は半分になるが，体細胞は長いG1期の間に体積を増

加させ，もとの体積に戻らないと次の分裂が起こらない．このため体細胞の増殖は全体の体積増加を意味する．これに対し，実質的に G1 期が存在しない初期胚では，細胞は体積を増すことなく次の分裂へと進む．このため分裂により各細胞の体積は次第に小さくなり，胚全体の体積は排卵時とほとんど変わらない．

9.2.4 S 期移行制御の特異性

上記の卵割の特徴は，初期胚の S 期への移行制御の特異性によってある程度説明できる．すなわち体細胞では，増殖因子がない場合には S 期へ移行できず G1 期で停止するのに対し初期胚は S 期へ移行できる．また初期胚の細胞周期の時間が短いこと，分裂後の細胞成長がないことはいずれも G1 期がないことがその原因の 1 つであり，いずれも体細胞が G1/S 移行期にいったん停止するのに対し，初期胚では M 期終了後速やかに G1/S 移行を起こすことと関係している．一般に S 期の開始には種々の因子が転写される必要があり，これは転写因子の E2F によって行われる．通常はこの転写は Rb というタンパク質によって抑制的に制御され，かってに S 期へは入れないようになっている．S 期への移行には増殖因子の存在下で Rb がリン酸化される必要がある．これが体細胞が G1 期で停止を起こす原因である．しかし初期胚では，以下に述べるとおり胚ゲノムの活性化以前は母性因子によって発生が制御されるため転写は必要ない．そのためこの機構による G1 期での停止が起こらないのである．一方，胚ゲノム活性化以後は mRNA の転写が必要となるためこの機構が機能しはじめる．しかし，マウス初期胚には 2 細胞期の後期から胚盤胞期の前期まで抑制因子の Rb が存在しないことが報告されており，このことはマウス初期胚が卵割期が終了する胚盤胞期の前期まで G1 期で停止せずに速やかに S 期へ移行することとよく一致し，卵割の特徴を説明する 1 つの要因と考えられる（図 9.3）．

● 9.3 初期胚の遺伝子発現制御 ●

9.3.1 ゲノムのリプログラミング

初期胚は胎子および胎盤のすべての細胞に分化する能力，すなわち全能性（totipotency）をもつ．初期胚と同じゲノムをもつ体細胞がこの能力をもたないのは，クロマチンへの後天的な修飾により遺伝子発現が制御されているためで，この DNA 1 次配列の変化を伴わない後天的修飾はエピジェネティック修飾（epigenetic modification），これによる遺伝子発現の制御はエピジェネティック制

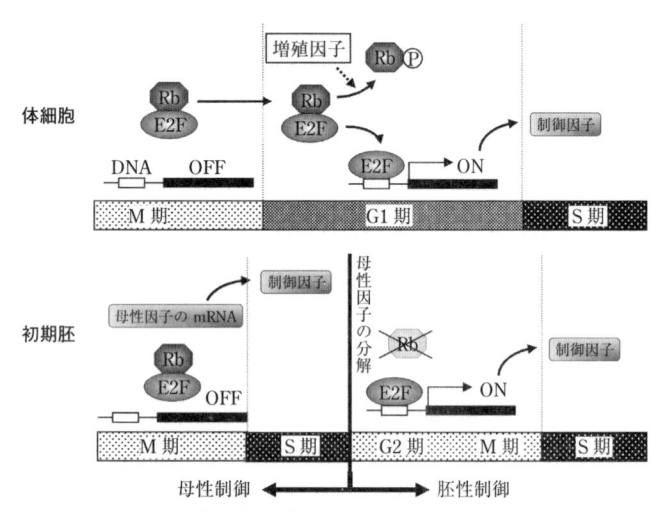

図 9.3 体細胞と初期胚の G1/S 移行の制御の違い
E2F は転写因子の一種，Rb は E2F 結合性の抑制因子であり，リン酸化されると E2F から離れる．Ⓟ はリン酸基を表す．制御因子 は S 期特異的に存在する DNA 複製に必要な因子群を意味する．

御（epijenetic regulation）と呼ばれる．この修飾には，DNA のシトシン-グアニンと連続する配列（CpG 配列）のシトシンに対するメチル化，および DNA と結合してクロマチンを形成するヒストン（histone）の N 末に存在するテールの化学修飾（メチル化，アセチル化，リン酸化など）があり，一般に DNA のメチル化は転写抑制に作用し，ヒストンのアセチル化は転写促進，メチル化は修飾を受ける部位によって転写促進，転写抑制，ヘテロクロマチン化などに働く．全能性をもたない細胞のゲノムからこれらのエピジェネティック修飾が除かれ，全能性を獲得する過程はゲノムの初期化あるいはリプログラミング（reprogramming）と呼ばれる．高度に分化した配偶子である卵と精子から形成された初期胚はゲノムのリプログラミングを通して全能性をもつようになると考えられる．事実，卵は強いリプログラミング能をもち，分化した体細胞の核も卵内で全能性を獲得できることが体細胞クローン動物の誕生により実証されている．このとき，転写抑制に働くとされるヒストン脱アセチル化，ヒストン H3 の 9 番リジンのメチル化，および DNA のメチル化を抑制するとリプログラミング効率が高まることも知られている．

9.3.2 初期胚におけるゲノム修飾の変化

これまでに調べられたすべての哺乳類において，受精後，雄ゲノムは数時間のうちに能動的に脱メチル化され，雄性前核内でDNA複製が開始する時点では，ほぼゲノム全体が脱メチル化された状態となる．一方，雌ゲノムはDNA複製の際新たに合成されたDNAがメチル化されないことによる受動的な脱メチル化が起こり，細胞分裂に伴って徐々にメチル化が低下し，桑実胚で最低のメチル化状態となる．この雌雄両ゲノムのDNAの脱メチル化が初期胚のゲノムのリプログラミングと関連すると考えられる．なお，雌雄の一方のみのゲノムから遺伝子が発現されるインプリンティング遺伝子（imprinting gene）ではメチル化が維持される必要があり，脱メチル化が起こらないようDNAが保護されていることが知られている．

ヒストンのアセチル化修飾に関しては，雌ゲノムでは卵胞内で減数分裂を停止している未成熟卵では高アセチル化状態だが，減数分裂の再開に伴いほぼすべてのアセチル化修飾が除去され未受精卵では脱アセチル化状態となる．受精後は高アセチル化状態となり初期発生過程では胚盤胞までこの状態が維持される．

ヒストンのメチル化修飾は部位によって異なるが，たとえばヒストンH3の9番リジン（H3K9），および27番リジン（H3K27）のメチル化は雌ゲノムでは未受精卵から初期胚を通して高メチル化が維持されている．

精子ではDNAはアルギニンに富んだ塩基性の直鎖状タンパク質であるプロタミン（protamine）と結合して高度に凝縮した状態で束ねられておりヒストンはほとんど存在せず体細胞核のDNAとは構造が異なっている．卵内へ侵入後は，受精卵の細胞質に存在する高濃度の還元型グルタチオン（GSH）によって速やかにプロタミンの結合が切られ，これによって精子頭部は膨化しプロタミンは卵内に存在するヒストンに置換される．雄ゲノムへのヒストンアセチル化は，このヒストン置換と同時に導入され，置換された直後の雄ゲノムは雌ゲノムよりヒストンアセチル化が多い．一方，雄ゲノムのヒストンメチル化の多くはヒストン置換の後に雄性前核形成と前後して雄ゲノムに導入され，次第に増加し胚盤胞まで維持されるが部位によってメチル化の時期が異なる．たとえば，雄ゲノムのH3K9, H3K27は前核形成初期にモノメチル化され，H3K27はDNA複製開始ごろにジメチルおよびトリメチル化されるが，H3K9は2細胞期ごろになってジメチル化が導入され8細胞期までには雌ゲノムと同様のトリメチル化となる（図9.4）．

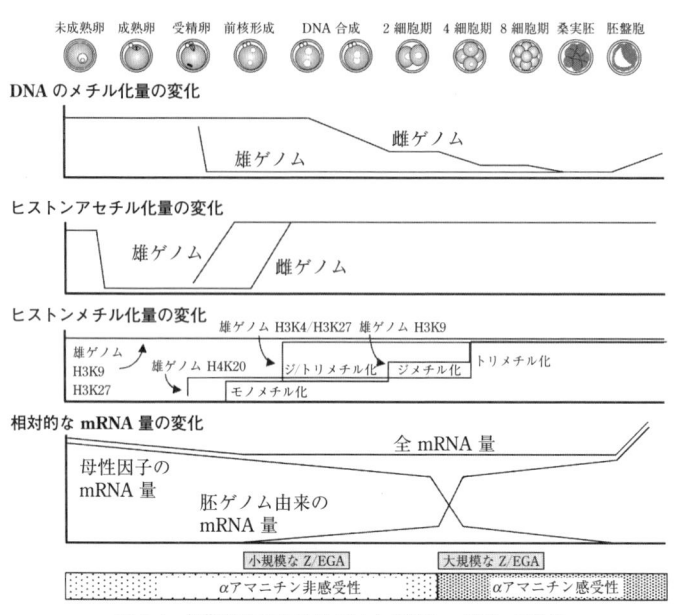

図 9.4 初期発生におけるゲノム修飾と mRNA の変化

9.3.3 母性因子と胚ゲノムの活性化

排卵卵子は細胞質内に多くの mRNA やタンパク質を蓄えており，これら卵子が受精以前からもっている因子は母性因子（maternal factor）と呼ばれる．母性因子の mRNA は翻訳されない安定な状態で蓄積され，必要に応じ翻訳レベルで調節されるので，卵子では mRNA の存在をもってタンパク質の発現を論じることはできない．初期胚の発生は，当初は母性因子によって制御される．このことは mRNA 合成阻害剤の α アマニチンなどにより転写を抑制しても，一定の段階までは発生が進行することで裏づけられる．

発生に伴い母性因子は徐々に減少し，胚自身のゲノムからの転写が起こるようになる．これを胚ゲノム活性化（zygotic または embryonic genome activation, ZGA または EGA）と呼ぶ．多くの動物種において 1 細胞期の雌雄前核内で DNA 複製が開始すると Z/EGA がわずかに起こりはじめる．このときの転写はヒストンアセチル化の違いを反映して雄性前核の方が雌性前核より高い．その後，大規模な Z/EGA が起こると母性因子依存性の発生から胚自身のゲノム依存性へ切り替わり α アマニチンに感受性となる（図 9.4）．この時期は，マウス，ハムスターでは 2 細胞期（第 2 卵割），ヒト，ブタでは 4 細胞期（第 3 卵割），ウシ，ヒツ

ジでは8細胞期（第4卵割）である．この時期には約12時間の長いG2期が挿入され，細胞周期が延長して約24時間となる．また，胚のmRNA合成量の指標となるウリジン取り込みが劇的に増加する時期とも一致する．この時期は種々の環境要因に対する感受性がきわめて高く，体外培養において胚発生が停止しやすい時期としても知られる．

9.4 コンパクション

9.4.1 接着帯の形成

マウスでは8細胞期，ヒト，ウシでは16細胞期ほどになったころから，割球間の結合が強まって個々の細胞の境が不明瞭となるコンパクションという現象を起す．コンパクションは，細胞接着因子のE-カドヘリン（cadherin）どうしの結合により，接着帯（zonula adherens）が各割球の上端部に形成されることによる．E-カドヘリンは排卵卵子から存在するため，この変化はE-カドヘリンの発現ではなく結合性の変化で制御される．E-カドヘリンは細胞膜貫通タンパク質であり，細胞内ドメインはカテニンを介して細胞骨格のアクチン繊維と結合しているが，このカテニンのリン酸化がコンパクションの誘起と一致する．ホルボールエステルなどの在来型PKC（conventional PKC；cPKC）活性化剤によって早い時期にコンパクションを起こしうること，逆にcPKCの阻害剤はコンパクションを抑制することから，cPKCの下流でカテニンがリン酸化され，これがE-カドヘリンの結合性を変化させコンパクションを起こすと考えられる．また，この過程には胚特異的抗原であるSSEA-1などの糖鎖も関与するとされるが，E-カドヘリンには糖鎖はなく関連は不明である．接着帯は膜成分の移動を制限するため，細胞膜は胚の外側の頂端側（apical side）と，内側の基底側（basal side）に区分される．頂端側の細胞膜は突起をもつのに対し基底側はこれをもたない．これに伴い細胞質内にも極性が生じ，この極性を頂端側-基底側極性（apicobasal polarity）と呼ぶ（図9.5）．

9.4.2 密着結合の形成

コンパクションを起こした胚には，接着帯より上端部側に密着結合（tight junction）が形成される．一般に密着結合は細胞膜貫通タンパク質のオクルーディン（occludin），クローディン（claudin），JAM（junction adhesion molecule）よりなり，それらの細胞内ドメインがZO（zonula occludens）-1，-2，-3など

の細胞内タンパク質を介してアクチン繊維と結合している．マウスの初期胚では，E-カドヘリンによるコンパクションの1～2時間後からこれらのタンパク質の一部がその上端側に発現しはじめ，徐々に多くの因子が集合し，約24時間後には密着結合が完成する．これにより胚内部と外部は完全に遮断され，液体も通過できなくなる．

接着帯形成後，頂端側-基底側極性に沿って細胞分裂が起きた場合には，2つの娘細胞の両方に接着帯が含まれ，細胞膜と細胞質の極性が維持される．このような分裂は保存性分裂（conservative division），または対称性分裂（symmetric division）と呼ばれる．一方，この極性と垂直な方向で分裂が起こった場合，胚の外側の細胞には接着帯が含まれるが，胚内部に位置する細胞には接着帯が含まれず極性を維持できなくなる．これにより，極性を維持した細胞と，極性を維持できなかった細胞という分化が初めて生じる．このような分裂は分化性分裂（differentiative division）または非対称性分裂（asymmetric division）と呼ばれる（図9.5）．

9.4.3 胚盤胞の形成

細胞膜の極性を維持した細胞では基底側の細胞膜にNa^+/K^+ポンプが局在するようになる．そのためNa^+が胚内部に蓄積する結果，浸透圧により胚内部に水分が流入する．胚外部に面した極性を維持した一層の細胞は栄養外胚葉（trophectoderm；TE）と呼ばれ，密着結合により水分の漏出を防ぐため，胚内部には液体が貯留して腔所ができる．栄養外胚葉は将来胎盤を形成する．一方，内部の極性を維持できなかった細胞は互いにギャップ結合（gap junction）をもち，塊となって一カ所に偏在するようになる．これを内細胞塊（inner cell mass；ICM）と呼び，将来胎子へと発生していく．この状態が胚盤胞であり，マウスでは5回目の分裂の後の後期32細胞期のときに胚盤胞が形成される．初期胚の細胞は少なくとも8細胞期までは全能性をもつと考えられるが，ICMは胎盤を形成せず胎子のすべての細胞に分化する能力を有しており，この能力は多能性（pluripotency）と呼ばれる．胚盤胞になると，それまで胚全体として対称で方向性がなかったのに対し，ICMが存在する胚部（embryonic part）と，反対側の非胚部（abembryonic part）という方向性が生じ，これによって胚-非胚軸（embryonic-abembryonic axis）という軸が形成される（図9.5）．

9.5 初期胚の分化制御　　　　　　　　　　　　　　　　　　　　　　　115

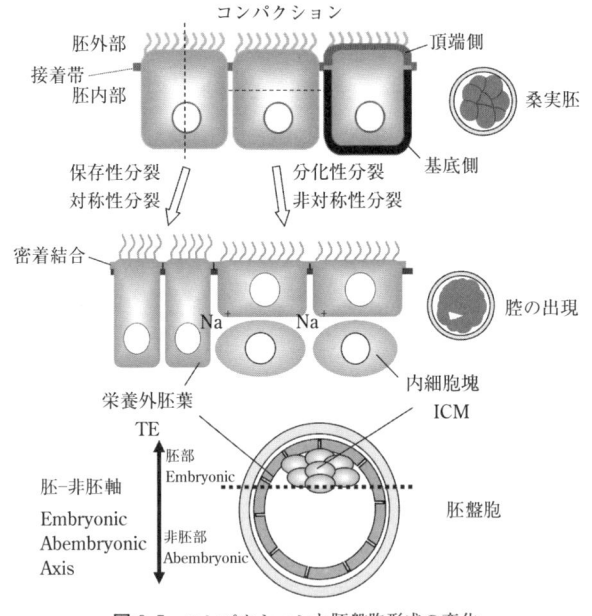

図9.5 コンパクションと胚盤胞形成の変化

● 9.5 初期胚の分化制御 ●

9.5.1 哺乳類初期胚の分化の特徴

卵生のカエルや魚類といった脊椎動物では，将来の胎子の軸は受精卵の時点で決まっており，分化運命地図が描ける．これらの種では未受精卵内に分化を決める決定因子（determinant）が存在し，卵内に局在することによってこれを取り込んだ割球の分化運命を決定する．このような卵はモザイク卵と呼ばれ，たとえば，背部の決定因子を除去したり腹部へ異所移植すると，腹部だけの胚または背部だけの胚ができる．これに対し哺乳類ではこのような決定因子は知られていない．哺乳類の初期胚の分化がいつ始まるのか，という点に関してはいくつかの説がある．2細胞期の2つの割球の境界面である第1卵割面と胚盤胞の胚-非胚軸がほぼ直角であることや，ある分割パターンを示した場合の4細胞期の割球の1つがTEに分化しやすく，そこにヒストンのメチル化状態の相違がかかわっていることなど，8細胞期以前の早い段階で，ある程度細胞の予定運命が決まっている可能性も示唆されている．しかし，2細胞期の2つの割球にICMとTEへの

なりやすさに差がないなど，これらの報告には反論も多く存在し，必ずしも一般的に受け入れられてはいない．現在のところ哺乳類の8細胞期以前の細胞に明らかな分化や軸は存在しないとする考え方が一般的である．マウスの2，4，8細胞期胚の1つの割球を除去しても正常な子が産まれ，これらの割球を別の胚に移植すれば全能性を示す．さらに2つの胚を合わせたキメラ胚も正常な1頭の子となる．このように8細胞期までの割球には分化はみられずすべて等価と考えられること，また，高い分化調整能をもつことは哺乳類初期胚の特徴である．哺乳類胚に生じる明らかな細胞分化は，胚盤胞におけるICMとTEの分化であり，また，胚盤胞における胚-非胚軸が哺乳類胚に初めて生じる明らかな軸である．

9.5.2　ICMとTEの分化決定要因

　ICMとTEへの分化がどのように生じるかについては歴史的に2つの有力なモデルがある．1つは位置（positional）モデルもしくは内側-外側（inside-outside）モデルと呼ばれる．8細胞期まではすべての割球が胚の外側に面した部分をもっているが，16細胞期になると，ほかの細胞と接しない面がある外側の細胞と他の細胞に囲まれている内側の細胞ができる．その後，内側になった細胞がICM特異的因子を発現するようになるのに対し，外側になった細胞がTE特異的因子を発現するようになって分化が起こるというのがこのモデルである．もう1つのモデルは極性（polarizationもしくはcell polarity）モデルと呼ばれ，コンパクションの後，極性を保持しつづけた細胞がTEに分化し，極性を失った細胞がICMに分化するとするモデルである．inside-outsideモデルとcell polarityモデルでは，どちらも少なくとも8細胞期までは個々の割球は等価であり細胞内因子に相違はないと考えている点は同じであるが，inside-outsideモデルでは位置が決定した後に細胞内因子の違いが生ずるのに対し，cell polarityモデルでは因子の偏りが生じた後に細胞の運命が決まると考えている点が大きく異なる．しかし細胞極性はつねに細胞の位置と関係するので両者は明確に分けられるものではない．

9.5.3　初期胚の細胞分化に関与する因子

　胚盤胞におけるICMとTEの分化に大きくかかわると考えられる因子が同定されている．ICMの多能性を維持するために中心的に働く因子として転写因子のOct4，Sox2，Nanogが，一方TEへの分化に関与する因子としてCdx2，

Eomes, Elf5 があげられる．これらはいずれも，それぞれ ICM, TE 特異的に発現し，正常な機能をもつ ICM, TE の分化に必要である．このうちとくに重要な因子は Oct4 と Cdx2 であることが ES 細胞を用いた実験などから示されている．

Oct4 は未受精卵から初期発生を通して発現しており，ICM の多分化能の維持に必須で 8 細胞期まではすべての割球に等しく発現している．8 細胞期になると Cdx2 の発現が開始し 16 細胞期で外側の細胞に発現が高まると，それらの細胞では Oct4 の発現が低下し，最終的に胚盤胞では ICM のみに Oct4 が発現し，Cdx2 は TE のみに発現するようになる．*Cdx2* 遺伝子を欠損した胚では ICM と TE のすべての細胞に Oct4 と Nanog が発現する．逆に Oct4 の遺伝子 (*Pou5f1*) を欠損した胚では内部の細胞でも Cdx2 が発現するようになる．つまり Cdx2 と Oct4 は互いに相手の発現を抑制するため，Oct4 を発現する ICM の細胞と Cdx2 を発現する TE の細胞が安定化することになる．

なお，Oct4 と Cdx2 は ICM と TE 分化に最も重要な必須の因子ではあるが，これらの発現細胞の区分は胚盤胞形成後に起こるため，この分岐は ICM と TE の最初の分化決定ではなく，分化決定した細胞運命を安定化または増幅するのに働いていると考えられている．事実，Cdx2 を胚の一部の細胞に過剰に発現させたり，逆に発現を抑制させた場合でも，その細胞の TE へのなりやすさは変わらないことが示されている．

9.5.4 ICM と TE の分化決定因子

ICM と TE の最初の分化決定に関与する因子には，いくつかの候補因子があり，転写因子の Tead4 はそのような因子の 1 つとして同定された．Tead4 は TE 分化に必須の因子であり *Tead4* 欠損胚は TE で発現する *Cdx2* などの遺伝子の発現がなく，Cdx2 の上流で働く因子である．*Cdx2* 欠損でも TE と ICM の最初の分化は起こるのに対し，*Tead4* 欠損胚では胚盤胞腔ができずにすべての細胞が ICM への運命をたどる．多能性をもつ ES 細胞に Tead4 を過剰発現させると *Cdx2* を欠損していても TE 特異的因子を発現させることから Tead4 は Cdx2 を経由する経路に加え Cdx2 非依存経路も介して TE 分化を制御する最も上流の因子と考えられている．Tead4 は 2 細胞期胚で弱い発現が開始し 8 細胞期で高い発現を示す．しかし，TE のみで発現するわけではなく ICM と TE の両方で発現され，外側の細胞のみを TE へ分化させる．この限定的な作用は Tead4 の補助因子である Yap の局在によって説明される．すなわち，細胞間接触の情報が Hippo

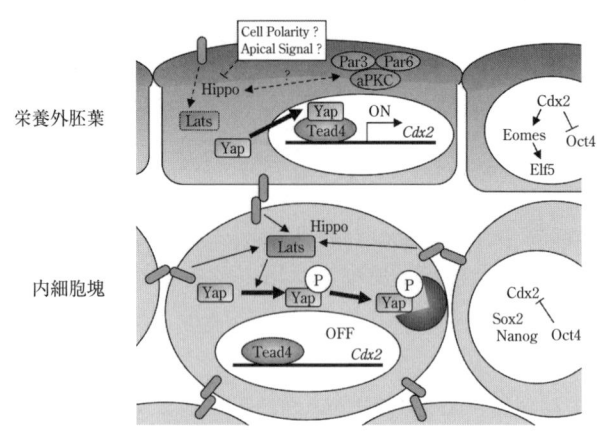

図9.6 初期胚の分化制御モデル

シグナルを活性化し，Latsを介してYapをリン酸化することによりYapの核への移行が阻害される．そのためHippoシグナルが活性化すると核内に補助因子が存在せずTead4は存在するものの転写因子として機能しないことが示唆されている．このHippoシグナルとは，培養系において哺乳類細胞が低密度では盛んに増殖するが，高密度では増殖を停止する接触阻害としてよく知られる現象に関与するシグナル系であり，内側の細胞では他の細胞との接触によりこのシグナルが活性化され，Tead4が働かずICMへ分化すると考えられる（図9.6）．

別の因子として，頂端部-基底部極性に関与する極性タンパク質複合体も示唆されている．PAR-3，PAR-6および非典型PKC（atypical PKC；aPKC）は互いに直接結合し，さまざまな生物・細胞種において細胞極性形成に重要であると考えられている分子である．コンパクション後，Par6とPar3が頂端部の細胞質に豊富になり，aPKCのPKCλとPKCζも外側の細胞では次第に頂端部に豊富になる．一方，内側の細胞ではこれらは細胞質内に一様に分布する．4細胞期の1つの割球においてこれらの発現を阻害してPAR-aPKCシステムを崩壊させると，その割球はICMになりやすいことが知られる．すなわち，非保存的分裂により，これらを豊富にもち極性を維持した細胞がTEに分化し，これらの含量が少なく極性が維持されなかった内側の細胞がICMに分化すると考えられる（図9.6）．

これらHippo-Lats-Yap-Tead4とPAR-aPKCの2つのシステムが互いにどのように関係しあっているのかは現在のところ不明である．細胞間コミュニケーションによるHippoシグナルは位置依存的な細胞運命決定の分子機構の重要な

手がかりを与えてくれてはいるが，細胞の位置と Hippo シグナルをつなぐ厳密な機構はわかっておらず，これが極性モデルを排除するものではない．一方の PAR-aPKC は極性モデルを支持するが，細胞極性はつねに細胞の位置と関係するので両者を分離することはできない．

哺乳類初期胚の最初の分化がいつ，どのように決定するのかはいまのところ明確な機構が示されておらず，今後に残された大きな問題である．

文　献

1) 鈴木秋悦，佐藤英明（2001）：卵子研究法，養賢堂．
2) 豊田　裕（2001）：妊娠の生物学，永井書店．
3) Albert, M., Peters, AHFM. (2009): Genetic and epigenetic control of early mouse development, *Curr. Opin. Genet. Dev.*, **19**: 113-121.
4) Li, L., Zheng, P., Dean, J. (2010): Maternal control of early mouse development, *Development*, **137**: 859-870.
5) Fujimori, T. (2010): Preimplantation development of mouse: A view from cellular behavior, *Dev. Growth Differ.*, **52**: 253-262.
6) Sasaki, H. (2010): Mechanisms of trophectoderm fate specification in preimplantation mouse development, *Dev. Growth Differ.*, **52**: 263-273.

10 妊娠と分娩

● 10.1 着　　　床 ●

10.1.1 定　　義

　一般に，産業動物を含む哺乳類では，受精卵の約45％が着床に至らず死滅することが知られている．このため，「生命の始まり」は「受精」そのものではなく，「着床した胚盤胞」とする考え方が支持されるようになってきた．着床は胚盤胞（blastocyst）の透明帯からの脱出（孵化）から初期胎盤の形成過程までをさし，おもに5つのプロセスを経て完了する．そのプロセスには，① 胚盤胞の孵化と子宮内膜とのコミュニケーション，② 胚の遊走および接着部位の位置取り（apposition），③ 胚の子宮内膜への接着，④ 浸潤（浸襲），⑤ 初期胎盤の形成が含まれる．哺乳類（真獣類）種にかかわらず，プロセス①，②と③の基本様式は同じだが，プロセス④と⑤には多少の差異は免れない．また，これらのプロセスは独立した現象ではなく，一連の現象であり，それは着床の完成期に形成される胎盤の構造によって変わる[1]（図10.1）．

10.1.2 胚子の伸長

　子宮内において，透明帯からの脱出に成功した胚盤胞の発育形態は動物種によって異なる．ヒトを含む霊長類や齧歯類の胚盤胞の栄養膜細胞は子宮上皮細胞層への接着行動を開始する（図10.1）．一方，ウシ，ヒツジやブタの栄養膜細胞は子宮への接着行動ではなく，対数的に増加して細長く伸長する．この期間，どの動物種でも胚葉・内部細胞塊（ICM）の分化が始まっている．

　ウシ胚子は，受精後13日目ごろまで直径2〜3 mmの球形を保ち，14日目には3〜4 mmの卵形になり，14〜15日目から急速に伸長し，17日目には長さ25 cm程度の細長いフィラメント状になるが，この時点の胚子全体に占める栄養膜細胞群は約95％にものぼる．さらに，栄養膜は子宮角に沿った縦の伸長ばか

10.1 着床

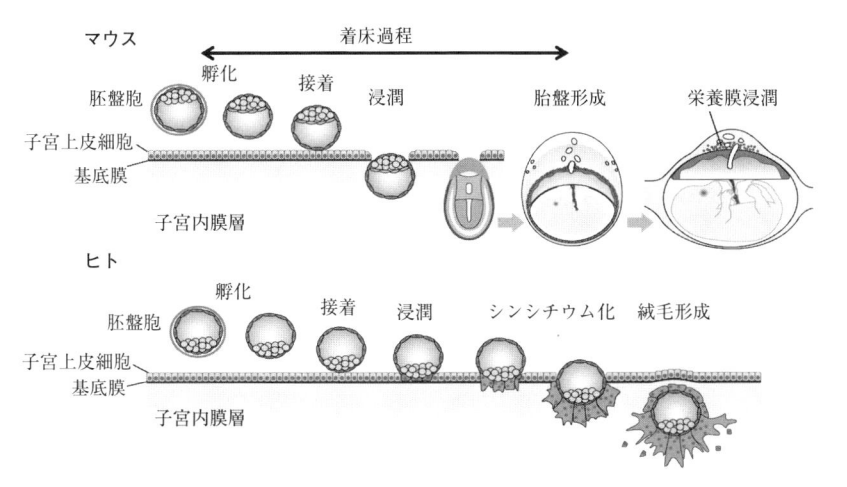

図 10.1 ヒトとマウスの着床過程（金野俊洋作図）
ヒト，マウスの胚盤胞，孵化，接着，浸潤，脱落膜，胎盤形成までの流れ．

りではなく横にも広がっていき，20日目ごろには排卵卵巣側の子宮腔内全体に広がり，22日目ごろには反対側子宮角の先端まで伸長する．なお，接着は19〜20日目から始まると同時に，内部細胞塊・胚葉の分化も加速する．

ブタ胚栄養膜の発育も急速であり，妊娠10日目では直径2 mm程度の球状であるが，12日目には長さ10 mmのチューブ状になり伸長を開始する．ただ，この時期には胚子相互の伸長の程度差が大きく，より長く伸長した胚子の方が高い生存率をもつと考える研究者もいる．さらに，16日目までには80〜100 cmのフィラメント状になるが，20日目ごろからおもにアポトーシスによって短縮しはじめる．また，急速に伸長する時期のブタ胚子はエストロジェンやインターフェロンなどのサイトカインを産生・分泌する．

10.1.3 胚の子宮内分布と移動

卵管から子宮内に下降して子宮腺の分泌物（子宮乳，histotroph）を栄養源として発育を続ける胚盤胞は，子宮筋の運動によって子宮内を浮遊しながら移動する．接着する時期が近づくと一定の部位に止まるようになる（apposition）．双角子宮をもつ単胎動物（ウシなど）の胚子は，排卵側子宮角の中央部よりやや下方，子宮体に近い位置に定着する．一方，ブタなどの多胎動物では，子宮角の先端部分に群をなしていた胚子が子宮頸方向やもう一方の子宮角まで移動（約

40％の胚子）し，最終的にはほぼ等間隔に配置（spacing と呼ばれる）される．胚子どうしがほぼ等間隔に配置される機構には，胚子自身の急激な伸長発育に伴う胚子どうしの接触や胚子が産生するエストロジェン，ヒスタミンあるいはプロスタグランジン（prostaglandin；PG）などによって誘発された子宮収縮運動などがあり，その結果として配置間隔の均一化が起こると考えられている．ブタの胚盤胞の子宮内移行は交配後 8 ～ 9 日目からはじまり，胚子の伸長が開始される 12 日目ごろに終了する．

10.1.4 着床過程

着床時期が近づくと子宮腺や子宮内膜は肥大・増殖するとともに，子宮筋も増大し血液供給も増すようになる．栄養膜細胞による子宮内膜への浸潤度が高いヒトを含む霊長類や齧歯類では，胎盤の母体組織部分である子宮内膜の間質層が著しく肥厚・増殖し，脱落膜（decidual cell, deciduas）を形成する．脱落膜は，子宮内膜における栄養膜の浸潤部位であり，栄養膜とともに胎盤器官を形成する．また，脱落膜は栄養膜による過度の浸潤を制御するところであり，出産の際には，胎盤を子宮内膜から剥離する役目を果たすことから，脱落膜という名称の由来になっている．イヌやネコでも脱落膜の形成がみられるが，ウシ，ウマ，ブタなどの浸潤度の低い胎盤を形成する動物では脱落膜の形成はみられない．

胚子・胚盤胞の栄養膜細胞群（絨毛膜）が子宮に接着する部位・領域は胎盤の形態や構造によって異なる．齧歯類や霊長類の胚子では，栄養膜細胞はその食作用により子宮内膜上皮細胞を取り込むとともに基底膜を通過して粘膜固有層に浸潤し，毛細血管の内膜細胞を通して直接母体の血液に接するようになる．宮阜性胎盤をもつウシやヒツジでは母親側の子宮小丘にのみ栄養膜細胞の接着がみられる．この接着は栄養膜の指状突起が子宮腺に侵入して胚子は定位，不動化するとともに，栄養膜細胞自身の微絨毛によって子宮内膜と密接な相互嵌入咬合（interdigitation）を示す[1]（図 10.2）．ヒツジやウシの接着の始まりは交尾（交配）後それぞれ 16 日目と 19 日目前後，すなわち栄養膜細胞群の約 10％に 2 核細胞が出現する時期である．2 核細胞は子宮内膜上皮細胞に遊走し，上皮細胞と融合して子宮内膜間質内に多核細胞（核数 $2n+1$）として現れる．一方，散在性胎盤のウマやブタ，帯状胎盤のイヌやネコでは胚子の栄養膜が接着する特定の部位はない．ブタの胚子の子宮内膜への接着は交配後 15 日目ごろに始まり，18 ～ 24 日目には栄養膜表層の微絨毛が子宮腺以外の子宮内膜の全域で相互嵌入咬合をす

10.1 着床

乳頭状突起による不動化（immobilization）と胚の伸張

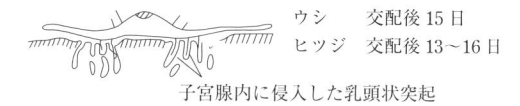

ウシ　　交配後 15 日
ヒツジ　交配後 13～16 日

子宮腺内に侵入した乳頭状突起

細胞の対位（apposition）と微絨毛の咬合（interdigitation）

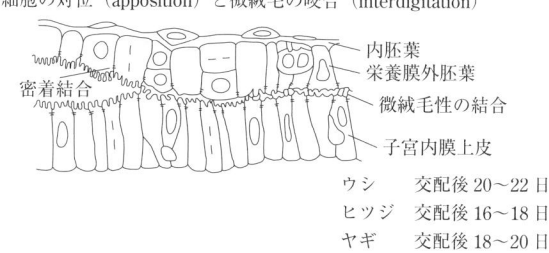

密着結合
内胚葉
栄養膜外胚葉
微絨毛性の結合
子宮内膜上皮

ウシ　　交配後 20～22 日
ヒツジ　交配後 16～18 日
ヤギ　　交配後 18～20 日

2 核細胞の発育と遊走

エキソサイトーシス（開口分泌）

図 10.2　反芻類の着床過程
栄養膜 2 核細胞の遊走および 2 核細胞と子宮内膜上皮細胞の融合．さらに子宮内膜上皮細胞の変性死滅（＊）によって，子宮上皮の形態は大きく変化する．

るようになる．

10.1.5　母体の妊娠認識

　一般に，性周期黄体の寿命は約 2 週間と固定されているが，これは妊娠が成立するための着床や初期胎盤の形成時期と一致する．したがって，妊娠の成立には性周期黄体を延長する機構が働かなくてはいけない．接着以前の胚子の栄養膜細胞は，サイトカインやエストロジェンを産生・分泌する．これは母体に対して胚子の存在を知らせる一種のシグナルと考えられ，シグナルを受け取った母体は黄体を維持し，プロジェステロン分泌や子宮内膜の発育と分泌活動を盛んにして子宮内環境を胚子の接着とその後の胎盤形成のために整える．もし，胚子が適当な時期にシグナルを送ることができなかったり，母体がシグナルを受け取ることができない場合には，黄体の退行や機能停止を招き，妊娠は中断し発情が回帰してしまう．このような機構は，母体の妊娠認識（maternal recognition of pregnancy）と定義されている．ウシやヒツジの胚子の栄養膜からは，インターフェロンタウ（IFNT または IFN-τ）と呼ばれるタンパク質（サイトカイン）が

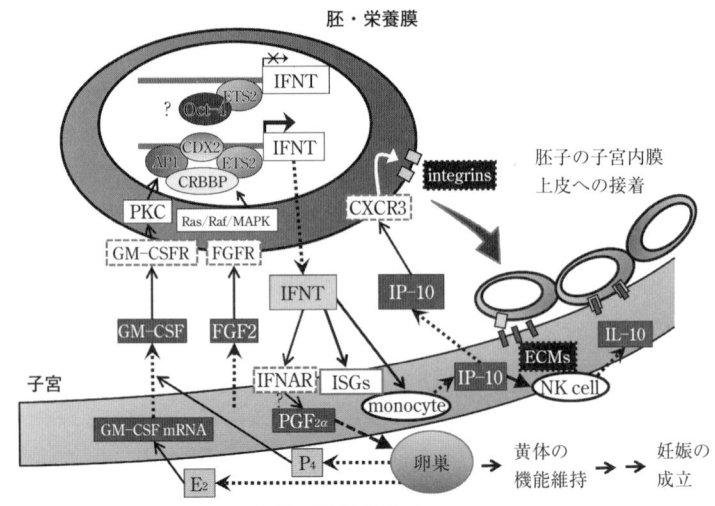

図 10.3 母体の妊娠認識とインターフェロン

反芻類では，子宮からの分泌因子により，胚・栄養膜細胞上で IFNT の産生が亢進する．IFNT はそのレセプターを介し子宮内膜オキシトシンレセプター（OXYR）などを抑制することによって，黄体退行因子 PGF$_{2\alpha}$ 産生を制御する．その結果，卵巣上の黄体は退行せずプロジェステロンを産生しつづける．

産生・分泌される[1]（図 10.3）．

　黄体期特有のステロイドホルモンが子宮内膜に働くと，子宮内膜細胞は GM-CSF（macrophage colony-stimulating factor）や FGF2（fibroblast growth factor-2）などのサイトカインを子宮腔内に分泌する．GM-CSF や FGF2 が栄養膜細胞上のそれぞれのレセプターと結合すると IFNT の産生が上昇する．IFNT は子宮内膜上皮細胞上のレセプターに結合後，子宮内膜のエストロジェンレセプター（ER）やオキシトシンレセプター（OXR）発現を制御する．この制御が黄体退行因子であるプロスタグランジン（PGF$_{2\alpha}$）のパルス状の分泌を阻害し，PGF$_{2\alpha}$ の黄体退行作用を抑制することによって黄体の形態や機能が維持される．ただし，子宮 PGF$_{2\alpha}$ はどの動物種にも存在するが，IFNT の発現は反芻類に限られている．ところが，どの動物種でも，胚子の子宮内膜への接着以前から母子間はなんらかのコミュニケーションをしていることが明らかにされつつあることから，胚子の着床の成否は接着以前に決められているのかもしれない[4]．

　ブタ胚子の栄養膜細胞は，妊娠 11 ～ 12 日目と 16 ～ 30 日目にエストロジェンを分泌する．ブタの妊娠認識は，胚子が妊娠 11 ～ 12 日目に分泌するエスロジェ

ンによって起こると考えられている．胚性エストロジェンは子宮内膜の $PGF_{2\alpha}$ の合成や分泌を抑制しないが，分泌された $PGF_{2\alpha}$ は卵巣方向には移動せず子宮腔内に出てくるようになるので，$PGF_{2\alpha}$ は黄体退行作用を発揮できなくなる．この時期，ブタの胚子はインターフェロンガンマ（IFNG）やインターフェロンデルタ（IFND）などのサイトカインも産生するが，その役割は不明である．

ヒトでは，絨毛性性腺刺激ホルモン（human chorionic gonadotropin；hCG）が孵化後間もない栄養膜細胞から分泌され，それが黄体に直接作用し黄体の機能を維持する．hCG は腎臓から尿中にも排出されるので，簡便な妊娠診断法として利用されている．また，妊娠に関連した物質として，交配後1～2日のヒトやウシの血液中から早期妊娠因子（early pregnancy factor；EPF）と呼ばれる物質が検出されている．EPF の測定はリンパ球と赤血球が凝集してできるロゼット形成の抑制率を調べる試験（ロゼット抑制試験）によって行われる．この物質を早期妊娠診断に役立てようと研究が重ねられたが，野外でも簡単に測定できる方法はいまだに開発されていない．最近，妊娠関連糖タンパク群の解析が盛んになってきた．事実，その1つである栄養膜細胞（2核細胞）が産生する pregnancy associated glycoprotein（PAG）の検出法としてラジオイムノアッセイ法が確立されたが，ウシの妊娠24日目の判別率は約60％であった．また，これらの妊娠関連物質を利用し，受精卵移植の成功率をあげる試みを行われているが，いまのところ満足の行く結果は得られていない．

● 10.2　胚子の子宮内膜への接着と浸潤　●

10.2.1　子宮内膜の変化

脱落膜は，子宮内膜における栄養膜浸潤の場であると同時に，栄養膜とともに胎盤の器官形成を行う組織でもある．霊長類と齧歯類は，胎盤形成に際して脱落膜が形成されるという点で共通しているが，その形成機構は著しく異なっている．ヒトを含む霊長類では排卵周期に伴って，卵巣ホルモンとそれによって発現が制御されるサイトカインなどの作用によって，受精や着床の有無にかかわらず，子宮内膜の間質部分が増殖・肥厚して性周期ごとに脱落膜が形成される．胚の着床が起これば脱落膜は維持され，母性胎盤として機能を開始するが，一定の時期までに着床が起こらず，栄養膜から hCG の産生がないと，黄体は維持されず，プロジェステロンの血中濃度の低下に伴い脱落膜は退化・崩壊し，月経として排出される．一方，齧歯類では卵巣ホルモンとそれらによって制御されるサイ

トカインなどの作用で，子宮内膜の間質細胞が脱落膜形成の準備期に入り，胚子の着床に向けて一過性（数時間から十数時間）の感受性を獲得する．この時期に胚子が存在すれば（オイル1滴でも同様に刺激することができる），その影響で脱落膜の形成が開始される．脱落膜の形成準備期には，子宮の間質細胞の一部はプロジェステロンのみによっても細胞分裂を開始できるが，プロジェステロンの影響下でエストロジェンが分泌されると間質細胞の一部が細胞分裂を開始する．その状態のときに，胚子が着床を開始すると着床胚子の刺激に応じて着床部位周辺の間質細胞が激しい細胞増殖を起こして脱落膜が形成される（図10.1参照）．

10.2.2 着床ウインドウと着床遅延

ヒトの子宮内では脱落膜が排卵周期に伴って自律的に形成される．しかし，胚子が子宮上皮細胞に接着可能な時期，黄体の機能維持や着床による刺激が脱落膜を母性胎盤として維持・増殖を誘起できる時期は，月経周期のなかのごく限られた時間帯（40〜48時間）であることが知られており，この時期は「着床ウインドウ」(implantation window) と呼ばれている（図10.4）．齧歯類においては，一過性に生ずる脱落膜形成の感受期が着床可能な時間帯であることから，この時期が着床ウインドウに相当する．他の産業動物を含む哺乳類でも，胚子が子宮に着床できる時期が限られており，一過性の着床ウインドウの存在が知られている．着床ウインドウ期のマーカー遺伝子群やそれらの発現制御機構は明らかにされつつあるが，その成立機構そのものはヒトや齧歯類と同様に明確にはされていない．

霊長類や齧歯類において，着床ウインドウの誘起物質である卵巣ホルモンのプロジェステロンやエストロジェンの機能やその相互作用の重要性が解析されてきた．マウスでは妊娠4.5日に胚盤胞が着床を開始するが，受精後から着床開始の前日までに卵巣を除去し，プロジェステロンを連続的に投与しつづけると，それらの胚盤胞は正常な妊娠個体と同様に透明帯から脱出を完了した状態で少なくとも2週間は生存するが，子宮内膜上皮細胞に接着をすることができない．そのような動物に，正常な妊娠時の血中濃度に近い量になるようにエストロジェンを1回だけ投与すると，胚盤胞は接着を開始し脱落膜を形成しはじめる．さらに，このようなマウスに妊娠マウスにみられる血中プロジェステロン濃度に相当する量を投与しつづけると胎盤形成や胚発生を経過して出産に至らせることができる．一方，過剰に投与されたエストロジェンやプロジェステロンは，逆に着床だけで

図10.4 ヒトの子宮内膜における着床ウィンドウの形成過程を示す模式図（文献2)をもとに改変）

プロジェステロンの作用下にエストロジェンが作用すると，子宮内膜は一過性に着床可能な状態（ウインドウ）をつくりだす．このウインドウ以外の時間帯では着床は不可能となり，肥厚していた子宮内膜は崩落して月経として排出される．着床ウインドウの細胞・分子生物学的な機構については多くの研究がなされているが，不明な点も多い．

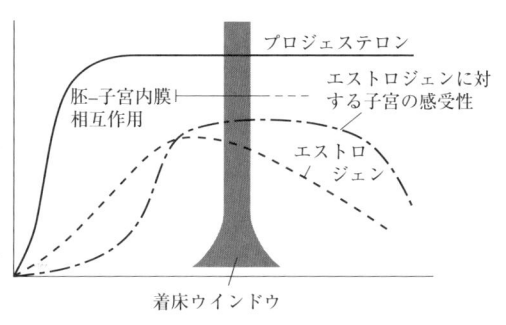

はなく，その後の胎盤形成過程や胚発生を阻害する．このように，胚盤胞が子宮腔内に進入後，ただちに着床しない現象を遅延着床と呼び，胚盤胞が着床の遅延した状態にあることを着床遅延と呼ぶ．遅延着床は胚盤胞や子宮間質細胞などの細胞増殖を制御する生理・内分泌条件や，それらに影響を与える環境が影響していると考えられている．

　実際，実験的に誘起した遅延着床だけではなく，自然の妊娠過程で生理的に遅延着床が起こる動物種や，遅延着床を積極的に利用することによって生存を有利にしている動物種もいる．ノロジカ，ミンク，クマやアザラシなどは，交尾の時期と出産・子育ての時期を生態学的に至適化する適応現象の1つとして遅延着床が起こると考えられている．

　着床，胎盤形成や妊娠の維持には卵巣のステロイドホルモンが必須ではあるが，最近の標的遺伝子欠損を含む遺伝子群の発現制御の研究から，それらのホルモンは胚盤胞や子宮内膜細胞に働き，それぞれの細胞おける成長因子，サイトカインやケモカインの合成や分泌の制御を介して，着床などの機構を支配していることが明らかになってきた．

　たとえば，サイトカインの1つである白血病抑制因子（leukemia inhibitory factor；LIF）遺伝子を標的破壊したノックアウト（KO）マウスでは，胚盤胞が遅延着床の際と同様に，子宮内膜に接着しないまま子宮腔内で生存を続ける．また，遅延着床モデルにおいて，エストロジェンを投与するとLIFの子宮内膜内発現が急上昇することと，エストロジェンがLIF遺伝子の発現を制御できることから，サイトカインLIFはエストロジェンの着床誘発効果の重要な仲介物質の1つと考えられている．LIF以外にも，M-CSF（macrophage-colony stimulating factor）やIL（interleukin）ファミリーなどのサイトカインも着床期

に重要な働きをしていることが実験的に証明されている．また，EGF（epidermal growth factor）ファミリーの成長因子である EGF，ヘパリン結合性 EGF（heparin binding-EGF），β-セルリン（β-cellulin），エピレギュリン（epiregulin），アンフィレギュリン（amphiregulin）などが卵巣のステロイドホルモンの影響下で複雑な動態を示し，着床の制御にかかわっていることが推論されている．

10.2.3 栄養膜細胞と子宮上皮細胞の接着機構

着床過程の第3段階は着床ウインドウ期に，胚盤胞の栄養膜細胞が子宮上皮細胞に接着を開始することである．これらの細胞間の接着にはさまざまな細胞外基質や接着因子が関与しているが，適切な in vitro での証明法が確立されていないなどの理由により，いまだに明らかになっているとはいいがたい[3]．

初期接着期の栄養膜や子宮内膜上皮細胞の微絨毛を介した接着には，細胞表層の糖衣（glycocalyx）の構成成分である糖タンパク質類の関与が示唆されつづけてきた．ヒト子宮内膜の研究から，子宮内膜上皮細胞ではシアロケラタン硫酸側鎖をもつムチン（MUC-1）という糖タンパク質が接着に関与していることが報告されている．一方，マウスでは遅延着床や遺伝子欠損（KO）の研究から，ヘパラン硫酸側鎖をもつ糖タンパク質のパールカン（perlecan）が胚盤胞の子宮内膜上皮への接着能獲得と密接な関係があることが示唆されている．

着床期胚盤胞の栄養膜細胞表層に発現しているインテグリンは，着床の時期によってそのサブタイプ遺伝子発現に差異がみられる．マウス着床期胚盤胞では，インテグリン $\alpha_5\beta_1$（フィブロネクチン型），$\alpha_6\beta_1$（ラミニン型），$\alpha_v\beta_3$（ビトロネクチン型）は常時発現しているが，α_2，α_6，α_7，や α_1 をコードする mRNA は胚盤胞の着床能獲得期や浸潤期に時期特異的な発現を示すことから，それらの現象と密接な関係があることが示唆されている．

初期接着期から後期接着期における栄養膜細胞と子宮内膜上皮細胞の接着に関与する分子として新たにトロフィニン（trophinin）と呼ばれるタンパク質が同定された．トロフィニンは細胞膜貫通領域をもち，細胞外ドメインには約10個のアミノ酸からなる繰り返し配列をもつ分子で，この分子を発現する2種の細胞どうしは同分子間相互作用によって細胞間接着を起こすことが示唆されている．また，トロフィニンの細胞内領域に結合し，シグナル伝達に寄与する細胞質内因子ビスチンやタスチンという分子も同定されている[4]．

後期接着期になると栄養膜細胞と子宮内膜上皮細胞の間にギャップ結合（ラット）や，接着斑（マウス）が形成され，種によっては栄養膜細胞と子宮内膜上皮細胞が融合してシンシチウム（ウサギ，ウシやヒツジも）を形成する場合もある．また，後期接着期の接着因子のN-カドヘリン（N-cadherin）は栄養膜と子宮内膜上皮細胞の接着だけではなく，脱落膜細胞間の接着にも関与している．

10.2.4 栄養膜による子宮内膜浸潤

接着を完了した胚盤胞の栄養膜は着床過程の第4段階である子宮内膜への浸潤を開始する．しかし，栄養膜細胞の子宮内膜浸潤過程を生体内で動的に解析することの困難さと，適切な体外細胞培養系が確立されていないなどの理由から，これらの過程における分子や細胞レベルでの解析が遅れている．

栄養膜細胞による上皮細胞の除去や，基底膜の破壊，そして子宮内膜間質中の移動のためには，細胞マトリックスタンパク質群を分解することが必要であり，この過程にはマトリックスプロテアーゼ（matrix metalloproteinase；MMP）と呼ばれる基質特異的なタンパク分解酵素群が重要な役割を果たしている（図10.5）．MMP-2やMMP-9は，活性をもたない酵素（プロMMP-2やプロMMP-9）として存在する．そのうちMMP-2は，膜貫通領域をもち栄養膜細

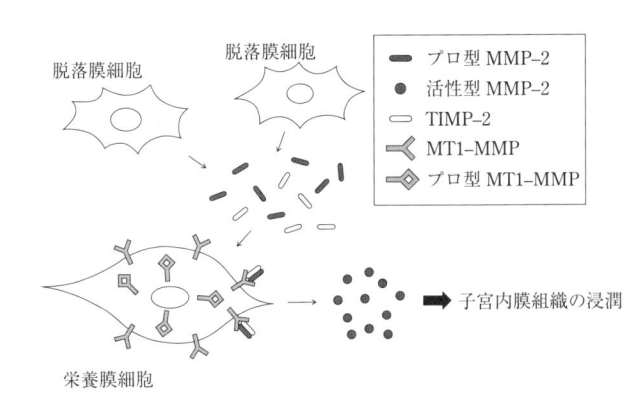

図10.5 栄養膜細胞による子宮内膜浸潤におけるMT-MMPの作用機序を示したモデル図[5]

脱落膜細胞の分泌したプロ型MMP-2とTIMP-2は1：1で結合してヘテロ2量体を形成する．栄養膜細胞内でプロ型から活性型へ転換したMT1-MMPは栄養膜細胞層に発現し，MMP-2とTIMP-2のヘテロ2量体を基質としてプロ型MMP-2の一部のペプチド鎖を切断し，活性型MMP-2を生成する．活性型MMP-2は，栄養膜細胞の子宮内膜浸潤に主要な役割を果たす．

上に発現される膜型 MMP（MT1-MMP から MT5-MMP の 5 種類が同定されている）によって活性化され，タンパク質分解酵素としての機能を発揮する[4]．すなわち，栄養膜が子宮内膜に浸潤するとき，それ自身が MT1-MMP を発現し，その周辺の子宮内膜細胞の MMP-2 を活性化し，マトリックスタンパク質を分解しながら間質内を移動し，脱落膜形成などの組織再構築を行いながら胎盤が形成されていく．また，この過程は子宮間質中に存在する TIMP（tissue inhibitor for metalloproteinase）と呼ばれる MMP 酵素活性阻害物質で制御・調節されている．

10.3 胎盤の機能

初期胚は胚盤胞期に，子宮腺からの栄養物を取り入れることによって増殖・分化を続けることができる．しかし，胚子および胎子が発育するにつれて，もっと効果的な栄養摂取が必要になってくる．その方法として，まず胎膜の一部と子宮内膜との間が密接な連結により着床が始まり，着床完了の目安となる胎盤が形成され機能することである．胎盤は血液運搬系による効果的な栄養物摂取法であるばかりでなく，老廃物や酸素と二酸化炭素の交換などの生理作用を司るところであるから，生体の消化管，肺や腎臓などの機能をもつと同時に，胎子の免疫を含む防御育成器やホルモンなどを合成する内分泌器官でもある．とくに，胎盤で産生されるホルモンやサイトカインは母体と胎子側の両方に分泌される．ところが，動物種にかかわらず同様の機能を有する胎盤であっても栄養膜細胞群の子宮内膜への浸潤度などによって，その形態は著しく異なる（解剖学の教科書を参照）．

10.3.1 血液や血管の起源

胎子期における最初の血液は胚子・胚葉（ICM）には発生しない．胎子付属物のなかで，最初に血管の分布をもつものは卵黄嚢，次いで尿膜である．胚子発生の一時期に，卵黄嚢と絨毛膜が結合して卵黄嚢胎盤を形成する．卵黄嚢壁内に出現した血島から赤血球が分化していき，血島の集合により血管が発達し，卵黄嚢循環が成立し，胚はこの循環を通じて組織栄養素を吸収する．そして尿膜の発達に伴い，血液循環は尿膜循環に変わり，卵黄嚢は萎縮していく．次に，広範囲に血管を分布させた尿膜と絨毛膜との接着・融合により尿膜絨毛膜胎盤が形成され，胚あるいは胎子には尿膜循環を通じて組織栄養素（histotroph）と血液栄養

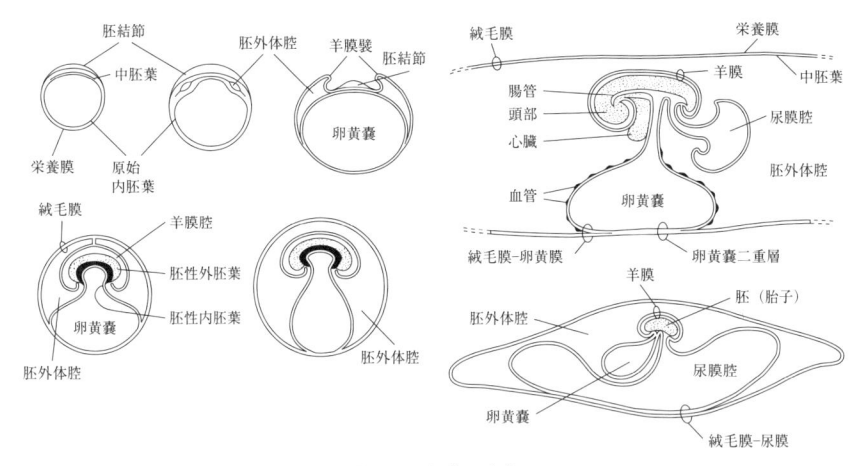

図 10.6 胚葉の分化

胚盤胞の形成後すぐ内部細胞塊の下に原始内胚葉（primitive endoderm）が発生する．原始内胚葉は内部細胞塊の下方に伸長し胚盤腔を取り囲んだ構造の卵黄嚢（yolk sac）になる．しかし，哺乳類の卵黄嚢は鳥類のそれとは異なり卵黄を含まない．同時に，原始中胚葉が卵黄嚢を取り囲むように伸長し栄養膜細胞と融合する．この融合したものが絨毛膜（chorion）である．原腸（primitive gut）から尿膜（allantois）が発生し，絨毛膜に向かって大きくなっていく．このとき，卵黄嚢は退行していく．尿膜が絨毛膜に融合すると尿絨毛膜（allantochorion）になり，胎子胎盤の原型となる．

素が供給される．一般的に，この尿膜絨毛膜が胎盤であり，これは分娩まで機能する．卵黄嚢胎盤は，ほとんどの動物種で初期に発生し機能するが急速に退縮する．しかし，ウマでは妊娠5～6週目まで胎子と母体との物質交換の主要機能を果たす．一方，尿膜と絨毛膜が融合することにより尿膜絨毛膜が形成され，尿膜絨毛膜胎盤が形成される[6]（図10.6）．ここでも尿膜と絨毛膜が融合できない，あるいは不完全な場合には，胎盤機能を発揮できず胎子の生存は保障されない．

10.3.2　胎盤での輸送と代謝

胎子栄養素は，子宮腺分泌物，子宮内膜組織の崩壊物や溢血血液などの組織栄養素と，母体の循環血液に由来し，胎盤関門を通じて輸送される低分子の無機元素，血液ガス，アミノ酸，糖質や脂質などの血液栄養素に分けられる．その輸送方法は単純拡散，促進拡散，能動輸送や飲食作用などによる．動物種にかかわらず，胎盤の内部構造は母子間の血管による物質交換の効率を上げるためにさまざまに適応している．ブタでは子宮上皮と絨毛上皮はヒダを形成し，ウマや反芻類では子宮の窪み（陰窩または腺上皮口）に絨毛膜絨毛が入り込み（図10.2参

照），イヌやネコでは両血管が迷路を形成して複雑に絡みあう．また血絨毛性胎盤を除くと，栄養供給側の母体動脈と栄養受給側の胎子静脈が互いに接するように配置されている．さらに，胎子毛細血管は絨毛上皮内に，母体毛細血管は子宮上皮内に進入する結果，胎盤関門の構成層の著しい種差にもかかわらず両毛細血管の距離は 1 μm ほどで種差は少ない．しかし，母親と胎子の血液が直接交流することはない．

　胎子ヘモグロビンは母体ヘモグロビンより酸素に対して高い親和性をもっている．また，酸素移行は酸素分圧勾配による単純拡散であるので，胎盤関門の厚み，血流速度や血管表面積に依存する．一般的に，水分と電解質は自由な透過性を示すが，ナトリウム，カルシウム，リンやヨウ素は母体から胎子へ濃度勾配に逆らって能動的に輸送される．ところが，鉄分は栄養膜細胞の貪食作用によって取り込まれる．栄養膜細胞は子宮腺分泌物（ウマやブタのユテロフェリンやヒトのトランスフェリン）やタンパク質を積極的に取り込み，そこでアミノ酸に分解して胎子に輸送される．一方，ブドウ糖は栄養膜細胞層に存在するブドウ糖トランスポーターを介して促進作用により輸送される．

● 10.4 妊娠の維持 ●

　多くの哺乳類の胎子は胎盤が成立し機能しはじめると，胎盤によって母親からの栄養補給やガス交換をしながら生育を続けるが，それらの胎盤機能はおもに少量のエストロジェンと多量のプロジェステロンによって維持される．これらの卵巣ステロイドホルモンは，下垂体ホルモンの制御下にあるので，妊娠の維持には下垂体-性腺系が機能することで胎子生育のための子宮内環境が整う．また妊娠の途中より，胎盤が内分泌機能も担うので，動物種によっては下垂体-性腺系に依存しない妊娠の維持機構も存在する．

　分娩後の新生子は哺乳という形で栄養補給を受ける．通常，とくに野生動物では新生子の離乳後に次の生殖活動に入るので，生殖をコントロールされた産業動物の繁殖活動を除くと，新生子の生産数は少ない．したがって，動物種それぞれの維持のためにさまざまな生殖の適応型がみられる．短期間で妊娠を終える動物には小型の齧歯類が存在し，4～5カ月を要する中型の動物（ヒツジ，カニクイザルなど）や9～11カ月を要する大型動物（ウシやウマ）もいる．ネコやイヌなどの肉食動物の妊娠期間は2カ月であるが，高緯度に生息する肉食動物のスカンクは，遅延着床により交尾から着床までの期間を著しく延長し，妊娠期間を1

年近くに延長している（表10.1，表10.2）．

表10.1 家畜の胚子期および胎子期の発達段階（文献[7]より改変）

発達段階	ウシ（日）	ウマ（日）	ヒツジ（日）	ブタ（日）
桑実胚	4～7	4～5	3～4	3.5
胚盤胞	7～12	6～8	4～10	4.75
胚葉分化	14	13～14	10～14	7～8
絨毛膜囊の伸張	16	50～60	13～14	9～12
原始線条形成	18	14	14	9～12
神経管開口	20	−	15～21	13
体節分化	20	18	17	14
絨毛膜羊膜ヒダの融合	18	−	17	16
非妊角への絨毛膜の侵入	20	−	15～16	−
心拍動開始	21～22	24	20	16
神経管閉鎖	21～23	−	21～28	16
前肢芽出現	25	24	28～35	17～18
後肢芽出現	27～28	24	28～35	17～19
指・趾分化	30～45	50	35～42	28
吻・眼分化	30～45	40	42～49	21～28
尿膜が妊角の胚子外体腔を占有	32	−	21～28	−
着床開始	19～21	36～38	14～16	13～16
尿膜が全胚子外体腔を占有	36～37	−	−	25～28
眼瞼閉鎖	60	60	49～56	36～49
毛胞の出現	90	38	42～49	28
歯の萌出	110	−	98～105	−
眼瞼・鼻尖発毛	150	160	98～105	−
全体表発毛	230	220	119～126	−
分娩	280	340	147～155	114

表10.2 妊娠期間と産子数[8]

動物名	妊娠期間（日）	産子数	動物名	妊娠期間（日）	産子数
ヒト	270	1	ネコ	63　（52～69）	4
ウマ	336　（323～341）	1	ウサギ	31　（30～32）	5 (1～13)
ウシ	279　（260～299）	1	モルモット	66～69	2～3
ヒツジ	149　（146～153）	1～4	ハムスター	16　（15～18）	7 (1～12)
ヤギ	152　（150～155）	1～5	ラット	20～22	11
ブタ	114　（112～118）	9 (6～15)	マウス	19～20	8～16
カニクイザル	150～180	1	ミンク	41～63	4～10
イヌ	60　（58～63）	7 (1～14)			

10.4.1 胎盤の内分泌機能

プロジェステロンは妊娠の維持に不可欠なホルモンであるが，黄体以外にも胎盤がプロジェステロンを産生・分泌する．しかし妊娠期間中，プロジェステロンが黄体の機能延長でまかなわれている動物種と胎盤によってまかなわれている種が存在する．ウサギ，イヌ，ブタやヤギでは胎盤でのプロジェステロンの産生がほとんどない．したがって，これらの動物種では黄体の機能延長が妊娠の継続に不可欠である．ウシ，ウマ，ヒツジでは，胎盤がプロジェステロンもエストロジェンも分泌するが，ウシでは妊娠維持のためには十分な量はまかなえない．一方，ヒトやサルは胎盤性のプロジェステロンで妊娠を維持することができる．また，遺伝子欠損マウスの研究からテストステロンやその代謝物も妊娠の維持に必要とされている．

10.4.2 妊娠の免疫

哺乳類の一部を除く真胎生種の胎子は，父方および母方の遺伝子を受け継いだ母とは別個の個体であるから，胚組織と母体組織は同種内で遺伝的に異なる allogenic の関係にある．したがって，胎盤を挟む両者の関係は，同種間組織移植（allograft）の関係と考えることができる．通常，動物では免疫機構や細胞食作用をはじめとする数多くの生体防御機構の働きで，宿主（母）は移植組織（胚子）の拒絶反応を引き起こすのが普通である．しかし，胎子は妊娠期間中，きわめて生着した移植組織の状態を保つだけではなく，母体組織と胚・胎子は共同して，複雑な機能や構造をもつ「胎盤」という器官を形成する．

このような子宮局所での免疫学的寛容性の獲得機構の説明として，①胎子の栄養膜細胞は特異性の高い主要組織適合遺伝子複合体（major histocompatibility complex；MHC）の発現をするために，免疫学的に未熟で抗原性に欠ける，②妊娠中の母体は，ステロイドおよびタンパク質ホルモンの特殊なバランス状態にあることや補体調節タンパクさらにサイトカインが存在するために免疫学的に不活発である，③子宮の脱落膜細胞層に局在する免疫担当細胞そのものが免疫学的な障壁となっている，④妊娠中，胎子抗原が少量ずつ長期間にわたって母体に取り込まれるので，母体が免疫寛容（immune-tolerance）の状態になっている，⑤胎子側抗原に対して母体免疫系が積極的に反応するために，逆に後から生じた母体感作リンパ球胎子抗原が認識できなくなる免疫促進反応（immunologic enhancement）が働いていることなどが考えられてきた．しかし，

母子免疫を完璧に説明する機構はいまだに明らかにされていない.

a. 主要組織適合遺伝子複合体

ヒトの栄養膜細胞を含む胎子は主要組織適合遺伝子複合体 MHC クラス-II の発現は抑制されている. その結果として MHC クラス-I のみを発現するが, このクラス-I もヒト白血球抗原 HLA (human leukocyte antigen) -A, -B, -C とは異なる抗原多様性を示さない HLA-G を発現している[9]. しかし, HLA-G を過剰発現させたマウスでは逆に免疫応答が誘起されて, 胚子は排除されてしまうことから, MHC の発現と妊娠維持は今後の解明が待たれる.

b. 免疫調節タンパク

ヒト栄養膜細胞表面には補体調節タンパク CD46 と CD55 が発現していることから, これらのタンパクにより補体依存性免疫応答から逃れていることが示唆されている. また, 母子境界領域ではさまざまなサイトカインが発現している. たとえば, CSF は栄養膜の増殖促進に, 免疫抑制機能をもつ TGF, IL, hCG や LIF なども発現されている. さらに 1998 年 Mellor らによって, 栄養膜細胞やマクロファージが分泌するトリプトファン分解酵素 IDO (indoleamine 2, 3-deoxygenase) が母体側の T 細胞の活性化を抑えるという知見も示されている[10].

c. 免疫担当細胞

一般に, どの動物種でも胚子の着床部位近傍の子宮間質細胞層には遊走性単核球, とくにマクロファージと顆粒リンパ球が集走してくる. これらのマクロファージは栄養膜細胞に対して食作用を示さず, プロスタグランジン PGE$_2$ などを分泌することによって免疫抑制作用を発揮していると考えられている. 妊娠子宮内顆粒リンパ球の表面抗原型は NK 細胞と共通しているが, 脾臓 NK 細胞や末梢血 NK 細胞とは性質が異なり, 細胞障害性はもたず, 栄養膜細胞への増殖作用をもつサイトカインを分泌している.

d. 胎盤のその他の機能

齧歯類や霊長類だけではなくイヌやネコなどでは, 母体から胎子に供給される重要な物質として母体の抗体がある. 母体の抗体は, 胎子側の抗体に対するレセプターに補足され, 胎子の血管に運び込まれる. また, 特殊なタンパク質などは胎子側の吸引ポンプによって, 胎子側に運び込まれる. 一方, 胎盤は胎子にとって有害な物質を通過させない働きをもっている. ところが, 胎盤はすべての有害物質をブロックできるわけではなく, 環境ホルモンや有害物質の一部 (エチルア

ルコール,鉛,水銀や麻薬のLSDなど)は,胎盤のバリアーを通過し胎子の発育に影響を及ぼす場合もある.

10.5 分　　娩

哺乳類の胎子が子宮内で成長を続け,やがて分娩が近づくと胎子はその準備を自ら始める.胎子の周りは羊水(電解質,脂質,各種酵素,ビリルビン,タンパク質やホルモンなどが含有成分)で覆われており,胎子はこの羊水を盛んに飲みはじめる.これは誕生してからの胃や腸の消化吸収機構の準備になっている.そして外界で生存可能な状態になると,分娩が起こり,以後胎子は外界で成長を続けることになる.分娩の発来機序として,まず胎子由来の副腎コルチゾールが引き金となる説が提唱された[8].この機序はヒツジやブタなどの家畜で証明されており,霊長類を含む他の動物種にも当てはまると考えられている(図10.7).

どの動物種においても,妊娠初期には黄体の存在が必須である.黄体から分泌されるプロジェステロンの妊娠維持効果は,卵巣から分泌されるエストロジェンと拮抗することによって,オキシトシン受容体のオキシトシンに対する感受性を低下させ子宮平滑筋の収縮を直接・間接的に抑制することと考えられている.したがって,子宮平滑筋の強い収縮を伴う分娩発来にはプロジェステロンの低下を伴わない霊長類を除くと,基本的にプロジェステロンの低下とそれに伴うエストロジェンの上昇がかかわっている.

10.5.1 分娩の発来機序と内分泌ホルモン

齧歯類の妊娠は黄体からのプロジェステロンに依存しているので,分娩発来機構は母体側の変化,すなわち母体血中のプロジェステロン濃度の低下とエストロジェン濃度の上昇,あるいは両ホルモン比率の変化を中心に考えられてきた.しかし,このような変化が胎子側のどのような情報に基づいているのかは明らかではない.さらに,これらは分娩に関連する変化ではあっても直接の引き金ではない.Ligginら(1972年)によるヒツジの実験から,胎子の視床下部-下垂体-副腎系のホルモン変化が引き金になることが明らかにされ[12],のちに,ウシ,ヤギ,ブタでも基本的にこの機構が成り立っていることが明らかにされた.この機構の本質的な部分は,妊娠後期から分娩期にかけて胎子の視床下部-下垂体-副腎軸が成熟してくると,胎子が子宮容積などに由来するストレスに反応して,胎子副腎からコルチゾールを分泌するようになる(図10.7).このコルチゾールが視

10.5 分娩

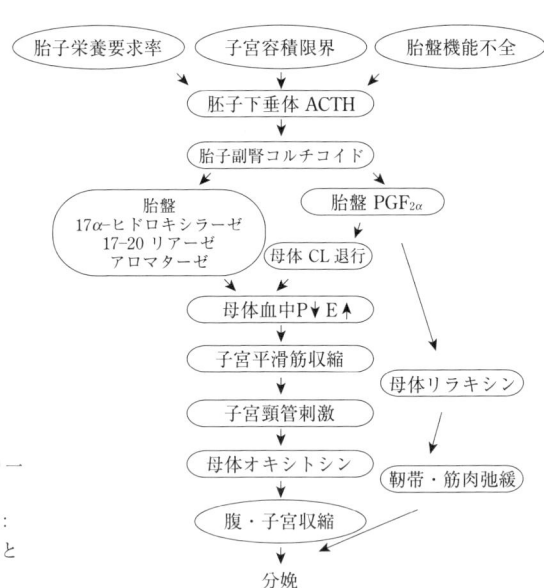

図 10.7 分娩の発来機構（文献[11]より一部改変）
ACTH:副腎皮質刺激ホルモン，P↓E↑：母体血中プロジェステロン濃度の減少とエストロジェン濃度の上昇．

床下部・下垂体に働き副腎皮質刺激ホルモン（ACTH）を分泌させ，胚子コルチゾールや胎盤中のプロジェステロン代謝酵素 17α-ヒドロキシラーゼや 17-20 リアーゼを活性化させるために（図 10.8），血中プロジェステロンが減少（progesterone block の解除）する（図 10.9）．さらに，このコルチゾールは胎盤アロマターゼを活性化させるためにアンドロステンジオンからエストロジェンへの代謝を促進する．すなわち，胎子は胎子自身が外界で生存可能な状態になったことをストレスホルモンのコルチゾールを媒体にして母体に知らせるのである．

10.5.2 分娩の開始
a. 陣痛

分娩時における産出力は子宮筋と腹筋の収縮により構成され，子宮筋の収縮に伴う疼痛が陣痛である．妊娠中の子宮筋細胞の静止膜電位は高く，子宮収縮は抑制されているが，エストロジェンの増加とプロジェステロンの低下に伴い，膜電位は低下し収縮が起こりやすい状態になる．活動電位が収縮に結びつくためにはカルシウムイオンの役割が必要であるが，このカルシウムイオンの移動を制御するのがプロスタグランジンやオキシトシンである．しかし，オキシトシンは子宮頸管開口期からしか上昇しないことから，オキシトシンは子宮収縮の開始にはほ

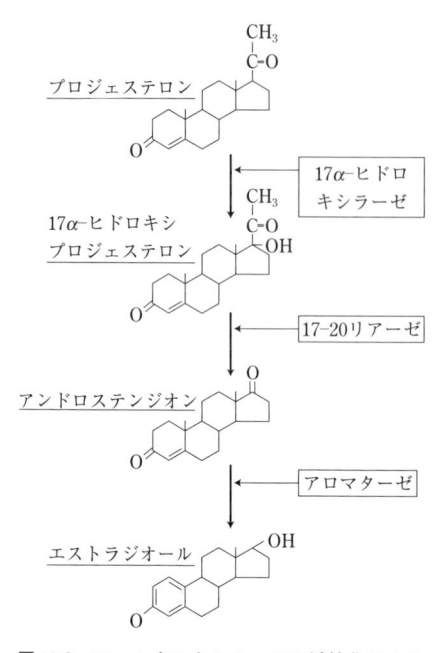

図 10.8 17α-ヒドロキシラーゼの活性化による
エストロジェン濃度の増加
胚子コルチゾールは胎盤ステロイド代謝系酵素を活性化する．その結果，母体血液中のエストロジェン（エストラジオール）濃度が上昇する．

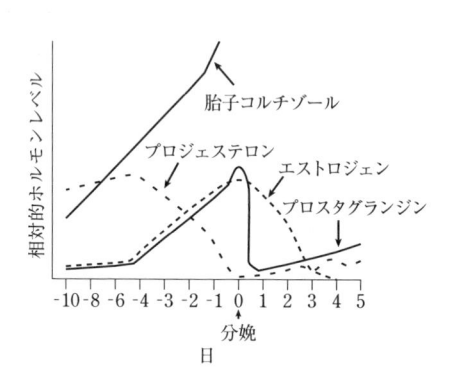

図 10.9 分娩時のホルモンプロフィール
胚子副腎コルチゾールが上昇すると，プロジェステロン濃度が減少，エストロジェンやプロスタグランジンの濃度が上昇する．

とんど関係しない．

b. 産　道

　産道は胎子が分娩に際し通過する経路であり，骨部産道と軟部産道に分けられる．骨部産道は寛骨（腸骨，恥骨，坐骨），仙骨および尾骨の一部からなる骨盤に囲まれた骨盤腔であり，これらの骨接合部は分娩が近づくとエストロジェンやリラキシンの作用で弛緩するため骨盤腔が広がる．軟部産道は子宮頸，腟と陰門からなり，分娩時に拡張される部位である．

c. 分娩の経過

　分娩の経過は開口期，産出期と後産期に区分される．
　① 開口期：　開口期陣痛は規則的な子宮筋の収縮で，当初 20〜30 分間隔であるが次第に強さを増し，3〜5 分間隔になる．この収縮にはエストロジェンとプロスタグランジン（$PGF_{2\alpha}$ と PGE_2 の両方）が関与しているが，これらの物質

は筋成分の少ない子宮頸のコラーゲン繊維の乖離を調節するために，子宮頸は軟化，拡張する．また，子宮頸の拡張には胎子に先行して子宮頸管内に進入する胎包（fetal sac）の存在が必要である．

② 産出期：　産出期には子宮口が完全に開き，胎子が産出するまでの時期である．単胎動物ではこの期間の陣痛により胎子が産出されるが多胎動物では胎子が胎膜と同時に産出されることもあり，この時期と後産期を区別するのは困難である．この時期，胎子を覆う尿膜絨毛膜は胎盤に付着しているので胎子とともに移動できずに破裂する．第1破水は尿膜の破裂で，通常胎包の頸管通過時に生じ，第2破水は足胞の露出後，羊膜の破裂によって起こる．産道で胎子は窒息寸前の状態に陥る．そのためストレス時に分泌される胎子コルチゾールが，さらに分泌される．これによって，子宮を含む産道の筋組織の収縮が促され，また脳や肺の機能が開始される．

③ 後産期：　後産期は，胎子が娩出されて後産が排出されるまでの時期をいう．産出後は腹壁の収縮はほとんど休止するが，子宮収縮は弱まりながらも持続する．しかし，胎盤胎子部が後産期陣痛により剥離し骨盤腔で塊になると，腹筋の収縮を刺激し，その腹圧によって胎子胎盤は排出される．

d.　自発呼吸

胎盤の剥離や臍帯の閉塞などによって酸素分圧，血中pHの低下，炭酸ガス分圧や触覚と温度刺激などが引き金になり，自発呼吸が開始される．最初の呼吸運動により空気が流入し，肺の拡張が始まるときには肺胞が膨らむ程度に水の表面張力が低下している必要がある．副腎皮質ホルモン（コルチゾール）が界面活性物質（とくにレシチン）の分泌を促し，肺胞の表面張力を調整する．

10.5.3　分娩後の生理学
a.　分娩後の母子の行動

一般に，哺乳類の新生子は成体に類似した形態で娩出されるが，分娩時における新生子の発達の度合いは動物種によって大きく異なる．イヌ，ネコ，マウス，ラットやブタなどは営巣を行う．巣の中で分娩とその後の哺乳を行う種では，新生子は視覚が未発達で歩行がおぼつかない未成熟なままで出生するので，新生子の生存は母性行動に強く依存している．しかし，未発達な新生子であっても，娩出直後から自発的に母親の乳頭に向かい，吸乳を開始する．一方，ウマやウシなどの群居性の草食動物では新生子は比較的よく発達した形態で出生し，娩出後，

数分から数時間で立ち上がり歩行を行う．

後産（胎盤）が排出されると，ウシやブタでは後産を食べる習性がある．また，ブタや齧歯類では，分娩後の環境の不備やヒトが新生子にふれたりすると，新生子を食べる「子食い」の習性もある．

b. 分娩後の初発情と初排卵

分娩後，初発情（発情回帰）や初排卵が起こるまでの日数は動物種によって異なる．ウシ，ヤギやヒツジでは分娩後2～3週間で初回排卵が起こるが，このときには発情を伴わない無発情排卵である．乳牛では，分娩後約35日ごろに，肉牛では離乳後10日以内にみられるが，分娩後の初回発情は通常の発情周期20～22日とは異なり7～12日の短いものが多い．乳牛は分娩4～5日ごろから新生子と引き離（離乳）し搾乳に入るが，肉牛は新生子と約2～6カ月間一緒にすごす．その間は吸乳刺激によりオキシトシンやプロラクチンの発現が高く，発情回帰までには至らない．ブタでは分娩後1～3日で発情を示すものもいるが，排卵を伴うことは少ない．一般に，動物は哺乳期間中には排卵を伴う発情には至らないことが多く，離乳後に発情を現す．また，霊長類や有蹄類では，分娩後の子宮の回復に約40日かかるので，その期間内に排卵や交尾があったとしても，妊娠に至ることは少ない．

文　献

1) Imakawa, K., Sato, D., Sakurai, T., Godkin, J. D. (2009): Molecular mechanisms associated with conceptus-endometrium interactions during the peri-implantation period in ruminants, *J. Mamm. Ova. Res.*, **26**: 98-110.
2) 舘　澄江・舘　鄰（1979）：着床と黄体機能，産科と婦人科，**46**: 1180-1187.
3) Farmer, J. L., Burghardt, R. C., Jousan, F. D., Hansen, P. J., Bazer, F. W., Spencer, T. E. (2008): Galectin 15 (LGALS15) functions in trophectoderm migration and attachment, *FASEB J.*, **22**: 548-560.
4) Fukuda, M. N., Sugihara, K. (2007): Signal transduction in human embryo implantation, *Cell Cycle*, **6**: 1153-1156.
5) Nagase, H. (1998): Cell surface activation of progelatinase A (proMMP-2) and cell migration, *Cell Res.*, **8**: 179-186.
6) Perry, J. S. (1981): The mammalian fetal membranes, *J. Reprod. Fertil.*, **62**: 321-335.
7) Hafez, E. S. E. Ed. (1987): *Reproduction in Farm Animals*, Lea & Febiger.
8) 高橋迪雄（1999）：哺乳類の生殖生物学，p. 178，学窓社．
9) Rizzo, R., Vercammen, M., van de Velde, H., Horn, P. A., Rebmann, V. (2010): The importance of HLA-G expression in embryos, trophoblast cells, and embryonic stem cells, *Cell Mol. Life Sci.*, Epub ahead of print.
10) Munn, D. H., Zhou, M., Attwood, J. T., Bondarev, I., Conway, S. J., Marshall, B., Brown, C., Mellor, A. L. (1998): Prevention of allogenic fetal rejection by tryptophan catabolism,

Science, **281** : 1191-1193.
11) Thorburn, G. D. (1991): The placenta, prostaglandins and parturition: A review, *Reprod. Fertil. Dev.*, **3** : 277-294.
12) Liggins, G. C., Grieves, S. A., Kendall, J. Z., Knox, B. S. (1972) : The physiological roles of progesterone, oestadiol-17 β and prostaglandin $F_{2\alpha}$ in the control of ovine parturition, *J. Reprod. Fertil. Suppl.*, **16** : 85-103.

11 鳥類の生殖

　鳥類の雄の生殖器は腹腔内に位置し，雌では産卵を行うための特異な生殖機能が発達している．鳥類の生殖器は哺乳類とは著しく異なる形態と機能を示すが，雌雄とも生殖機能の調節に視床下部−下垂体−性腺軸の内分泌系が重要な役割を果たすことは共通している．

11.1 雄の生殖

　鳥類の雄性生殖器は，精巣（testis），精巣上体（epididymis），精管（ductus deferens）および交尾器からなる（図 11.1）．精巣は腹腔内で，腎臓の前縁に位置し，背壁に付着している．ニワトリやウズラの交尾器は発達が劣る退化交尾器であるが，水禽類は陰茎様の突出型生殖茎をもつ．

11.1.1 精巣

　精巣は実質とこれを覆う白膜で構成されている．発達した精巣の実質は精細管

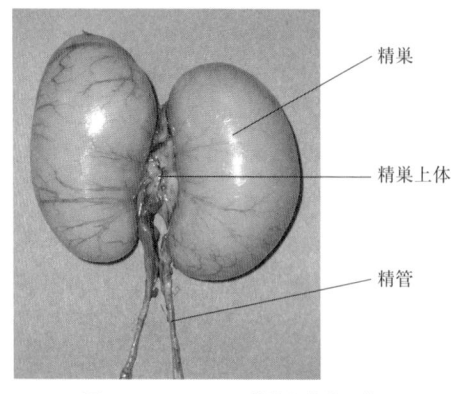

図 11.1 ニワトリの精巣と精巣上体
カラー口絵を参照．

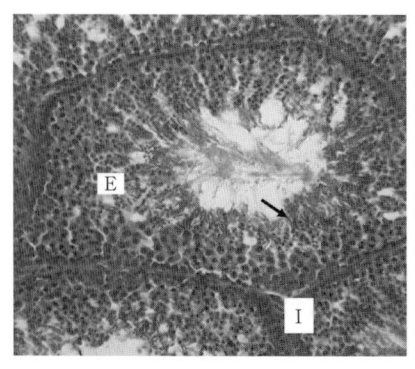

図 11.2 ウズラ精細管の組織像
E：精上皮，I：間質．矢印は精子．

で満たされ，少量の間質組織が精細管の間隙を埋めている．精細管（seminiferous tubule）は周囲を基底膜に覆われ，内腔には精上皮が配列する（図 11.2）．繁殖期の発達した精巣の精上皮には，セルトリ細胞と精祖細胞から精子に至るまでの発育段階の精細胞がみられる．精祖細胞は有糸分裂によって精母細胞に，第1減数分裂によって精娘細胞に，次いで第2減数分裂を行うことで精子細胞に，さらに変態を経て精子となる．セルトリ細胞は精上皮を支え，精細胞に栄養を与える．隣接するセルトリ細胞どうしは密着結合により血液精巣関門を形成する．血液由来の成分はセルトリ細胞，精祖細胞と精母細胞には到達するが，血液精巣関門より内側の細胞には直接的に到達することはなく，セルトリ細胞によって移送される[1]．

精巣の発達は視床下部-下垂体系の機能と密接に関連している．下垂体前葉から分泌される卵胞刺激ホルモン（follicle stimulating hormone；FSH）はアンドロジェンとともに精細管の発達と分化，精子形成を促進し，黄体形成ホルモン（luteinizing hormone；LH）は間質に存在するライディッヒ細胞（leydig cell）のステロイド産生を刺激する．

11.1.2 精子と精液

ニワトリの精子（sperm）の全長は約 100 μm で，頭部は先体部分と核の部分からなり，尾部は頸部，中片部，主部および終部に分けられる（図 11.3）．中片部では軸糸の周辺を板状のミトコンドリアが取り巻いており，主部の軸糸は無定形の鞘によって包まれている．射出精液は乳白色で，精液量は 0.3〜0.5 ml，1 ml あたりの精子密度は30億〜50億個である．精子はグルコースやリン脂質を代謝することでエネルギーを産生する．精漿は多くの種類のアミノ酸を含み，そのうちグルタミン酸の含量が高い．ニワトリ精子の運動性は5℃以下でほぼ停止し，20〜37℃で活発になり，41℃以上になると運動性は停止する[2]．

11.1.3 精巣上体と精管

精巣内の精細管は精巣網へと連絡し，次いで精巣上体の精巣輸出管，精巣上体管へと続く．精巣上体の管系は精液の輸送と貯留のほか，精子の成熟，精液中の水分や無機質の再吸収，射出されなかった管腔内精子の吸収などを行う．精巣上体から続く精管は，著しく屈曲した管で，精管乳頭として総排泄腔に開口する．

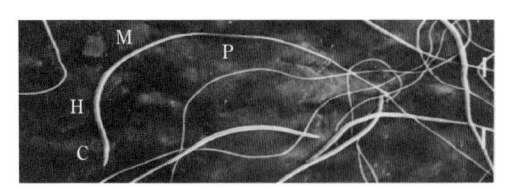

図11.3 ニワトリ精子の走査型電子顕微鏡像（広島大学
　　　　前田照夫氏提供）
C：先体，H：頭部，M：中片部，P：尾部の主部．

11.1.4 雄生殖器の付属器官

鳥類では哺乳類でみられるような副生殖腺は存在しないが，種によっては付属の副生殖器官をもつものがある．脈管豊多体は毛細血管が集合した小体であるが，ニワトリやウズラでは，左右の精管乳頭の前部で形成される精管膨大部の外側に接してみられる．ニワトリの場合には，脈管豊多体に続くリンパヒダからリンパ液が滲出して透明液となり，射出精液に添加される[2]．

11.1.5 交配と人工授精

家禽では，受精卵は主として自然交配によって生産される．交配は雌鶏と雄鶏の比を10：1程度として行われる．一方，特定の遺伝形質をもつ系統を保存する場合や，シチメンチョウなどで雌雄の体型の差が大きく自然交配が困難な場合などには人工授精も行われる．

人工授精を行うための精液の保存には液状または凍結保存法がある．ニワトリ精液の液状保存では，精液をリン酸緩衝液などの希釈液で希釈して低温（4℃）で保存することにより，精子は数日間にわたって受精能力を保持できる．凍結保存においては，精液をグリセリンなどの凍結保護剤を含む希釈液で希釈して凍結する．ニワトリでは精子をグリセリンとともに人工授精すると受精能力が低下するので，グリセリンを用いた凍結精液では人工授精前にグリセリンを除去する必要がある．

11.2 雌の生殖

鳥類の生殖器では卵を形成するために哺乳類とは異なる機能が多くみられる．卵巣（ovary）では卵子（oocyte）が胚の発育に必要な成分を卵黄（yolk）として蓄えて発達し，卵管（oviduct）では卵の卵白（albumen），卵殻膜（egg-shell membrane），卵殻（egg-shell）が形成される．

11.2.1 卵と生殖器の構造
a. 卵
卵は卵黄，卵白，卵殻膜および卵殻から構成される（図11.4）．卵黄は白色卵黄と黄色卵黄から構成され，卵黄膜によって包まれている．白色卵黄はタンパク質成分に富み，黄色卵黄はリポタンパク質（lipoprotein）を主成分とする．卵黄膜は卵黄膜周囲層，連続層および卵黄膜外層で構成される．卵黄表面には直径約2 mmで白色の胚盤が認められる．胚盤は卵子の核や細胞内小器官が集合している部位で，胚発生の場となる．卵黄の両端ではオボムチン様物質がよじれたヒモ状構造のカラザを形成し，卵黄を卵の中心に保定する．卵白は線維成分が多い濃厚卵白と水分に富む水様卵白に区別される．卵殻膜は内外2層の線維成分から構成される膜で，卵白の表面を覆い卵殻を裏打ちする．卵の鈍端部では両卵殻膜の間に気室が形成されている．卵殻は炭酸カルシウムを主成分とする強固な構造であるが，胚が発生するための呼吸や水分調整に重要な気孔が形成されている．

b. 卵巣と卵管
家禽では哺乳類と異なり，卵巣と卵管はともに左側だけで発達する（図11.5）．胚子期には卵巣と卵管の原基は左右1対現れるが，右側のものは発生の途中で発育を停止するためである．

1） **卵巣**　卵巣は皮質と髄質で構成され，卵胞やステロイドホルモン産生細胞は皮質に分布する．産卵鶏の卵巣では，皮質組織内に微小な卵胞が分布するほか，直径約5 mm以下の多数の白色卵胞，約5～35 mmの数個から十数個の黄色卵胞，排卵後卵胞が卵巣表面から突出している（図11.5）．鳥類では，哺乳類と異なって，排卵後の卵胞は黄体を形成せずに退行する．卵胞は卵黄を多量に含

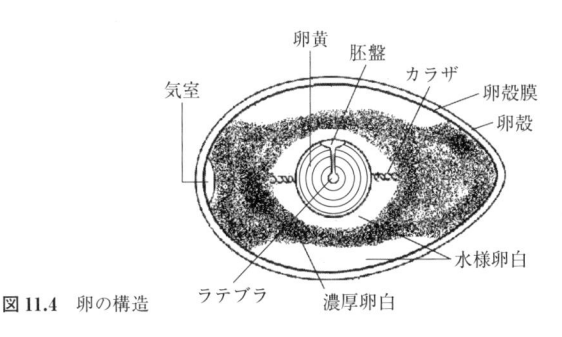

図11.4　卵の構造

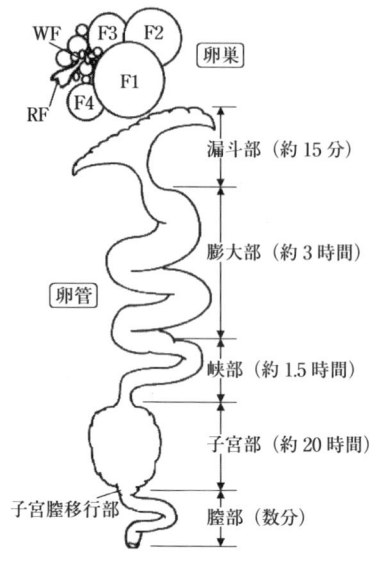

図11.5 ニワトリの雌性生殖器
F1〜F4は第1位卵胞から第4位卵胞, WFとRFは白色卵胞と破裂後卵胞を示す. 卵管各部名称の横には卵の通過時間を示している.

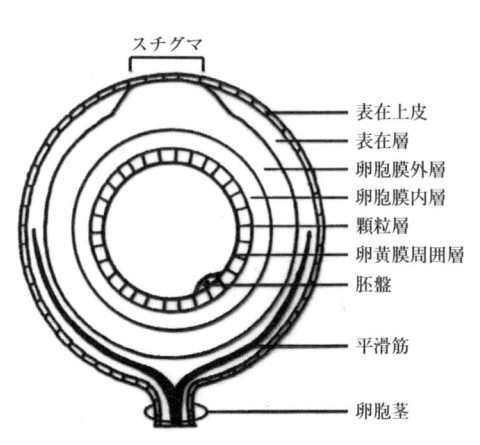

図11.6 ニワトリの黄色卵胞の構造

む卵子と, それを包む卵胞壁からなる (図11.6). 卵子の卵細胞膜の外側は網状構造の卵黄膜周囲層によって包まれている. 黄色卵胞の卵胞壁は内側から顆粒層 (granulosa layer), 基底膜, 卵胞膜内層 (theca interna), 卵胞膜外層 (theca externa), 表在層および表在上皮から構成される. 顆粒層では, 顆粒層細胞が単層に配列する. 卵胞膜内層は間質細胞や線維芽細胞などの細胞成分が豊富に分布する結合組織で, 毛細血管網も発達している. 卵胞膜外層は緻密な線維性の結合組織で, 収縮能を有する線維芽細胞 (筋線維芽細胞) やエストロジェンを産生するアロマターゼ細胞が分布する. 卵胞壁には血管が豊富に分布するが, 一部に肉眼的に血管分布を欠いているようにみえる帯状の部位がある. この部位はスチグマと呼ばれ, 排卵時にはここが破裂して卵子が排出される.

2) **卵管** 卵管は, 卵巣側から尾側に向かって, 漏斗部 (infundibulum), 膨大部 (magnum), 峡部 (isthmus), 子宮部 (uterus, 卵殻腺部 (shell gland) ともいう), 子宮膣移行部 (utero-vaginal junction) および膣部 (vagina) から構成され, 総排泄腔に開口する (図11.5). 漏斗部は采部と管状部からなり, 采部

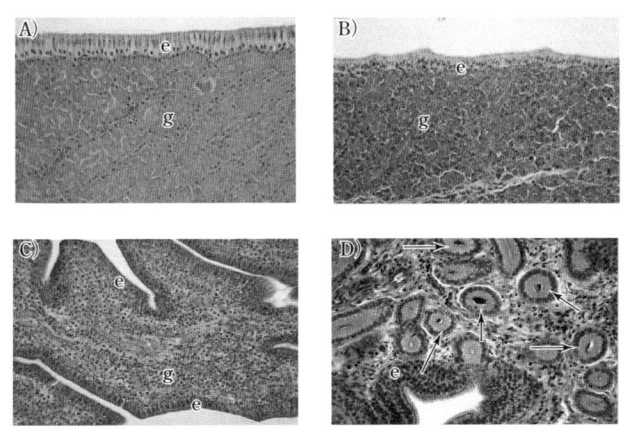

図11.7 ニワトリの卵管の組織像
A：膨大部，B：峡部，C：子宮部，D：子宮膣移行部．
e：粘膜上皮，g：管状腺，矢印：精子貯蔵管．

は卵巣に向かって広く開口している．受精は排卵された卵が漏斗部を通過するときに起こる．膨大部，峡部および子宮部の粘膜固有層には，それぞれ卵白，卵殻膜及び卵殻の成分を分泌する管状腺が発達している（図11.7）．鳥類の漏斗部と子宮膣移行部には管状の精子貯蔵管（sperm storage tubule）が分布しており（図11.7 D），精子はニワトリで約2〜3週間，ウズラで約10日間生存できる．

11.2.2 卵胞の発育と排卵
a. 卵胞の発育

白色卵胞から黄色卵胞への転移は，黄色卵黄の取り込みを開始することによるが，これは1日に1個の卵胞だけで起こる．黄色卵胞は急速に成長するが，大きさが異なって明らかな発育の序列性を示す．黄色卵黄には高密度リポタンパク質（リポビテリン），ホスビチン，アポ超低密度リポタンパク質（アポVLDL-II），アポタンパク質，糖タンパク質，免疫グロブリンY，母性性ステロイド，ビタミンなど種々の成分が含まれる．リポビテリンとホスビチンは，血液中のビテロジェニンが卵子に吸収される過程で分離したものである．主要な卵黄前駆物質であるビテロジェニンとアポVLDL-IIはエストロジェンの刺激によって肝臓で合成され，血液を介して卵胞へ運ばれる．一方，卵黄の色は飼料に含まれている色素の影響を受ける．

b. 卵子の成熟

発育中の卵胞内の卵子は，第1減数分裂を休止した状態のものである．卵子の細胞内小器官が局在する胚盤には大型の卵核胞が認められ，排卵の約6時間前に起こる LH サージ（LH surge）が引き金となって減数分裂が再開する．LH が卵胞を刺激したのち，約4時間（排卵2時間前）までに最大卵胞の卵核胞の崩壊が起こる．排卵時までに第1極体が放出されて第1減数分裂が終わり，卵細胞は第2減数分裂中期となる．卵子の第2減数分裂は精子が侵入し，第2極体が放出されて完了する．

c. 排卵と卵胞閉鎖

卵胞が成熟すると，最大卵胞のスチグマが破れ，卵子が排卵される．排卵の過程では，LH サージの刺激を受けると，タンパク分解酵素が卵胞壁組織を消化し，卵胞壁は収縮して張力を高め，物理的に弱くなったスチグマが張力に耐えられなくなって破れる．ニワトリやウズラでは排卵は放卵の約30分後に起こる．

卵胞が正常な発育を停止して退行する現象を卵胞閉鎖（atresia）という．黄色卵胞の閉鎖は，ストレスや換羽などで産卵を停止するときに生じるが，白色卵胞やそれより小型の卵胞の閉鎖は産卵中でも発生する．閉鎖時には卵胞細胞の増殖機能が低下し，アポトーシスによる細胞死が起こる．

11.2.3 卵管における卵形成

a. 卵形成の部位

卵管は卵巣から分泌されるエストロジェンの刺激で発達する．卵は約25時間をかけて卵管内で完成卵となり放卵される．漏斗部は排卵時に活発に運動して排卵卵子を卵管内に取り込む．漏斗部の管状部では卵黄膜周囲層の表面に連続層と卵黄膜外層が形成され，そしてカラザも形成される．膨大部では卵白が分泌されるが，この時点の卵白は線維成分に富み，水分が少ない濃厚卵白である．峡部では，卵白の周囲に内外2層の卵殻膜が形成される．卵が子宮部に入ると，水分と無機質が添加されて卵白の一部が水様卵白となり，次いで卵殻膜上に卵殻が形成される．有色卵を産卵する鳥では，子宮部で粘膜上皮からポルフィリンが分泌され，これが卵殻表面の色素となる．

b. 卵白と卵殻成分の分泌機構

卵白は膨大部で合成分泌されるが，そのおもな成分は管状腺細胞で合成されるオボアルブミン（54%），オボトランスフェリン（13%），リゾチーム（4%）や，

粘膜上皮から分泌されるオボムコイド（11％）などである．

子宮部で形成される卵殻の主要成分は炭酸カルシウムである．血液中のカルシウムイオンは子宮部の組織から管腔内に放出される．一方，子宮部組織内の炭酸脱水酵素の作用で体内の二酸化炭素と水から炭酸水素イオンを生じる（$CO_2 + H_2O \rightleftarrows H^+ + HCO_3^-$）．炭酸水素イオンは子宮液中に分泌されると，さらに炭酸脱水酵素の作用で炭酸イオンを生じ（$HCO_3^- \rightleftarrows H^+ + CO_3^{2-}$），カルシウムイオンと結合した炭酸カルシウムとして卵殻膜表面に沈着する（$Ca^{2+} + CO_3^{2-} \rightleftarrows CaCO_3$）．卵殻形成のためのカルシウム源は飼料から吸収したカルシウムであるが，吸収されたカルシウムの多くは一時的に骨髄組織中の骨髄骨に貯蔵される．卵殻形成時には破骨細胞が骨髄骨を吸収してカルシウムを血液中に放出する．

c. 放　卵

子宮部で卵殻の形成が完了すると，卵は膣部を通って総排泄口から放卵（oviposition）される．放卵は子宮筋の収縮と子宮-膣括約筋の弛緩によって起こる．放卵を誘起する最も重要な要因はプロスタグランジン（prostaglandin）と下垂体後葉ホルモンのアルギニンバゾトシン（arginine vasotocin）で，これらは子宮筋を激しく収縮させる．

11.2.4　生殖器の免疫

卵巣と卵管には，微生物を認識する Toll 様受容体や抗菌因子が作動する自然免疫系と，抗原提示細胞やリンパ球が働く適応免疫系が発達して，宿主防衛に機能している．卵管で産生されるリゾチームなどの抗菌成分は卵管組織の宿主防衛だけでなく，卵の成分として分泌されて卵の微生物感染も防ぐ．

雛の初期感染防御に重要な母子免疫では，母鳥の体内の抗体が卵へ移行する．このうち主要な抗体は免疫グロブリン Y（immunoglobulin Y；IgY）で，卵胞内で卵黄へ移行して，雛の血液中に吸収される．IgM と IgA は卵管内で卵白に移行して，雛の腸管から吸収される．

11.2.5　産卵のホルモン支配

産卵は，視床下部-下垂体-卵巣軸の性腺刺激ホルモンや性ステロイドホルモンによる内分泌的調節を受ける．

a.　視床下部-下垂体系のホルモン

視床下部神経核で産生された性腺刺激ホルモン放出ホルモン（gonadotropin

releasing hormone；GnRH）は，下垂体前葉の性腺刺激ホルモン分泌細胞に作用して，FSH や LH の分泌を促進する．視床下部では，下垂体前葉の性腺刺激ホルモンの分泌を抑制する性腺刺激ホルモン放出抑制ホルモンも産生されることが知られている．FSH は白色卵胞から黄色卵胞への転移や卵胞発育を促進する．LH は卵子の成熟，排卵やステロイドホルモン産生の刺激などに働く．産卵鶏では LH の血液中濃度は排卵約6時間前に一過性に上昇する（LH サージ）[3]．

b. 卵巣のステロイドホルモン産生

卵巣では，LH や FSH による刺激でコレステロールから，プロジェステロン，アンドロジェン，エストロジェンが産生される．家禽の卵胞におけるステロイドホルモン産生には3細胞説が示されている[4]．顆粒層細胞はおもにプロジェステロンを分泌する．卵胞膜内層の間質細胞はプロジェステロンをアンドロジェンに変換する．卵胞膜外層に分布するアロマターゼ細胞はアンドロジェンからエストロジェンを産生する．エストロジェンの産生は小型の卵胞で多く，卵胞が成長すると減少する．プロジェステロンは最大卵胞で多く分泌される．

11.2.6　産卵機能と環境

産卵鶏はほぼ毎日1個の卵を産むが，一定期間産卵すると（連産），1日産卵を休み，再び連産と休みを繰り返す．1回の連産をクラッチ（clutch）という．産卵機能は春から夏にかけての日長時間が次第に長くなる長日環境では活発になり，秋にかけての短日環境では低下する．産卵鶏には産卵を安定させるために16～17時間程度の一定の明期となるように光線管理が施されている．

近年，生殖機能の季節的変化に視床下部での甲状腺ホルモンの活性化がかかわることが明らかにされている[5]．この過程では，長日刺激を受けると，下垂体隆起葉において甲状腺刺激ホルモンの産生が増加し，このホルモンが視床下部に発現する甲状腺刺激ホルモン受容体を刺激する．その結果，視床下部の局所で甲状腺ホルモン活性化酵素の発現が誘導され，活性型甲状腺ホルモンが上昇することにより生殖機能が高まる．

換羽（molting）は短日条件やストレスを受けると羽毛が脱落する現象で，このとき産卵を停止する．換羽の後に再び産卵を開始すると，産卵率や卵殻などの卵質は向上する．これは卵巣と卵管の組織が休産時に一度退行し，産卵を再開する時にこれらの器官が新しい細胞で再構築されるためである．産卵機能が低下したニワトリの産卵率や卵質を改善するために，給餌制限や飼料成分の調整によっ

て一時的に産卵を停止させる強制換羽を行うことがある．

鳥類は産卵の後に抱卵と育雛からなる就巣（nesting）を行う．ニワトリでは21日間の抱卵行動を経て，雛が孵化すると育雛行動へと移行する．就巣期には，卵巣や卵管は退縮して産卵機能は停止する．就巣行動の誘導にはプロラクチンがかかわると考えられている．採卵用の家禽では産卵を継続させるために就巣行動を発現しないように育種改良されている．

● 11.3 鳥類の受精 ●

受精は配偶子である精子と卵子の核の融合で完了する．また，卵子が受精した直後に遺伝的な性が決定する．これは配偶子の性染色体の組み合わせによる．鳥類の性染色体構成は雌ヘテロ型（ZW）で，哺乳類の雄ヘテロ型（XY）と異なる．すなわち鳥類の受精における遺伝的な性の決定権は卵子にある．また受精過程においても，鳥類においては哺乳類とは異なるいくつかの特異な現象がみられる．まず，卵管内の精子貯蔵管に精子が貯蔵されるので，交尾や人工授精の後にニワトリで約2週間，ウズラやアヒルで約10日間受精卵を産卵する．卵管内で精子の受精能獲得現象は起こらない．1個の卵子に数個以上の精子が侵入する多精子侵入現象が起こる．精子の侵入は卵子全体にわたって起こるが，とくに胚盤部で多く，数個から約20個の精子の侵入がみられる．胚の発生は卵管に卵が滞在している間に始まり，放卵後の胚発生は適切な温度と湿度の環境下で進行する．受精卵を低温環境で保存することにより，発生を一時的に休止させることも可能である．

11.3.1 受精の過程

受精は卵黄膜周囲層の外側に連続層と卵黄外層が形成される前の，排卵から約15分間のうちに漏斗部で起こる．受精の過程は，精子が卵黄膜周囲層に結合することから始まる．卵黄膜周囲層は線維状の構造を呈するが，精子受容体としての機能をもつZPCタンパクと呼ばれる成分を含んでいる．ZPCタンパクは分子量35000の糖タンパクで，哺乳類の透明帯に含まれるZP3糖タンパクと相同である．このタンパク質の産生は顆粒層細胞によって行われ，FSHとcAMP依存性プロテインキナーゼを介する細胞内情報伝達系やテストステロンによって促進される．卵黄膜周囲層には分子量175000の糖タンパクがもう1つの主要なタンパク質として含まれている．このタンパク質はエストロジェンの刺激により肝臓

で産生される.

　精子が卵黄膜周囲層に結合すると，精子頭部のアクロゾームからタンパク分解酵素が放出される．これにより卵黄膜周囲層に約 0.02 mm の小孔が開けられ精子が通過する．小孔の数は卵子内に侵入した精子の数を示すので，この数を測定することにより，卵管内における精子の分布の程度を測定することができる．胚盤部には他の部位より約 15〜20 倍多い精子が侵入する．鳥類は表層粒による多精子侵入拒否の機構をもたないが，卵黄膜周囲層の外側に連続層や卵黄膜外層が形成されることで精子の卵子内への侵入が停止する．卵黄膜周囲を通過した精子が胚盤部の卵細胞膜に到達すると，卵子と精子の細胞膜が融合する．この時点で卵子は第 2 減数分裂を行い，第 2 極体を放出して成熟を完了する．胚盤部に取り込まれた精子の核は膨張して雄性前核を形成する．排卵後約 4 時間の間に胚盤の中央部では 1 個の雄性前核と雌性前核が融合し，融合核を形成して受精を完了する．受精に関与しなかった雄性前核は胚盤周辺に移動して消失する．

● 11.4　鳥類の発生 ●

　鳥類の胚は巨大な卵黄上に位置して発生する．このため受精卵全体の中で，胚体として発生するのはごく一部の胚盤の領域である．また，平面的な胚盤が卵割し発生することから，盤割と呼ばれている．鳥類の発生において，生殖細胞の発生も哺乳類と比較して大きく異なる．すなわち，鳥類の原始生殖細胞は，初期胚において血流に乗って胚体内および胚体外を巡ってから生殖原器に移住し，発生分化を継続する（図 11.8）．

11.4.1　胚の発生

　これまでに，鳥類の胚発生に関するさまざまな研究がなされてきた．とりわけ，ニワトリの胚発生に関する知見が多く蓄積されている．一般に，ニワトリ胚の発生段階表としては，次の 2 種類が利用されている．すなわち，最初の卵割から放卵直後までの胚発生段階については，Eyal-Giladi と Kochav（1976）の発生段階表（ローマ数字表記：発生段階 I〜XIV）が利用されている．また，放卵から孵化に至までの発生段階については，Hamburger と Hamilton（1951）の発生段階表（アラビア数字表記：発生段階 1〜45）が一般的である．

　鳥類の受精卵は卵黄が極端に多く，胚体として発生するのは胚盤といわれるごく一部の領域である．卵割によって平面的な胚盤が巨大な卵黄上で発生すること

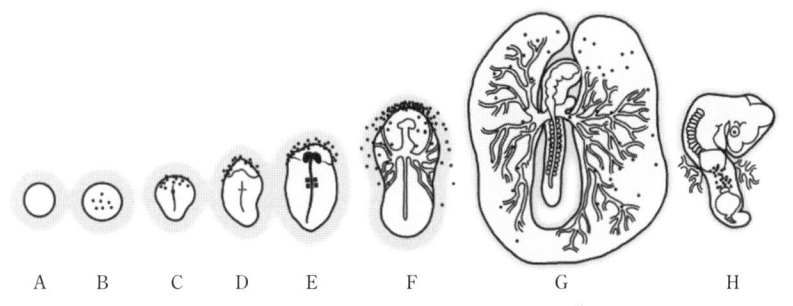

図 11.8 ニワトリの原始生殖細胞の発生様式[9]
放卵の胚盤葉（A）から生殖原基へ原始生殖細胞が移住する時期までの胚（H）の各発生段階．幹細胞や原始生殖の前駆細胞は発生段階Xの胚盤葉（A）中央部に局在する．胚発生に伴い原始生殖細胞は胚盤中央部から前方へ移動する（B～D）．さらに原始生殖細胞は生殖三日月環に移住する（E）．胚の血管の形成に伴い血管内へ侵入する（F）．原始生殖細胞は血流中で胚体内および胚体外を循環し（G），生殖原基に移住する（H）．

から，盤割と呼ばれている．胚の発生は受精卵が卵管を下降する間に開始するが，排卵約5時間で最初の卵割が起こる．第1卵割では，胚盤中央部に卵割溝が現れる（発生段階 I）．続く，第2卵割においては，第1卵割に直角に卵割し，卵割溝は胚盤のほぼ中心を通過する（発生段階 II）．さらに，経時的に卵割が進行し，胚盤全体が不透明となって胚盤葉が形成される．受精卵が体外に放卵されるころに，その卵内で発生する胚盤葉（発生段階 X）では，比較的透明な明域（中心部）と半透明な暗域（周辺域）の識別がより明瞭になる．これらの胚盤葉はドーナツ状の様相を呈する．胚盤葉の明域は胚体を形成し，暗域は胚体外領域を形成する．胚盤葉（blastoderm）は，やがて胚盤葉上層（epiblast）と胚盤葉下層（hypoblast）の2細胞層を形成する．このうち，胚本体を形成するのは，おもに胚盤葉上層細胞である．この時期の胚盤葉において，明域中央部の細胞は，まだ未分化な状態の細胞であると考えられている．さらに発生が進展し，胚軸の正中線となる部分にヘンゼン結節（Hensen's node）と原条（primitive streak）が出現する．そして，ここから中葉細胞（mesoblast）が2細胞層の間隙に落ち込み移動して中胚葉層を形成する．これは後に体節などの中胚葉組織をつくる．上層からは神経板が形成されてやがて神経管（neural tube）となり，中枢神経系の原基ができる．これらの胚発生の進展に伴い，最初の体節が形成される（発生段階7）．発生が進展するにつれ，形成される体節の数が増加する．体節数の増加は，ホメオボックス遺伝子の発現によって制御されている．孵卵を継

続し，発生段階 17 になると，前肢芽および後肢芽が隆起してくる．さらに，発生の継続に伴い各種の臓器や器官の明確な機能的形態分化が進展し，孵卵 21 日目において雛が孵化する．

11.4.2 生殖細胞の発生

　生殖細胞は，自らの遺伝情報を次世代へ伝達することができる唯一の細胞である．これまでに生殖細胞の発生・分化を制御するさまざまな因子が同定されている．たとえば，ショウジョウバエにおいては，卵母細胞に生殖質が局在することが明らかにされている．そしてこの生殖質が，発生中の細胞の生殖系列への分化運命を決めている．この生殖質内においては，*Oskar*，*Vasa*，*Tudor* などの遺伝子が含まれる．このうち *Vasa* は，生殖細胞の決定要因として，さまざまな動物種において相同遺伝子が同定されている．

　生殖系列細胞の基幹となる細胞は原始生殖細胞（primordial germ cell）と呼ばれている．原始生殖細胞は，血球などの他の細胞と比較して，巨大な球状の核を有し，細胞質に多数の脂肪滴が存在する（図 11.9）．ニワトリにおける原始生殖細胞の発生機構は，生殖系列細胞において特異的な発現を示す Vasa タンパクを用いた免疫組織化学的な手法を用いて解明されている．Vasa タンパクは発生段階 IV の胚中の 70 個程度の細胞において検出されている．放卵直後の胚盤葉（発生段階 X）においては，明域中央部に多能性幹細胞や原始生殖細胞の前駆細胞が局在する．その後，原始生殖細胞は，原始線条の形成に伴って前方へと移動し，生殖三日月環に分布する．胚体外前方部に散在していた原始生殖細胞は，発生段階 10 において背側の頭部前方に集合し，ここから血管中へと移動する．血管内

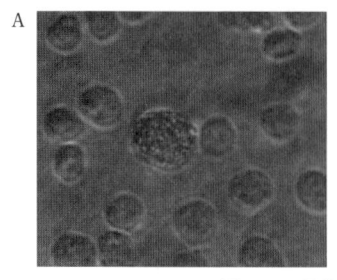

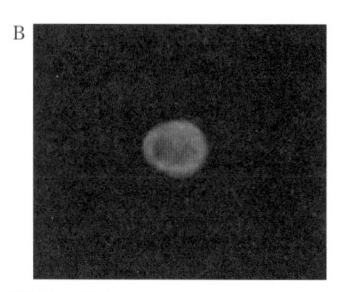

図 11.9　原始生殖細胞の同定
初期胚の血流循環中の原始生殖細胞（A の中央部の細胞）は，Vasa タンパクを用いた免疫組織化学的染色によって他の血球細胞と明瞭に識別できる（B）．カラー口絵を参照．

へ侵入した原始生殖細胞は，血流に乗って胚体内と胚体外を循環する．血中を循環したこれらの原始生殖細胞は，発生段階15から生殖原基へと移動する．生殖原基に移住した原始生殖細胞の数は，発生の進行に伴って増加する．一方，血流中を循環する原始生殖細胞の数は，発生段階14において最大となり，その後は次第に減少する．血流中の循環を終え，生殖原基に移動した原始生殖細胞の一部は，加足を形成したり活発に分裂しているものが認められる．そして，これらの細胞は，雌胚においては孵卵8日後に卵祖細胞へと分化する．また，雄胚においては孵卵13日後に精祖細胞へ分化する．生殖細胞は，その後も生殖腺内で発生分化を継続し，卵巣においては雌性配偶子である卵子を形成する．一方，精巣においては雄性配偶子である精子を形成する．

11.5 鳥類の胚操作

　家禽における受精や発生の機構が分子・細胞レベルで明らかにされてきた．これに伴い家禽の胚発生を人為的に操作する研究が行われている．これらの胚操作の研究の進展によって，生殖細胞キメラや遺伝子導入個体の作出が可能になっている．幹細胞や原始生殖細胞を用いた生殖細胞キメラの作出は，鳥類遺伝資源の保全や復元に有益である．また，遺伝子導入家禽の作出は，家禽生体内での医薬品生産に直結する．

11.5.1 幹細胞

　幹細胞（stem cell）は，さまざまな細胞へと分化できる能力（多分化能）と，細胞分裂を終えた後にも多分化能を維持できる能力（自己複製能）をあわせもつ細胞と定義されている．マウスなどの哺乳類において，胚盤胞の内部塊を培養して樹立された胚性幹細胞（ES細胞）は，生殖細胞を含むさまざまな細胞へと分化できる．鳥類においては，放卵直後の受精卵中で発生する胚盤葉（発生段階X）の明域中央部に多能性を保持する幹細胞が局在する（図11.10）．また，生殖系列細胞のもととなる幹細胞は前述の原始生殖細胞である．個体の各組織中にもさまざまな幹細胞が同定されている（体性幹細胞）．たとえば，骨髄中に存在する造血幹細胞は血球系列細胞の基幹細胞であり，この細胞を用いて血管の再生も可能になっている．さらに，神経幹細胞や脂肪幹細胞も同定されている．

　最近では，すでに分化した細胞を多能性を保持する細胞に戻す（リプログラミング）ことも可能になった．たとえば，マウスなどの哺乳類の繊維芽細胞に4つ

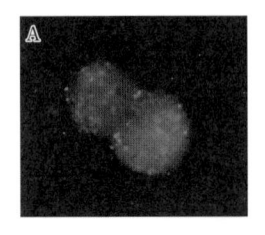

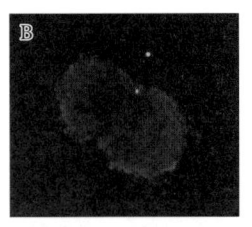

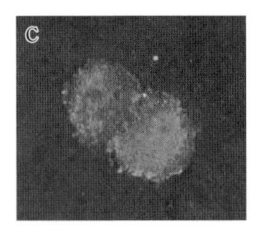

図 11.10 幹細胞の同定
胚盤葉（発生段階 X）の明域中央部に由来する幹細胞は，多能性検出マーカーである SSEA-1 抗体（A），および，生殖細胞特異的な Vasa タンパク（B），の両者で明瞭に検出される．このことはニワトリ幹細胞は，生殖細胞分化を含む多分化能をもつことを示す（C は A と B の合成画像）．カラー口絵を参照．

の遺伝子，*Oct3/4*，*Sox2*，*Klf4*，*c-Myc* を遺伝子導入し，培養することによって，多能性を保持する幹細胞を樹立することに成功した．この細胞は，人工多能性幹細胞（iPS 細胞）と呼ばれている．これらの幹細胞を用いた，臓器や器官の再生が期待されている．鳥類において iPS 細胞は未だ樹立されていない．鳥類においても，体細胞から人工多能性細胞が樹立できれば，遺伝子資源の保存や遺伝子導入個体の作出に大きく貢献する．

11.5.2 全胚培養

鳥類においては，放卵から雛が孵化するまでのすべての発生段階において，胚が卵殻によって外部から遮断されている．このため，孵卵中の受精卵の卵殻を割ると胚の発生が停止する恐れがある．また鳥類の胚は，巨大な卵黄上で発生することも胚操作を困難にしている．そこで，鳥類の胚を操作し孵化個体を得るためには，ホスト卵殻を用いた全胚培養系の確立が必要である．現在では，受精直後の 1 細胞期や，胚盤葉期（発生段階 X）からの全胚培養系が確立されている．この場合，自分以外の卵の卵殻をホストとして利用する．さまざまな操作を施された胚をホスト卵殻へ移入して，ここで培養を継続する．これにより，操作を施した雛を産出することができる．また，これらの全胚培養系以外にも，卵殻の一部に穴を開け，さまざまな操作を施した後に穴を塞ぎ，孵卵を継続し胚操作した雛を産出することも可能である．

11.5.3 キメラ作出

鳥類においても，キメラの作出方法が確立されている（図 11.11）．キメラ作出

11.5 鳥類の胚操作

図 11.11 キメラニワトリ作出の方法
ドナー系の胚盤葉明域 (A) の幹細胞を調整する (B). レシピエント系の胚盤葉明域 (C) へ紫外線やガンマー線を照射 (D) したり, 外科的に除去 (E) する. こうしてドナー細胞の導入率を向上する. 処理したレシピエント胚 (F) にドナー細胞を移植し, 全胚培養し (G〜H), キメラニワトリ (I) を産出する. カラー口絵を参照.

におけるドナー細胞としては, 胚盤葉 (発生段階 X) の明域中央部に局在する幹細胞や, 初期胚の循環血や生殖原基から採取した原始生殖細胞を利用する方法が一般的である. なお, レシピエント胚には内因性の幹細胞や原始生殖細胞が存在している. そこで, 生殖系列キメラの作出効率を上げるため, レシピエント胚の胚盤葉明域中央部の外科的除去, ガンマー線照射, ブスルファンなどの薬剤処理, などが行われている. ドナー細胞をレシピエント胚に移植した後に, これらの操作胚を全培養系で培養しキメラを産出することができる (図 11.12 および口絵参照). 家禽キメラ作出に関する研究は, 当該分野における世界の先導的研究機関 (英国ロスリン研究所, 米国ノースカロライナ州立大学, ドイツ政府畜産研究所, 韓国ソウル大学, 中国農業大学) においてもきわめて競合的に展開されている. わが国においても当該分野で世界をリードする研究成果を多数あげている

図 11.12 作出されたキメラニワトリ
ニワトリ4品種(ドナー:ロードアイランドレッド,横斑プリマスロック,烏骨鶏,レシピエント:白色レグホン)の細胞が混在するキメラ.本キメラは世界に先駆け,筆者の研究室で創出された.カラー口絵を参照.

が,信州大学農学部の筆者の研究室においては,幹細胞を用いた4品種間キメラニワトリの創出に世界で初めて成功している.さらに,これらのキメラ個体を性成熟まで飼育し,ドナー系の成熟個体に戻し交配することによって,ドナー系の後代雛を生産することができる.また,液体窒素内で凍結保存した幹細胞や原始生殖細胞を必要に応じて融解し,ドナー細胞としてレシピエント胚に移植して生殖細胞キメラを作出することも可能である.現在,家禽育種の基礎となる種鶏は,膨大な費用や労力を投じて生体飼育されている.これらの技術は,細胞による家禽遺伝子資源の保存や増殖に応用できる.また,地球環境の悪化などによって,多くの鳥類が絶滅の危機に曝されている.これらの生殖キメラ技術の応用によって,トキやライチョウなどの希少鳥類とニワトリの間での異種間生殖キメラを作出し,効率的に再生することが期待されている.

11.5.4 遺伝子導入

生殖細胞キメラの作成技術の進展とともに,幹細胞や原始生殖細胞の培養も可能となってきた.たとえば,ニワトリの幹細胞や原始生殖細胞の培養液に,LIF(白血病抑制因子),SCF(幹細胞因子),bFGF(塩基性線維芽細胞増殖因子)などを添加して細胞培養することによって多能性幹細胞が樹立されている.これらの基盤技術を応用し,遺伝子導入家禽の作出技術が開発されている(図11.13).家禽の遺伝子導入においては,レトロウイルス,レンチウイルスをベクターとしてゲノムDNA中に確実に導入する技術が試みられてきた.また,1細胞期のニワトリ受精卵の胚盤に,ベクターDNAを注入すると外来遺伝子が初期胚で発現する.さらに,導入された遺伝子が孵化した個体の生殖細胞や体細胞にも導入さ

11.5 鳥類の胚操作

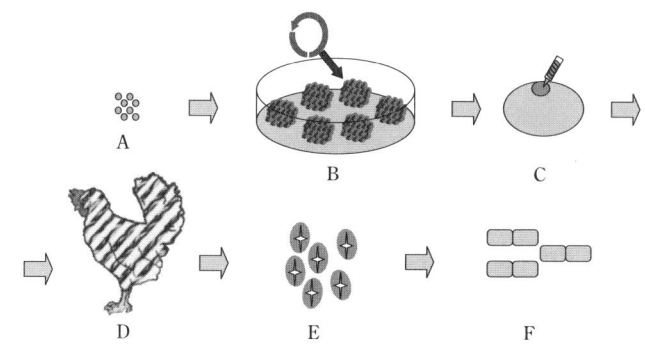

図 11.13 ニワトリへの遺伝子導入

幹細胞や原始生殖細胞などのベクター細胞 (A) を培養し，外来遺伝子を導入する (B). 遺伝子導入された細胞を分取し，レシピエント胚に移植する (C). 産出したキメラ個体 (D) や産卵された卵の中で導入遺伝子由来のタンパク (E) を分泌する．このタンパクを精製し (F)，医薬品やモノクローナル抗体として利用する．

れることが明らかにされている．胚盤葉明域中央部に局在する幹細胞や循環血流中の原始生殖細胞に in vitro で遺伝子を導入し，これらの遺伝子導入細胞をドナーとしてレシピエント卵の胚盤葉に顕微注入すると，外来遺伝子が胚体内で検出されることが示されている．このことは，遺伝子導入家禽の作出において幹細胞や原始生殖細胞が遺伝子導入のベクター細胞として有用であることを示している．今後，遺伝子導入技術のいっそうの進展によって，家禽のゲノムに確実に外来遺伝子を導入することが期待される．これらの遺伝子導入技術は，家禽生体内や鶏卵内で医薬品やモノクローナル抗体を効率的に生産することにつながる．

文　献

1) 寺田隆登，吉村幸則 (1994)：家畜繁殖，加藤征史郎編著，pp. 144-165, 朝倉書店.
2) 藤原　昇 (2000)：家禽学，奥村純一，藤原　昇編，pp. 60-70, 朝倉書店.
3) Bahr, J. M., Johnson, P. A. (1991): *Reproduction in Domestic Animals* (4th ed.) (Cupps, P. T. Ed.), pp. 555-575, Academic Press.
4) Johnson, A. L. (2000): *Sturkie's Avian Physiology* (4th ed.) (Whittow, G. G Ed.), pp. 569-596, Academic Press.
5) Nakao, N., Ono, H., Yamamura, T., Anraku, T., Takagi, T., Higashi, K., Yasuo, S., Katou, Y., Kageyama, S., Uno, Y., Kasukawa, T., Iigo, M., Sharp, P.J., Iwasawa, A., Suzuki, Y., Sugano, S., Niimi, T., Mizutani, M., Namikawa, T., Ebihara, S., Ueda, H.R., Yoshimura, T. (2008): Thyrotrophin in the pars tuberalis triggers photoperiodic response, *Nature*, **452** : 317-322.
6) 鏡味　裕 (2005)：家禽幹細胞分化制御に関する研究の現状と展望，日本家禽学会誌・学会創立 50 周年記念号，**42** : J37-J43.

7) Gilbert, F. S. (2010): *Developmental Biology* (9th ed.), pp. 596-598, Sinauer Association Publisher.
8) van de Lavoir, M. C., Diamond, J. H., Leighton, P. A., Mather-Love, C., Heyer, B. S., Bradshaw, R., Kerchner, A., Hooi, L. T., Gessaro, T. M., Swanberg, S. E., Delany, M. E., Etches, R. J. (2006): Germline transmissin of genetically modified primordial germ cells, *Nature*, **441** : 766-769.
9) Mozdziak, P. E., Petitte, J. N. (2004): Status of transgenic chicken model for developmental biology, *Dev. Dyn.*, **229** : 414-421.
10) Stern, C. D. (2005): The chick ; a great model system becomes even greater, *Dev. Cell*, **8** : 9-17.
11) Takahashi, K., Yamanaka, S. (2006) Induction of pluripotent stem cells from mouse embryonic and adult fibroblast cultures by defined factors, *Cell*, **126** : 663-676.
12) Yamamoto, Y., Usui, F., Nakamura, Y., Ito, Y., Tagami, T., Nirasawa, K., Matsubara, Y., Ono, T., Kagami, H. (2007): A novel method to isolate primordial germ cells and its use for the generation of germline chimeras in chicken, *Biol. Reprod.* **77** : 115-119.

12 繁殖障害

　乳，肉の生産（食料生産）現場にとって，動物を「効率的に生産（繁殖）」することは最も重要な課題である．性成熟に達した動物の繁殖活動は，雄では精細管における精子の生産，性欲の発現，交尾，射精などである．一方，哺乳類における雌の繁殖活動は，卵巣の卵胞発育にはじまり，発情，排卵，さらに胚の発生，着床，妊娠の維持，分娩および哺乳の完了までをいう．分娩後，雌はそれぞれの動物種に固有な繁殖活動の静止期間（空胎期間）をおいて再び繁殖活動を繰り返す．こうした雌雄両性のもつ一連の繁殖活動は，遺伝的，内分泌的および神経的要因などの生体側要因に加え，栄養，気象，あるいは飼育管理など環境要因の影響を受けている．本来，動物はこうした要因の変化に対応できる機能をそなえているが，種々の原因で一時的あるいは持続的に繁殖活動が正常に行われなくなることがある．このような状態を繁殖障害という．したがって繁殖障害は，動物の生産現場において経済的損失をもたらす重要な問題となっている．
　繁殖障害の原因は，きわめて多岐にわたるが，大別して感染によるものと非感染性に分けられる．繁殖障害の病原体としては，細菌，ウイルス，原虫，リケッチア，真菌などがある．また，非感染性の繁殖障害の原因には，生殖ホルモンの分泌異常，生殖器の形態異常および機能異常などがある．繁殖障害のうち受胎できないものを不妊（症）といい，胚や胎子の段階で死亡・吸収されたり，流産し，生子の分娩に至らないものを不育（症）として区別することがある．
　本章では家畜生産を理解する上で重要な繁殖障害にしぼってウシを中心に解説する．

● 12.1　雄の繁殖障害 ●

　雄の繁殖能力の評価は，「性欲（発情を示す雌への関心，求愛行動）」「乗駕欲」「勃起と交尾行動」「射精」「精液性状」などを総合して行う．雄ウシの繁殖障害は，「交尾欲の減退あるいは欠如」，「陰茎の勃起および膣への挿入障害などによ

る交尾障害（交尾不能）」，「精液性状の異常による受精障害」の3つに大きく区分される．

a. 交尾障害（交尾欲減退あるいは欠如）

発情している雌を目前にしても乗駕するまでに長い時間を要する，乗駕しても陰茎が勃起しない，勃起しても射精しない，射精までに長時間を要するものなどを交尾欲減退といい，雌に関心を示さないものを交尾欲欠如と呼び区別する．

原因は，精巣のアンドロジェン分泌能低下のほかに，栄養障害，全身的な消耗性疾患，高温多湿などの不良環境下によるストレス，あるいは過去の交配の際に経験した苦痛や恐怖などの精神的要因などがある．また，四肢，とくに後肢の関節炎や蹄疾患などによる疼痛は交尾欲の減退や欠如の重要な要因となる．

対処法は，性腺刺激ホルモン放出ホルモン（GnRH），性腺刺激ホルモン（GTH）などのホルモン療法，原因となっている四肢などの疼痛に対する治療がある．

b. 交尾不能

雄畜の性欲が正常であるが，前項aにも分類される腰部あるいは後肢の障害による乗駕の不能，精神的要因による勃起不能，陰茎あるいは包皮の疾患（陰茎の腫瘍，包皮の損傷や癒着）などの原因による膣への挿入不能など，雌との交尾が不能になったものをいう．

対処法は，原因となっている四肢などの疼痛に対する治療，手術による原因の除去がある．

c. 受精障害（生殖不能症）

雄が交尾能力をもち射精が正常に起こっているにもかかわらず，生殖能力を有する雌を受胎させる能力のないものをいう．造精機能障害，精管の閉鎖，精液瘤，あるいは副生殖腺の障害によって起こる．精液性状によって無精子症，精子減少症，奇形精子増多症，精子無力症および精子死滅症に分けられる．

受精障害を起こさせる精巣のおもな障害には，① 潜在精巣，② 精巣変性，③ 精巣炎，および遺伝病として精巣発育不全などがある．

① 潜在精巣：　潜在精巣（cryptorchism, retained testis）は，停留精巣または陰睾とも呼ばれ，片側あるいは両側の精巣が完全に下降していない状態をいう．陰嚢まで下降していない精巣は，精巣温度が高いため，精子形成能が著しく低下している．したがって，両側の精巣が停留している場合は，射精精液中に精子が認められない（無精子症，azoospermia）か，認められても，極度に少ない（精

子減少症，oligozoospermia）ため，生殖不能である．停留精巣におけるテストステロン産生能は，高温の影響を受けないので，潜在精巣例の交尾欲は正常である．

②精巣変性： 精巣変性（testicular degeneration）は，精巣内温度の上昇，毒素，内分泌的障害あるいは感染などによって精細管の生殖上皮が退行変性を起こし，精子活力の低下や奇形精子の増加したものをいう．夏期の高温の影響による精巣変性で一時的に生殖不能になる状態を，夏期不妊症（summer sterility）と呼ぶ．近年の地球温暖化に伴う夏期不妊症の増加が懸念されている．夏期不妊症は，季節の変化に伴って自然に回復することが多い．

③精巣炎： 精巣炎（testitis, orchitis）は，蹴創，打撲，細菌感染による場合が大多数である．外傷や吸血昆虫による刺傷などから2次的に感染する場合は，一側性に発症することが多い．

12.2 雌の繁殖障害

家畜の病傷発生の中で繁殖障害は最も大きな割合を占めており，畜産経営上克服していかなければならない重要課題の1つである．雌ウシの繁殖障害のうち72.3％が卵巣疾患で最も多く，次いで子宮疾患は8.9％，膣および卵管疾患はごくわずかである（2009年農林水産省家畜共済統計表による）．

a. 卵巣の障害

卵巣障害の大部分は下垂体からの性腺刺激ホルモン（GTH）あるいは卵巣からのステロイドホルモン分泌異常に起因する機能性疾患であり，無発情および不規則な発情を呈するものに大別される．無発情のものには，卵胞発育障害，無発情型の卵胞囊腫，黄体囊腫および黄体遺残があり，不規則な発情を示すものには卵胞囊腫，排卵障害などがある．

1) 卵胞発育障害 卵巣に卵胞がまったく発育しないか，ある程度しか発育せず，排卵も起こらず無発情が続くものをいい，卵巣発育不全，卵巣静止および卵巣萎縮に区分される．

①卵巣発育不全（ovarian hypoplasia）： 性成熟に達しても発情徴候がなく，卵巣は小さく，卵胞の発育がみられず，黄体の形成もまったく認められないものをいう．

②卵巣静止（ovarian quiescence）： 性成熟前あるいは分娩後における卵巣の生理的休止期をすぎても発情徴候がなく，卵巣の大きさは正常で弾力性もある

が，卵胞が発育しないか，ある程度までは発育するが排卵に至るまで発育・成熟することがなく閉鎖退行を繰り返す状態をいう．

③ 卵巣萎縮（ovarian atrophy）： 正常に機能していた卵巣がその機能を廃絶し，萎縮，硬結し，卵胞の発育および黄体の形成が認められないものをいう．

卵胞発育障害の直接的原因は，視床下部からの性腺刺激ホルモン放出ホルモン（GnRH）分泌不足に引き続く，下垂体前葉からのGTH分泌機能の低下である．それを引き起こす誘引としては，泌乳時におけるエネルギー，タンパク質やリンの不足など飼育管理の失宜による栄養不良があげられる．また，高温多湿などの劣悪な環境，あるいは長期間にわたる全身性疾患など，ストレスの関与している場合が多い．処置としては，飼育管理法の適正と栄養状態の改善をはかるなど原因の除去につとめることが重要である．治療には，全身状態が良好であることを前提としてGTHやGnRHが用いられる．

2) 卵巣嚢腫 卵巣嚢腫（ovarian cyst）は，卵胞が排卵することなく異常に大きくなる状態をいい，卵胞嚢腫と黄体嚢腫に分けられる．

① 卵胞嚢腫（follicular cyst）： 卵巣に黄体の形成がなく，成熟卵胞の大きさを越えて発育し，排卵せずに長く存続する異常卵胞（嚢腫卵胞）をもつウシで正常性周期を示さないものをいう．嚢腫卵胞の卵子および顆粒層細胞は変性している．嚢腫卵胞は一側または両側に発生し，その大きさおよび変性の程度は一様ではない．ウシにおいて産乳能力の高い乳牛に発生しやすく，濃厚飼料を多給して過肥の状態になったものに発生が多い．症状には，交尾欲が亢進する思牡狂型と，反対に無発情となるもの，あるいは頻繁に発情を繰り返すものなどがあるが，最近は無発情型のものが多い．治療にはGTHやGnRHの投与が有効である．嚢腫卵胞をもつウシのなかには，正常性周期を示し，嚢腫卵胞以外の正常卵胞が排卵するものが少なからず存在する．このようなウシでは，受胎率も正常牛と変わらないので卵胞嚢腫とは呼ばない．

② 黄体嚢腫（luteal cyst）： 嚢腫卵胞の内壁が黄体化したものをいう（図12.1）．黄体化した組織から分泌されるプロジェステロンの作用によって無発情の状態が続く．単独で発生することは少なく卵胞嚢腫を併発することが多い．液を貯留した内腔をもつ黄体を嚢腫様黄体（cystic corpus luteum）と呼ぶが，これは排卵後形成されたものであり，黄体嚢腫とはまったく異なるものである（図12.2）．黄体嚢腫の治療には，プロスタグランジン$F_{2\alpha}$（$PGF_{2\alpha}$）が有効である．卵胞嚢腫を併発している場合には，卵胞嚢腫を合わせて治療する必要がある．卵

図12.1 黄体嚢腫
卵胞嚢腫壁の黄体化したもの．カラー口絵を参照．

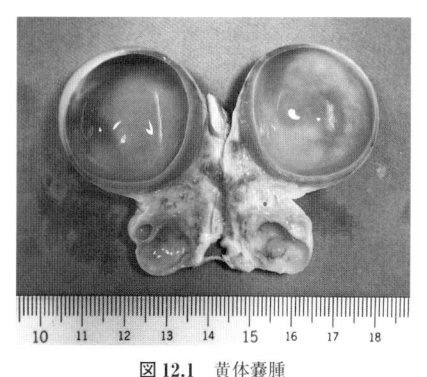

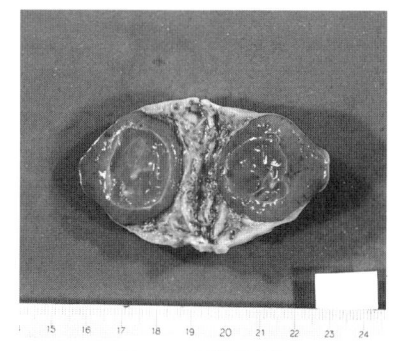

図12.2 嚢腫様黄体
排卵後に形成される黄体に内腔を有するものをさす．約20％の黄体にみられる．カラー口絵を参照．

胞嚢腫と黄体嚢腫を合わせて卵巣嚢腫という．

3) 排卵障害

① 排卵遅延（delayed ovulation）： 卵胞は発育・成熟して発情も発現するが，発情開始から排卵までに長時間を要する場合を排卵遅延という．原因は下垂体前葉からの黄体形成ホルモン（LH）の不足によると考えられており，治療には発育卵胞を確認した上で GTH または GnRH を投与して排卵を誘起し，同時に交配または人工授精する場合が多い．

② 無排卵（anovulation）： 卵胞が発育し，正常な成熟卵胞の大きさに達して発情徴候を示すが，排卵に至らず，閉鎖退行するものをいう．治療には GTH または GnRH が用いられる．

4) 黄体の異常

① 黄体形成不全（luteal hypoplasia）： 排卵後の黄体形成が不良なものをいう．正常な黄体と比べて発育が不十分で小さく，黄体ホルモン（プロジェステロン）の分泌機能は低く，早期に退行することが多い．分娩後のウシにおいて初回発情時に形成される黄体に多い．約20％のウシにおいて液を貯留した内腔をもつ黄体が観察される．これを嚢腫様黄体（cystic corpus luteum）という．通常，この嚢腫様黄体は繁殖障害の原因にはならない[1]．

② 黄体遺残（retained corpus luteum, persistent corpus luteum）： 妊娠していない動物において黄体が退行せずに長期間存続するものをいう．黄体から分泌されるプロジェステロンによる負のフィードバックのために卵胞は発育せず，無発

情が続く．子宮内膜の慢性炎症，子宮蓄膿症，ミイラ変性などに継発する場合がほとんどを占める．原因としては，子宮からの $PGF_{2\alpha}$ などの黄体退行因子の産生能の低下があげられる．治療には $PGF_{2\alpha}$ やその類縁物質の投与が有効である．

b. 子宮の障害

① 子宮内膜炎 (endometritis)： 子宮内膜の炎症をいい，子宮疾患のなかで最も発生が多い．本病は，精子の子宮内での運動性を害してその上向を妨げ，また受精が成立した場合でも胚の発育を阻害し，胚の早期死滅や流産の原因となる．人工授精や子宮洗浄の際の失宜，あるいは助産，胎盤停滞の除去などの際に細菌が子宮内に侵入して起こる．子宮内膜の細菌感染防御能はホルモン環境に影響され，エストロジェンが優位な場合には高く，プロジェステロンが優位な場合は弱い．治療法として，子宮洗浄後の抗生物質の子宮内投与が有効である．また，多くの場合黄体遺残を伴っているので上記の処置と同時に黄体を退行させるために $PGF_{2\alpha}$ を投与し，プロジェステロン支配から解放しエストロジェン優位にすることが有効である．

② 子宮筋炎 (myometritis)： 炎症が子宮内膜に留まらず子宮筋層にまでおよぶものをいい，単に子宮炎ということもある．難産や胎盤停滞除去時などによる子宮壁の損傷，さらに精液注入器，子宮洗浄管，あるいは拡張棒などによる子宮壁の穿孔などによって起こる．治療は，抗生物質の全身投与による．

③ 子宮蓄膿症 (pyometra)： 化膿性子宮内膜炎が起こり子宮腔内に多量の膿性浸出液を貯留しているものをいう．ウシにおいては卵巣に黄体が遺残しているものが多いので，長期間無発情を呈する．治療には，$PGF_{2\alpha}$ を投与し，膿様内溶液を排出させた後，子宮洗浄し，抗生物質を投与する．

c. 発情の異常

性成熟に達した家畜は，妊娠しない限り一定の周期で発情を繰り返す．前述のように，卵巣あるいは子宮に疾患のある動物は，時としてこの周期的な発情に異常を示すことがあるが，卵巣，子宮に顕著な障害がないのに発情の異常を示すものがある．

① 鈍性発情 (silent heat)： 卵胞の発育，排卵，黄体形成は周期的にみられるが，卵胞の成熟時に発情徴候を示さないものをいい，このときの排卵を無発情排卵 (quiet ovulation) という．ウマにおいては繁殖季節の初期の発情時，ウシにおいては分娩後の初回発情時に多くみられる．鈍性発情や微弱発情は卵巣の障害によるものよりも乾乳期から産褥期にかけてのエネルギー不足など栄養障害が大

きな原因としてあげられる．

② 持続性発情（persistent estrus, prolonged estrus）： 正常な動物に比べて発情期が異常に長く続く現象をいう．卵胞嚢腫，排卵遅延，無排卵などの際にみられ，卵巣障害の症状の1つである．ウシ，ウマに多くみられる．

③ 短発情（short period estrus）： 正常よりも発情持続期間の短いものをいう．黄体形成不全の症状の1つである．ウシにおいて分娩後の初回排卵に引き続く周期は短発情が多い．

d. 受精ならびに着床の障害

1） 受精障害　受精障害（fertilization failure）は，卵子と精子の会合，精子の卵子内侵入，雌雄両前核の融合などの各段階に生ずる障害を総合していうが，ここでは受精の段階での障害について述べる．排卵された卵子のなかには，異常卵子が存在することがある．すなわち，精子は侵入するが多精子受精など，初期発生が正常にできないものがある．後天的なものとしては，交配時期の遅れによる卵子の受精能の低下も受精障害の原因となる．

2） 胚死滅　胚の早期死滅（early embryonic death）は，リピートブリーディングの重大な要因の1つである．

- 胚の遺伝的要因： 多精子受精など受精時の異常や染色体異常がある．
- 母体側の要因： 子宮の軽度の細菌感染および内分泌異常に基づく卵管や子宮内環境の異常があげられる．すなわち，受精卵の卵管内の下降速度や子宮への侵入時期は，エストロジェンやプロジェステロンによって調節されており，微妙なホルモンバランスの変化によって胚死滅が起こる可能性がある．また，黄体のプロジェステロン分泌不足は子宮の着床性増殖の異常を招き，着床障害の原因となる．
- 母体側と胚側の相互関係： 母子間の免疫学的な不適合が指摘されている．
- 外的環境要因： 外気温や飼養管理があげられる．外気温が高くなると胚死滅または着床障害が増加し，胚死滅の原因となることが知られている[2]．

3） リピートブリーディング　正常な性周期を示し，発情徴候も明瞭で，臨床的に生殖器に異常が認められないにもかかわらず，3回以上の交配や人工授精で受胎しないウシをリピートブリーダー（repeat breeder，低受胎牛）といい，そのような状態をリピートブリーディング（repeat breeding）という．リピートブリーディングの原因は，主として前述の受精障害や胚死滅によるものと考えられている．胚の死滅によるものでは，死滅時期によって発情回帰時期が通常周期

の予定日より遅れることがある．ウシにおいては，人工授精後，次回発情予定日に発情がみられず，30日以降に発情が回帰したものは，胚死滅が起こったものと推察される．

e. 妊娠期の異常

流産（abortion）は，胚または胎子が妊娠満了前に生死に関係なく排出された場合をいう．とくに，胎子が生存可能胎齢に達していた場合は早産（immature birth）と呼ばれる．また，死産（still birth）は胎子が死亡して排出される場合をいう．

1) 流　産　　流産は散発性流産と感染性流産に大別される．

① 散発性流産：　突発的にみられる流産の総称．原因としては，染色体異常，内分泌異常，低栄養，ミネラル不足，中毒，ストレスのほか，転倒，打撲などの物理的衝撃，双子妊娠，多胎妊娠などがあげられる．

② 感染性流産：　細菌，ウイルス，リケッチア，真菌といった感染性病原体の感染によって起こる流産をいう．細菌性流産で重要なものは，ブルセラ病，レプトスピラ病，リステリアなどがある[3]．原因が明らかになったウシの異常産（流産，早産，死産，先天異常）のうち，アカバネウイルスによって生じるアカバネ病（Akabane disease）が最も多い．

2) 胎子の異常　　胎子が子宮内で死亡し，流産しなかった場合の死後変化に胎子ミイラ変性，胎子浸潰および先天性奇形がある．

① 胎子ミイラ変性：　子宮内で死亡した胎子は，通常は体外に排出されるが，子宮内に長期間にわたり滞留し，その間に水分が吸収されて乾燥し，萎縮することがある．このような状態を胎子ミイラ変性という（図12.3）．処置としては，$PGF_{2\alpha}$の投与が有効である．

② 胎子浸潰：　死亡した胎子の水分が吸収されず，また腐敗菌の作用を受けることなく自己融解し，子宮内に粘性なクリーム様液と骨骸が残留するものをいう（図12.4）．処置としては，胎子ミイラ変性と同様である．

③ 先天性奇形：　重度の体型異常あるいは二頭体など重複奇形がある．

f. 分娩および分娩後の異常

1) 難　産（dystocia）　　助産しなければ分娩が困難，あるいは不可能な場合をいう．原因となる胎子側の要因は，分娩時の胎子の失位（胎位，胎向，あるいは胎勢の異常），胎子の過大，奇形および多胎などである．一方，母体側の要因には，子宮捻転，陣痛の異常（微弱陣痛）などがある．

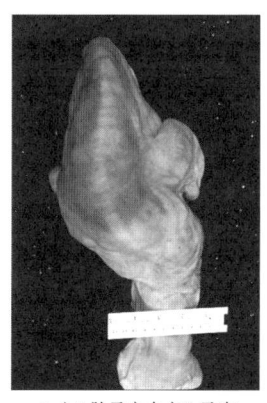

12.2 雌の繁殖障害

ミイラ胎子を有する子宮 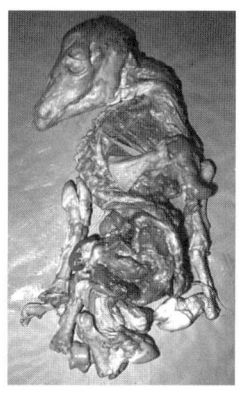　　　　ミイラ胎子　　　　子宮内に骨片が観察される
　　図 12.3　ミイラ胎子　　　　　　　　　　図 12.4　胎子浸漬
　　　カラー口絵を参照．　　　　　　　　　　　カラー口絵を参照．

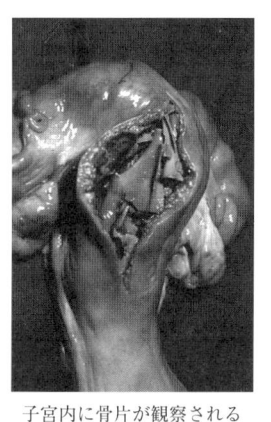

図 12.5　子宮脱
脱出した子宮に宮阜が確認できる．
カラー口絵を参照．

2) 分娩後の異常　　分娩時に受けた産道の損傷からの感染症のほか，子宮脱や胎盤停滞などがある．

① 子宮脱（uterine prolapse）：　子宮の一部または全部が反転して子宮頸管から膣内または体外に脱出した状態をいう（図 12.5）．処置としては，患畜を前低後高姿勢に保ち，脱出部を清潔にして還納する．

② 胎盤停滞（retained placenta）：　分娩後，一定時間内に胎膜および胎盤が排出されない状態をいい，後産停滞ともいう．ウシでは胎子娩出後 12 時間以上たっても排出されないものをいい，その発生率は，全分娩数の約 10％にものぼる．胎盤停滞の原因は，分娩時のストレス，栄養的要因としてセレニウムやビタミン

E欠乏が知られているが,完全には解明されていない[4].

12.3 フリーマーチン

ウシの異性双子においては,雌の90％以上が絶対的不妊となり,これをフリーマーチン(freemartin)という.フリーマーチンの外部生殖器は雌型を示すが,生殖腺や副生殖器が雄性化を示し,膣長は正常牛の1/3程度である.性染色体はXX/XYのキメラを示す.ウシの双子妊娠では妊娠早期に両胎子の尿膜絨毛膜が癒合し絨毛膜血管も吻合するため,両胎子の間で血液の交流が起こることにより,雄の性決定因子が雌の未分化卵巣原基を雄性化するという説が有力視されているが,十分には解明されていない(第4章参照).

文　献

1) Okuda, K. (1988): Study on the central cavity in the bovine corpus luteum, *Vet. Rec.*, **123**: 180-183.
2) Rensis, F. D., Scaramuzzi, R. J. (2003): Heat stress and seasonal effects on reproduction in the dairy cow — a review, *Theriogenology*, **60**, 1139-1151.
3) Yaeger, M. J, Holler, L. D. (2007): Bacterial causes of bovine infertility and abortion, *Current Therapy in Large Animal Theriogenology* (2nd ed.) (Youngquist, R. S., Threlfall, W. R. Eds.), pp. 389-399, Saunders Elsevier.
4) Grohn, Y. T., Rajala-Schultz, P. J. (2003): Epidemiology of reproductive performance in dairy cows, *Anim. Reprod. Sci.*, **60-61**, 605-614.

13 家畜の繁殖技術

　家畜の生産，育種あるいは動物の応用には，その家畜や動物の繁殖を人為的に制御して効率よく行うことが重要である．酪農においては雌ウシを妊娠させ，子ウシを分娩させて，牛乳が生産される．肉牛や養豚では，繁殖雌を妊娠させ，誕生した子を肥育して食肉とする．また，実験動物においては効率的な系統維持や特定遺伝機能を破壊させたノックアウト動物を含めた遺伝子改変動物の作製に生殖細胞や初期胚の人為的操作を要する．このように家畜や動物の繁殖は，家畜の生産性や動物の応用に深く関連することから，繁殖に関連する研究や技術開発が盛んに行われてきた．そして，これらの成果は確実に畜産業の生産性を向上させ，その発展に貢献し，さらにさまざまな生物学上の新知見をも生み，医学や薬学などの関連分野でも展開されている．家畜や動物の繁殖技術においては「人工授精」と「胚移植」が非常に重要で，現在でも新鮮で揺るぎないものである．これらの基幹技術によって効率的な動物生産がなされ，遺伝子改変動物やクローン動物の作出，超低温保存した生殖系列細胞・生殖細胞・初期胚あるいは体細胞からの個体作製が可能となる．さらに性判別精子からの産子，胎子生殖細胞からの産子，特定遺伝子破壊を誘導された動物の作製なども報告されている．

13.1 人工授精と精液の保存

　人工授精（artificial insemination：AI）とは，精液を発情している雌の生殖器道へ人為的に注入して受精・妊娠させることである．人工授精の歴史は古く，最初のイヌでの成功記録は1780年にもさかのぼる[1]．そして，20世紀初頭からウマ，ウシ，ヒツジなどの改良増殖の重要な手段として広く普及してきた．ウシでは現在，世界中で年間2億ドーズ以上の保存精液が人工授精に使用されている．このうち，95％以上が凍結保存精液ではあるが，ニュージーランド，フランス，東欧などでは年間400万ドーズが液状保存精液として用いられている．またブタでは，1980年代後半から急速に液状保存による人工授精が普及し，現在もなお

拡大している．この精液のうち99％以上が15〜20℃での液状保存で，精液採取日から約5日間は授精に使用できる．

a. 人工授精の効果

人工授精は以下のような利点を有する．

1) 優秀な雄（種畜）の利用効率の増大　雄の1回の射出精液を希釈し，保存することで，広範な多数の雌に授精することが可能となる．これによって遺伝形質のきわめて優れた少数の雄（種畜）を効率よく利用できるようになり，家畜や動物の改良は著しく促進される．ウシでは，1回の射出分の精液で200〜300頭へ授精することが可能で，さらに精液の凍結保存により，広範囲かつ長期間に利用が可能となる．

2) 育種改良効率の向上　優れた形質や能力の種畜の精液を保存し，その人工授精により，優秀な遺伝形質を広範に利用できる．その結果，家畜改良が促進される．とくに乳牛の泌乳能力は，凍結精液の人工授精の普及に伴い著しく向上した．現在でもこの人工授精は，乳牛改良において最も重要な手段である．さらに人工授精は，種雄畜の後代検定期間を短縮でき，その利用期間を長くすることが可能である．

3) 受胎成績の向上　人工授精に用いる精液は，採取後に性状検査を行う．すなわち精子の運動性の悪いもの，奇形率が高いもの，あるいは精子濃度の低い精液などの精液性状の悪いものは用いないことから，授精した雌の受胎成績の向上が期待できる．また，発情徴候が不明瞭な雌や発情観察が十分にできなかった雌に対しても，授精回数を増やすことにより受胎成績を向上させうる．養豚では人工授精と自然交配の併用により，雄の過度な利用を防ぎ，分娩率や産子数の向上が期待できる．畜産においては雌畜の受胎成績の向上は，直接的にその生産性改善となる．

4) 雄畜飼養経費の軽減　優秀な種雄畜の集中管理により，採精や精液処理などを含めた飼育管理に関する経費を節減するこができる．

5) 伝染性生殖器病の予防　ウシにおいて自然交配の結果として過去に広くまん延したブルセラ症，ビブリオ症などの伝染病が，日本においては人工授精の普及に伴い根絶された．

6) 胚移植プログラムでの利用　胚移植プログラムにおいて，胚のドナーに対して人工授精を施し，初期胚を採取する．

7) 遺伝資源として凍結保存された精液からの個体復元　優れた形質や能力，

貴重な遺伝資源の保存法として，家畜，動物園動物を含めた野生動物あるいは実験動物の精子が凍結保存されている．これらの凍結保存精液からの個体復元法として人工授精が適用される．

8) 自然交配が不可能な動物への応用　雌雄の体格差が極端に違う場合や肢蹄損傷などにより，自然交配ができない雌に対しても授精が可能である．また，老齢や交尾欲の減退などで交配のできない雄から精液が採取できない場合でも，電気刺激法や精管マッサージにより採精して授精に利用可能となる．

b. 人工授精の欠点

人工授精には多くの利点があるが，反面，適用が不適切であれば以下のような欠点が生じる．したがって，人工授精の適用には，これらの点に細心の注意を払わなければならない．

- 一定水準の技術と設備を必要とする．
- 交配する雌の数が少ないと効率が悪い．
- 精液の遺伝形質が不良であったり，伝染性疾病を有していた場合には，これらの被害が，自然交配よりも拡大する．
- 精液の取引や精液注入において不正が行われる可能性がある．

c. 人工授精の操作

人工授精の過程には，精液採取，精液検査，精液希釈，精液の保存および精液の注入（授精）がある（図13.1）．これらの過程は，動物種などによって異なる．

1) 精液採取　多くの家畜では，擬雌台や雌などに雄を乗駕させ，手圧法（ブタ）や人工腟法（ウシ，ブタ，ウマ，ヒツジ，ヤギ，ウサギ）で精液を採取する．このほかに，電気刺激法，精管マッサージ法，陰茎マッサージ法（イヌ），コンドームやペッサリーを用いる方法，エーテル麻酔法（ラット），自然交配後の雌の腟や子宮から採取することにより，射出精液を採取できる．家畜以外の動物においては射出精液の採取が難しいことから，精巣上体尾部を摘出して，これを細切したり，精管から空気を注入したりすることにより精巣上体尾部精子を採取する．この方法は，野生動物，動物園動物や貴重な家畜などで，予期せぬ事故や突然死などの場合にも適用できる．

2) 精液検査　採取精液がその後の保存や授精に適するかを判定するため，その精液性状を検査する．まず肉眼的検査を行い，次いで顕微鏡的検査をする．精液性状は，動物種，年齢，個体，季節，栄養・飼養状態，採精頻度，採精状況，乗駕抑制などの影響を受ける．

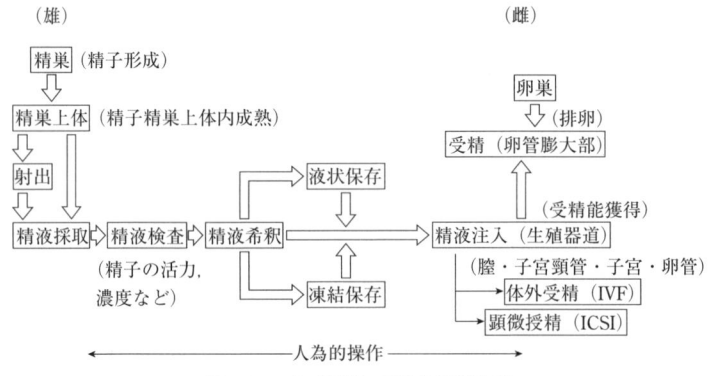

```
(雄)                                    (雌)

┌──────┐
│ 精巣 │(精子・形成)                    ┌──────┐
└──┬───┘                                │ 卵巣 │
   ↓                                    └──┬───┘
┌────────┐                                 ↓ (排卵)
│ 精巣上体 │(精子精巣上体内成熟)       ┌──────────────┐
└──┬─────┘                              │受精(卵管膨大部)│
   ↓                                    └──────┬───────┘
┌──────┐                                       ↑ (受精能獲得)
│ 射出 │         ┌──→ 液状保存 ──┐             │
└──┬───┘         │                ↓             │
   ↓             │              ┌─────────────────┐
┌────────┐ ┌────────┐ ┌────────┐│精液注入(生殖器道)│
│精液採取│→│精液検査│→│精液希釈│└────────┬────────┘
└────────┘ └────────┘ └────────┘    (膣・子宮頸管・子宮・卵管)
          (精子の活力,     │        ┌→ 体外受精(IVF)
           濃度など)       └──→ 凍結保存 → 顕微授精(ICSI)

          ←─────────── 人為的操作 ───────────→
```

図13.1 人工授精の過程と関連技術

精巣上体精液もしくは射出精液は，精子検査を行ったあと，精液希釈液もしくは保存液にて希釈される．その後，液状もしくは凍結保存されたり，発情した雌の生殖器道内へ注入される．注入された精液の精子は生殖器道内を上走して一定時間後，受精能を獲得する．そして，注入された精子のごく一部が卵管膨大部へ到達し，卵と遭遇して「受精」に至る．また，これらの精子は「体外受精（IVF）」や「顕微授精（ICSI）」にも用いる．

3） 精液希釈　精液検査に合格した精液は，ただちに希釈される．精液の希釈は，精液の増量，精子への栄養源供給，抗生物質添加による細菌数増加の抑制，pHの安定化などを目的としている．希釈液は，動物種ごとに異なり，糖類，pH緩衝剤，タンパク質成分，抗生物質などで構成され，浸透圧は精液と等張もしくはやや高め，pHは中性もしくは弱酸性に調整されている．

4） 精液の保存　精液の保存には，通常4℃以上の非凍結の状態で保存する液状保存と，-80℃付近（ドライアイスやディープフリーザー）または-196℃の液体窒素中での凍結状態で保存する凍結保存がある．保存後の精子は，保存法により保存後の運動性などの性質が異なることから，授精適期などに注意を要する．

精液の液状保存　通常4℃〜20℃の温度域で，精子の代謝を低下させ，1週間ほど受精能力を保持させることができる．ブタ人工授精においては，通常，この液状保存精液が用いられる．

射出精液の液状保存において重要な要因は，希釈後から保存温度への冷却とその保存液である．保存精子が急激に低温に感作させられると「コールドショック」という傷害を受け，保存後に温度を体温付近に上昇させた際に，精子は運動性を失う．ブタ精液はとくに低温に対する感受性が高い．この「コールドショッ

表13.1 各種哺乳動物の凍結融解精液からの産子作製報告

種	報告年	報告者
ウシ	1951	Stewart
ブタ	1970	Polge et al.
ウマ	1957	Baker and Gandier
マウス	1990	Tada et al.
	1990	Okuyama et al.
	1990	Yokoyama et al.
ラット	2001	Nakatsukasa et al.
イヌ	1969	Seager
ヒト	1953	Bunge and Sherman

家畜で凍結精液に関する技術が開発されてから，すでに半世紀以上の時間が経過しているが，実験動物として重要なラットでは21世紀に入ってから，その凍結融解精液からの産子作製成功例が報告された．

ク」の緩和には，冷却速度を緩やかにする必要がある．

精液の凍結保存 精液の凍結保存は，ニワトリ精子に対するグリセリン（glycerol）の凍害保護作用が1949年にPolgeら[2]によって報告されて以来，この方法が家畜などに適用されるようになった．これ以降，さまざまな凍害保護物質（凍害保護剤）が検討されたが，現在でも多くの動物種の精液凍結保存においてグリセリンが用いられている．家畜においては比較的初期に凍結融解精液からの産子作製例が報告されたが，マウス，ラットにおいては，比較的最近になって日本の研究グループによりその成功例が報告された（表13.1）．

凍結融解精子は，その運動性を回復させ，人工授精や体外受精によって受精に関与しうる．精子凍結過程では，精子どのような状態になっているのであろうか．凍結希釈液中の精子は5℃付近へ冷却され，細胞の代謝が低下する．そして，5℃付近でグリセリンなどの凍害保護物質に暴露されることにより，精子細胞内の一部の水分子（自由水）が細胞外へ排出し，細胞内へ細胞膜透過性の凍害保護剤（グリセリンなど）が入る．その後，−110〜−180℃の液体窒素蒸気中もしくは−79℃のドライアイス上で予備凍結される過程で，精子細胞の外では氷晶が形成され，細胞外の凍結希釈液成分は高濃度の状態となる．このような高濃度の状態から液体窒素中へ投入され急激に温度が下降することにより，精子細胞周辺はガラス化された状態，すなわち氷晶が形成されずに固体化する．そして，細胞内では致命的な氷晶が形成されずに細胞代謝が完全に休止する．このような

メカニズムで，凍結融解精子は再び運動性を回復させることができるものと考えられている．この冷却過程，すなわち脱水されていく過程における冷却速度が，融解後の精子運動性に大きく影響する．また動物種や個体差により，同じように凍結した精液でも融解後の精子の状態が異なる．

　この精液凍結保存技術は，ウシ人工授精技術と非常によく適合しており，畜産の生産性を著しく向上させた．この凍結保存精液の人工授精により，ウシの遺伝的改良が急速にかつ世界的規模で，しかも疾病伝播の危険性が非常に低い状態で実施されている．しかし，他の動物種であるブタ，ヒツジ，ウマなどではその状況は大きく異なる．ウシ以外の動物種では，おもにその動物種の遺伝資源保存法として精子凍結保存法が応用されている．この精子凍結保存においては，凍結保存精子からの個体復元のために，子宮角上部や卵管内への精子注入や体外受精，顕微授精などの生殖補助技術が必要となる．

　5） 精液の注入　精液の注入は，注入技術だけではなく，雌の授精適期判定や注入精液の特性や取り扱い方，注入の部位や精子数などさまざまな要因に注意を払わなければ満足な受精率を得ることができない．

　家畜の授精では雌の子宮頚管または子宮内に膣を経由して精液注入することによって行われるが，家畜種や個体の大きさなどによって，それぞれに適した精液注入器が開発されている．その他の動物では，外科的手法あるいは腹腔鏡術によって生殖器道へ注入する．

　授精成績に影響する要因　人工授精により高い受精率を得るためには，雌の授精適期を正確に把握することが重要である．雌の発情開始から排卵までの時間，排卵後の卵の受精能保有時間，精液注入部位からの精子の上走による卵管膨大部までの到達時間，雌生殖道内における注入精子の受精能獲得に要する時間および受精能力保持時間を考慮する必要がある．また注入する精液の状態，すなわち新鮮な精液なのか凍結保存精液なのか液状保存精液なのか，射出精液なのか精巣上体精液なのか，あるいは精子運動性や精子濃度が適切かどうかなどを考慮しなければならない．一般に，卵の受精能保有時間は精子のそれよりも短い．また，凍結融解精子の融解後における運動性保持時間は，液状保存精子や新鮮精子のそれよりも短い．しかし，受精能獲得までの時間は，凍結融解精子が短いのに対し，液状保存精子や新鮮精子では長い．通常，発情開始が授精時期を決める起点となるので，雌の発情観察は非常に重要である．家畜におけるおおよその授精適期は，発情開始後，ウシで 12～24 時間，ブタで 10～36 時間，ヒツジで 9～

24時間,ヤギで14～30時間であるが,複数回(2ないし3回)の授精も受胎成績を改善するのに効果的である.またウシでは,性腺刺激ホルモン放出ホルモン(GnRH)とプロスタグランジン $F_{2\alpha}$ (prostaglandin $F_{2\alpha}$; $PGF_{2\alpha}$) もしくはその類似体を用いて排卵同期化を行い,排卵時間を人為的に制御して決まった時間に精液を注入する定時人工授精が試みられている.

13.2 胚移植

胚移植(embryo transfer;ET)とは,体外にある着床前の初期胚(受精卵)を雌の生殖器道へ移植して妊娠・分娩させる技術である.受精卵移植あるいは人工妊娠ともいわれている.移植胚としては,自然交配や人工授精後に生殖器道から回収した胚,体外で作製(未成熟卵の体外成熟・体外受精・体外培養)した胚,もしくはこれらの胚に人為的な操作を加えた胚(DNA注入胚,クローン胚,キメラ胚など)が用いられる.移植胚を提供する雌を供胚動物または胚のドナー,胚を移植される雌を受胚動物または胚のレシピエントと呼ぶ.このように胚移植は,胚のドナーおよびレシピエントの選択,ドナーへの過剰排卵処置,胚採取,胚の形態による評価,レシピエントの発情同期化,胚の移植などの複合技術である.

胚移植の最初の成功例は1890年にウサギで報告[3]され,それ以降,さまざまな動物種において胚移植は,さまざまな目的で適用されてきた.家畜における胚移植の意義は,雌側の優れた遺伝形質を効率的に利用することによる育種改良の促進,特定品種の増産,種畜の導入などである(表13.2).ウシのような単胎の家畜では生涯に生産しうる産子数は10～15頭であるが,過剰排卵処理や超音波誘導経腟採卵法(ovum-pick up;OPU)などにより,移植可能胚が多数得られれば,年間に10頭以上の子孫を残すことも可能である.また,体細胞クローンのドリーに代表されるバイオテクノロジーなどの基幹技術としても胚移植技術は非常に重要である.

胚移植は,① ドナーおよびレシピエントの選定,② ドナーへの過剰排卵(発

表13.2 胚移植技術の利用目的

・家畜育種改良の促進	・特定品種の増産	・種畜の導入
・多胎生産	・防疫対策	・遺伝資源保存
・特定性別個体の作製	・体外操作胚からの産子作製	
・バイオテクノロジーの基幹技術		

情誘起）処置，③ レシピエントの発情同期化処置，④ ドナーおよびレシピエントの発情観察，⑤ ドナーへの人工授精もしくは交配，⑥ ドナーからの胚の回収，⑦ 胚の形態検査，⑧ 胚の保存（超低温保存）操作，⑨ 移植胚の準備（凍結胚の融解，凍害保護物質除去，移植操作の準備），⑩ レシピエントへの胚移植，⑪ レシピエントの妊娠鑑定，⑫ レシピエントの分娩の段階に分けることができる．

a. 過剰排卵処置と人工授精

胚移植の目的に合致する「胚のドナー動物」を選定する．通常，胚移植の効率をよくするために，その候補雌に対して多くの排卵を促し，多くの胚を採取できるように性腺刺激ホルモンを投与する過剰排卵誘起処置を施す．ウシで行われている過剰排卵誘起処置は，性腺刺激ホルモンと $PGF_{2\alpha}$ との併用法で，発情周期の10日目（8～15日目）に性腺刺激ホルモンを投与し，その2日後にプロスタグランジン $F_{2\alpha}$ を投与する方法である．ウシ以外の動物では，eCG と hCG が適用されることが多い．そして過剰排卵処置の結果，発情した雌に対して通常の方法で人工授精・自然交配を行う．

b. 胚の採取，検査

1) 胚の採取　胚のドナーの発情後の時間と胚の発育ステージ，それらの胚の位置する生殖器道内の場所をよく理解し，採胚を適切に行う．動物種により，発情後の時間と胚の分布位置や発育ステージが異なる．

通常のウシ胚移植プログラムでは，発情日を0日として7～8日目に，非外科的に子宮を灌流（洗浄）して採胚する．

ブタ，ヒツジ，ヤギ，ウサギなどでは，一般的に外科的に卵管や子宮を灌流する．また実験小動物では，安楽死や手術により生殖器を摘出して，灌流して胚を採取する．

2) 胚の検査　採取胚がその使用目的に合致するかを判定するには，胚の形態，すなわち胚の発育ステージ，胚の輪郭，胚細胞の結合・形・色調，透明帯の損傷，透明帯への精子の付着などを観察し，評価する．

c. 胚・卵の超低温保存

初期胚や卵を $-196℃$ の液体窒素中にて細胞の代謝を完全に停止させて体外で保存できれば，胚移植もしくは体外受精などにおいて都合のよい時期にこれらを融解して利用することが可能となる．また，これらの細胞を超低温保存すること自体が，その遺伝子資源を効率的に保存することにもなる．胚や卵を超低温下で凍結保存もしくはガラス化保存させることにより，遺伝資源の半永久的保存が可

能となる.

　Whittingham ら[4]が1972年に最初にマウス胚を凍結させ，融解胚からの産子作製に成功した．この緩慢凍結法における成功に導いた要因は，① 凍害保護物質としてジメチルスルホキシド（dimethylsulfoxide；DMSO）を用いたこと，② 凝固点よりやや高い温度で植氷処置し，潜熱発生を防止したこと，③ 緩慢な冷却速度で凍結したことで傷害となる胚細胞内氷晶形成を防いだことをあげることができる．その後，さまざまな動物種での成功例が報告された．しかし，緩慢凍結法では動物種や胚の発育ステージなどにより，凍結融解過程で生じる障害に対する反応が異なり，融解後に必ず胚が生存するとは限らない．1985 年に Rall and Fahy[5]が高濃度の DMSO や Acetamide などの凍害保護物質を用いてマウス胚を急速に冷却させ，すなわちガラス化させて胚を保存させることに成功した．このガラス化保存とは，凍害保護物質などの高濃度な溶質の水溶液が急速に冷却されされることにより，過冷却による氷晶形成を伴わないまま固体化させるものである．このガラス化保存法により，さまざまな動物種の胚や卵が超低温保存され，緩慢凍結法以上の生存率が得られるようになった．

　1) 凍結保存法　　胚や卵を室温下（25℃）で 10% 前後の凍害保護物質（グリセリン，エチレングリコール，プロピレングリコールなど）を含む凍結液とともにストローへ封入し，その凝固点よりやや高い温度（−7 〜 −4℃）へ冷却し，植氷する．植氷とは，凍結用培地が冷却に伴って液体から固体へ変化する際に生じる潜熱による温度の急激な変化を防ぐものである．その後，−25 〜 −35℃ へ緩慢に（0.3 〜 1.0℃/min）冷却する．そして，液体窒素へそのストローを投入して凍結する．このストローの冷却は，通常，プログラムフリーザーで行う．緩慢凍結法のストローの融解は，35 〜 40℃の温水中もしくは 20℃前後の空気中で行う．凍害保護物質は，常温では胚に対して毒性を示すので，融解後には凍結胚からこれを希釈除去する．融解胚を高張な溶液から低張な溶液へ移動することにより，通常 1 〜 3 段階程度の浸透圧の異なる希釈液へ移すことにより，融解胚から徐々に凍害保護物質の除去を行う．この希釈液は，通常，ショ糖（sucrose）の濃度によって浸透圧を調整する．

　2) ガラス化保存法　　ガラス化保存法（vitrification）とは，高濃度（30 〜 50%前後）の凍害保護物質を含むガラス化培地へ胚を短時間（1 分間前後）感作させ，直後に液体窒素蒸気もしくは液体窒素に投入する方法である．この方法だと，冷却速度が非常に早いために胚の培地（ガラス化培地）が氷晶形成すること

なくガラス化する．この方法では，緩慢凍結法で必要なプログラムフリーザーが不要で，さらに，胚細胞内氷晶形成や低温感作による傷害などでこれまでに超低温保存に成功していない動物種の胚や卵にも適用できる可能性がある．

d. 胚のレシピエント

ドナーから採取した胚，体外生産胚あるいはそれらを体外操作した胚を産子へ発育させるには，その胚と発情周期が同期化したレシピエントの適切な生殖器道内へ移植しなければならない．すなわち移植胚は，その発育ステージに相当するレシピエントの生殖器の環境下に移植されないと，その後の発育を支持できない．

胚のドナーもしくは移植胚の日齢とレシピエントの発情同期化の程度は，通常±1日である．具体的な発情同期化法としては，① 黄体期もしくは妊娠初期の雌へ $PGF_{2\alpha}$ を投与することにより黄体退行を促して，発情を誘起する方法，② 未成熟雌に性腺刺激ホルモンを投与して発情を誘起する方法，③ 黄体ホルモンを継続的に投与し，投与中止後に発情を誘起する方法などがある．

e. 胚の移植

体外にある胚を産子へ発育させるには適切なレシピエントへその胚を移植しなければならない．ウシ胚の移植では，通常，非外科的（経膣的）に移植器を子宮角まで導き胚を移植する．ブタにおいては非外科的な胚移植方法も開発されているが，通常，外科的に胚移植を行う．その他の動物種においてもおもに外科的手法により胚移植が行われている．

13.3 発情周期（性周期）の同期化

家畜や動物の発情周期を人為的に制御し，自然交配・人工授精を効率的に行い，かつ分娩時期を集中させることができれば，その管理を計画的に効率化することができる．また，胚移植を効率的に行うためにも，胚のドナーとレシピエントの発情周期を人為的に制御して同期化する必要がある．発情周期のさまざまな段階にある雌群から，発情した雌を発見するのはかなりの時間と労力を要することから，発情同期化処置を行う．

未成熟雌に対しては，性腺刺激ホルモンを投与し，発情誘起が可能である．また，発情周期を示す雌にはジェスタージェンを投与し，その後の発情を抑える方法と黄体退行処置により黄体期を中断させる方法がある．前者では，合成ジェスタージェンを経口投与するか，膣内留置により徐々に吸収させ，LH分泌に対し

て負のフィードバックをかけ，その結果として卵胞の成熟とその後の排卵が阻止される．そして，これらのジェスタージェン投与中止後の一定期間後に発情が誘発される．後者は，黄体期もしくは妊娠初期の雌に対して黄体退行因子を投与して黄体期もしくは妊娠を中断させ，発情誘起させるものである．基本的な黄体退行因子は，エストロジェンと $PGF_{2\alpha}$ およびその類似体（類縁物質）である．黄体退行は，黄体因子投与後通常 72 時間以内に起き，その後，排卵を伴う発情が誘起される．雌に無作為に単回の黄体退行因子を投与しても，この因子に反応する黄体期以外の時期であれば発情は誘起されない．したがって，黄体退行因子を2回投与し，その間隔をその動物の通常の発情周期における黄体期の期間を考慮して設定すれば，発情の同期化が可能となる．ただし，動物種によっては黄体退行因子に対する感受性が異なる．

ブタでは哺乳中の母ブタを離乳すると離乳後7日以内（平均5日目）に発情が再帰することを利用し，離乳を同時に行い，母ブタの発情を同期化させることが可能である．この方法は，交配・人工授精の作業効率がよくなることから，多くの養豚生産現場で泌乳母ブタの同日離乳が実践されている．これは子ブタの吸入刺激が母ブタにおけるLHパルス状分泌を抑制し，泌乳中の発情を抑えることによる．離乳後に吸入刺激がなくなると母ブタの下垂体からLHのパルス状の放出が起こり，これに伴い卵胞が発育して発情が誘起される．

13.4 体 外 受 精

体外受精（in vitro fertilization；IVF）とは，体外において成熟卵と精子を適切な条件下で一緒に培養した場合に起きる受精のことである．1959年にChang[7]により世界で初めてウサギ体外受精卵から産子が産まれた．その後，実験動物を中心にこの技術が進歩し，さらにヒトでは1978年に体外受精卵の移植による女児が誕生した[8]．1982年にはウシ体外受精由来の産子[9]が得られ，家畜における技術が急速に進歩し，日本では和牛卵巣内の未成熟卵から和牛の胚が体外で生産され，乳牛への胚移植により和牛が生産されるようになった．野生動物にも体外受精が適用されている．体外受精由来胚から胚移植を介して高率に産子をつくるには，体外受精に用いる未受精卵が成熟卵であることが必須となる．この成熟卵とは核と細胞質がともに成熟しているということである．排卵した卵の多くは成熟卵である．しかし，未成熟な卵胞卵も体外成熟培養により体外受精に用いることができるようになった．

哺乳類の受精メカニズムを解明する目的で，受精現象を直接観察できるこの体外受精系が広く利用され，精子と卵およびこれらの両者間の受精成立に必要な要因や条件が明らかにされてきた．またウシ体外受精では，低コストでの移植胚の大量生産技術として，枝肉成績の判明した優良肉用牛の選択的増殖技術として，さらに家畜におけるクローンやトランスジェニック作製などを効率的に行うための材料供給手段としても重要である．また，ヒト不妊治療の中心的な治療法として世界的に広く応用され，エドワードは2010年のノーベル生理学・医学賞を受賞した．「体外受精」とは，体外での受精をさすが，家畜の「体外受精技術」では卵胞卵（卵母細胞）の成熟培養（*in vitro* maturation；IVM），精子の体外での受精能獲得，成熟卵の体外受精，体外受精卵の体外培養（*in vitro* culture；IVC）あるいはこれらの一連の胚の体外生産系（*in vitro* production；IVP）を含めることがある．

a. 卵胞卵（卵母細胞）の体外成熟

卵胞卵は受精能力のない未成熟な卵で，体外受精に用いるには培養して正常な受精能力を獲得させるように体外成熟させなければならない．この未成熟卵，すなわち卵母細胞（1次卵母細胞）は，減数分裂のステージでは第1減数分裂の前期で，卵核胞期とも呼ばれる．このような未成熟卵を体外成熟培養し，完全な受精能力を有する成熟卵（2次卵母細胞）にすることが可能である．第1減数分裂前期で減数分裂が停止している卵母細胞は，卵胞から取り出されるとその刺激により，減数分裂を再開させ1回の細胞分裂とともに第1極体を放出する．そして第2減数分裂の中期に至り，再びその減数分裂を停止する．

b. 精子の受精能獲得

初期の研究では，摘出した雌の生殖器内へ精液を入れて精子の受精能獲得を誘起させた．その後，おもに齧歯類において体外培養により精巣上体精子の受精能獲得を誘起する方法，ウシ精子では高浸透圧条件やカルシウムイオノホアによる受精能獲得誘起法が開発された．現在のウシ体外受精系では，ヘパリンやカフェイン添加液により精子受精能獲得を誘起することが多い．ブタでは，高めのpH，高めの温度（39℃），高カルシウム濃度などの要因が精子受精能獲得誘起に関連する．

c. 媒　精

体外受精のために精子と卵を共培養することを媒精という．体外受精では，とくに体外成熟卵を用いる場合，2つ以上の精子が卵細胞質へ侵入する多精子受精

（polyspermy）となることがある．媒精時の精子濃度が高いほど，多精子受精率は上昇する．また，個体差により多精子受精率に大きな違いが認められる．

d. 体外受精卵の培養

体外受精卵の体外培養は，いまだに完成されているとはいいがたい．体外受精卵を胚盤胞まで体外で，その産子への発育能力を維持させて発生させることができるのはマウス，ウシおよびウサギ以外ではほとんどない．しかし，ウシ胚の体外生産系においてもすべての体外受精卵が胚盤胞へ発生するわけではない．この胚培養系のさらなる改善が求められる．

e. 超音波誘導経腟採卵法（OPU）

ウシ体外受精に用いる卵の採取法は，と体卵巣から採取するのが一般的であるが，超音波画像診断装置を用いて，経腟的にウシの生体卵巣内卵胞から未成熟卵を採取し，体外成熟，体外受精，体外培養によって胚を作製し，胚移植を介して，子ウシを誕生させることができる．この方法では生体の卵巣から反復して卵が採取できるため，過剰排卵処置で移植可能胚が得られないようなドナーを有効に活用する手段として，また，優良雌からの効率的な胚作製法として期待されている．しかし，この方法では少数の未成熟卵しか採取できないことから，少数の未成熟卵を効率よく体外成熟，体外受精，体外培養させ，胚盤胞を作製する工夫が必要である．

13.5 体外での胚操作

胚移植の特性として，移植する胚に対して体外でさまざまな操作を加えることが可能である．

a. ウシ胚の性別判定

移植する胚の性が判定されていれば，酪農生産現場における雌ウシの導入や和牛などの養牛産業における肥育素ウシの生産に有利である．分子生物学および生殖工学の手法が進展し，性判別された精子を用いて体外で生産された胚や体外および体内由来胚の一部を顕微操作（マイクロブレードなどで胚の一部をバイオプシーする）によって性別判定することができる．

胚からバイオプシーした細胞からDNAを抽出し，PCR（polymerase chain reaction）法により，ウシY染色体に存在する雄特異的なDNA配列を検出する容易でかつ精度の高い胚の性判別（sexing）ができる．PCR法は，DNAの特定領域の両端に相補的なDNAすなわちプライマーとDNA合成酵素（ポリメラー

ゼ）によるDNA合成反応の試験管内における繰り返しで，その特定領域を増幅させる．また，LAMP（loop-mediated isothermal amplification）法という恒温での特定遺伝子増幅法も開発され，実用化されている．この方法は，DNA合成反応によって放出されるリン酸が反応液中のマグネシウムと反応して，リン酸マグネシウムの白色沈殿が出現する．この反応液の濁度が遺伝子増幅度と相関するため，簡単な濁度計で結果が判定できる．

b. 胚や卵の培養

哺乳類の胚や卵を体外で操作したり，培養したりするには，その環境要因を適切に保ち，その生存能力を維持させる必要がある．具体的には，① 微生物学的環境とその制御（無菌操作），② 温度，③ 気相，④ 湿度，⑤ 光がそのおもな要因である．胚や卵の培養は，微小滴培養法が一般に用いられている．この方法ではシャーレ上に培養液の微小滴をつくり，この微小滴をミネラルオイルやパラフィンオイルにより覆う．これは培養液の蒸発や微生物学的汚染を防止する．この微小滴へ胚や卵を導入し，このシャーレをCO_2インキュベーター内で培養する．

c. 遺伝子改変動物

遺伝子改変動物とは，外来遺伝子（トランスジーン，transgene）を動物個体のゲノムへ人為的に導入し，そのトランスジーンによりその個体形質が変わった動物のことで，トランスジェニック（transgenic），トランスジェニック動物あるいは形質転換動物ともいう．

遺伝子改変動物の作製法には，① 前核期胚（受精卵）の前核へのDNA顕微注入法，② ES・EG（embryonic stem cell・embryonic germ cell）細胞法，③ 核移植法，④ ウイルスベクター法，⑤ Zinc finger nuclears法などがある．マウス・ラット以外の動物種では生殖系列へ分化しうるES・EG細胞株が樹立されていないため，② の方法は，マウス・ラット特有のものである．しかし特定遺伝子破壊（ノックアウト，KO）個体の作製は，個体レベルでの遺伝子機能解析に重要なことから，③ 核移植法や⑤ Zinc finger nuclearse法によりその成功例が報告されている．いずれも胚移植を介して遺伝子改変動物が作製される．

d. クローン動物

クローンとは，1個の起源のコピーで構成される均一的な生物的集団を意味し，個体，細胞，遺伝子の各レベルでのクローンが存在する．ドリー[6]に代表されるクローン動物は，個体レベルのクローンである．このクローンは，遺伝子の構成が同一な個体のことで，1卵性の双生子や初期胚の割球をばらばらにして発

生させた1卵性多子もクローンである．哺乳類のクローン作製は，いくつもの段階を含む複合技術である．卵細胞質には，核を初期化する初期化因子が存在する．これにより卵細胞質へ導入された核（核移植された核）は初期化され，再構築胚（核移植された卵）は受精卵と同じように発生することがある．この因子については，多くの研究者の興味の的となっている．再構築胚からクローン個体を誕生させるには，最終的には胚移植を介する．核移植には，まず，核を受け入れる（核のレシピエント）卵細胞質が必要となる．これには，排卵した卵もしくは体外成熟卵が用いられ，これらの卵からそのゲノム，すなわち極体と第2減数分裂中期の染色体（紡錘体）を顕微操作などで取り除く．この操作を除核という．この除核卵の細胞質へ核を導入する．核の導入には，細胞融合が用いられる．最近では，核およびその周辺の細胞質を直接ガラス微細管へ吸入し，このガラス微細管をレシピエント卵細胞質内へ挿入して核を導入する方法も適用される．核のドナー細胞が初期胚の割球である場合には胚細胞クローン，体細胞である場合には体細胞クローンという．1997年にイギリスで誕生したドリーは，哺乳類における最初の体細胞クローン動物で，この誕生まで，哺乳類の個体発生においては一度分化した細胞の遺伝情報は，なんらかの変化を受けており，それは不可逆的であると考えられてきた．しかし，分化した体細胞の核移植により作製された再構築胚が個体に発生しうることが明らかになった．このことは，分化した体細胞が，個体を形成する完全な遺伝情報を保っていることを意味している．

e. 顕微授精

顕微鏡下で精子を微細ガラス管に入れ，成熟卵に対して直接，囲卵腔内あるいは卵細胞質内に注入して生じる受精を顕微授精という．とくに後者を卵細胞質内精子注入（intracytoplasmic sperm injection；ICSI）という．このICSIにより，凍結融解精子などの運動性を有していない精子，さらには精子細胞，精子頭部などを用いて受精させることができる．もともとこの顕微授精は，受精現象に関する研究の手法としてウニやカエルなどで試みられていた．その後，マウス，ウシ，ヒト，ウサギ，ブタでの成功例が報告された．ヒトでは，精子運動性やその濃度が極端に低いような精子に起因する不妊治療法として適用されている．さらに，凍結乾燥精子や円形精子細胞による顕微授精，あるいは外来遺伝子とともに精子を顕微授精してトランスジェニック動物の作製などにも応用されている．これらの顕微授精の進展には，卵細胞膜にピペットを挿入する際の損傷が抑えられるピエゾマイクロマニピュレーターの貢献が大きい．

f. キメラ

哺乳類におけるキメラ (chimera) とは，2つ以上の由来の異なる細胞から構成される個体のことである．この由来の異なる細胞とは，胚や胎子の細胞あるいは未分化細胞をさす．キメラの語源は，ギリシャ神話に登場する想像上の怪物に由来する．胚や胎子に対する操作によって作製した人為的に作製したキメラは，再生医学，生理学，遺伝学，医学，免疫学，発生生物学などの有用な研究手段で，さらに，遺伝子操作した ES 細胞と胚のキメラ胚からノックアウト動物を作製する方法，あるいは細胞の未分化状態を検定する方法としても重要である．

哺乳類のキメラを人為的に作製するには，大別すると集合法と胚盤胞注入法がある．集合法は，透明帯を除去した桑実期胚などの初期胚どうしを集合させてキメラ胚をつくる．胚盤胞注入法は，胚盤胞の胚盤胞腔へ胚細胞，ES 細胞，EG 細胞などの未分化細胞を顕微鏡下の操作により注入する．これらのキメラ胚を胚移植し，キメラ個体を作製する．鳥類のキメラについては 11.5 節を参照．

文　献

1) 入谷　明，細井美彦：(2006)，家畜における生殖の人為調整，新編 精子学，森沢正昭，星　和彦，岡部　勝編，東京大学出版会，p. 444.
2) Polge, C., Smith, A. U., Parkes, A. S. (1949): Revival of spermatozoa after vitrification and dehydration at low temperatures, *Nature*, **164** : 666.
3) Heape, W. (1890): Preliminary note on the trans-plantation and growth mammalian ova within a uterine foster mother, *Proc. R. Soc. Lond.*, **48** : 457-458.
4) Whittingham, D. G., Leibo, S. P., Mazur, P. (1972): Survival of mouse embryos frozen to -196 degrees and -269 degrees C, *Science*, **178** : 411-414.
5) Rall, W. F., Fahy, G. M. (1985): Ice-free cryopreservation of mouse embryos at -196℃ by vitrification, *Nature*, **313** : 573-575.
6) Chang, M. C. (1959): Fertilization of rabbit ova in vitro, *Nature* (Lond.), **184** : 466-467.
7) Steptoe, P. C., Edwards, R. G. (1978): Birth after the reimplantation of a human embryo, *Lancet*, **2** : 366.
8) Brackett, B. G., Bousquet, D., Boice, M. L., Donawick, W. J., Evans, J. F., Dressel, M. A. (1982): Normal development following in vitro fertilization in the cow, *Biol. Reprod.*, **27** : 147-158.
9) Wilmut, I., Schnieke, A. E., McWhir, J., Kind, J., Campbell, K. H. S. (1997): Viable offspring derived from fetal and adult mammalian cells, *Nature*, **385** : 810-813.

14 家畜人工授精・家畜受精卵移植の資格取得

　生殖技術を家畜の改良や特定品種の増殖に利用するため，専門の技術者として家畜人工授精師が養成されてきた．これによって，乳牛の交配のほぼ100％，肉用牛でも95％以上が，後代検定済凍結精液と人工授精によって行われている．受精卵移植技術は生産現場にも生かされ，年間4万頭を超える（国内のウシの1％に相当）産子が生産されている．このように，人工授精，受精卵移植ならびに体外受精技術は家畜の改良増殖の根幹としての重要な役割を担っている．これらの生殖技術は同時に人為的なミスによって家畜の改良増殖に甚大な被害をもたらす可能性がある．このため，人工授精と受精卵移植技術をウシ，ウマ，ヒツジ，ヤギおよびブタに用いる場合には，特例を除き，法律の規制を受ける（図14.1）．そこで本章では，これらの技能者の資格取得と，人工授精と受精卵移植にかかわる作業を実施する上で留意すべき法規について取り上げる．

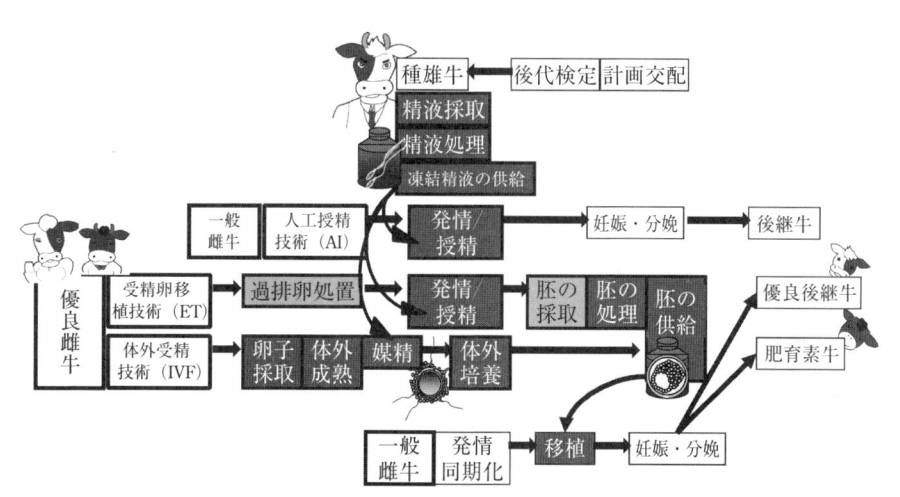

図 14.1 ウシ人工授精・受精卵移植・体外受精技術における法律の規制
■：獣医師に限定，■：人工受精師に限定．

14.1 関係法規の概要

　家畜改良増殖法は，国内の家畜の育種改良を計画的に推進することを目的に1950年に制定された．この法律は，5章42条から構成されているが，主として，精液・卵・受精卵を採取する種畜に関する事項（2章），家畜人工授精及び家畜受精卵移植を行う際に必要となる事項（3章）において，繁殖技術についての取り決めが行われている．また，法律を執行していくのに必要となる細かな規程（施行令と施行規則）があり，動物生産や育種改良に混乱をおこさないためのルールと，不正を防止するための規定が定められている．このほかに，人工授精師が家畜改良現場でこれらの生殖技術を実施する場合には，獣医師法，牛海綿状脳症対策特別措置法，ならびにと畜場法の制限を受ける．繁殖技術はこれらの関連する法規にも則って作業を進めなければならない．

14.1.1 家畜人工授精師とは

　家畜人工授精師は免許の種類によって，受精師，受精卵移植師もしくは体外受精師と通称されているが，法制度上，「家畜人工授精師」とは人工授精，受精卵移植および体外受精の3つの技能と免許を有する技術者のことをさす．家畜からの精液の採取・処理・注入，受精卵の処理と移植ならびに体外受精卵用の卵巣の採材と体外受精卵の生産ができるのは，獣医師と，人工授精師講習会の修業試験に合格し，都道府県から免許が交付された家畜人工授精師に限られる（11条）．

14.1.2 講習会の概要

　家畜人工授精に関する講習会が開催できる機関は，都道府県，家畜の改良増殖の促進を目的とする法人，もしくは畜産学に関する専門課程をおく大学か専修学校である．講習会には獣医師または家畜人工授精師を含む講師，講習に必要な施設，器具機材および家畜を有することが条件であり，農林水産大臣が認定した機関に限られる（規則22条）．

　家畜人工授精ならびに家畜体内受精卵移植および家畜体外受精卵移植に関する講習会において課すべき科目およびその時間は，表14.1のとおりである（規則23条）．ただし，すでに教育機関で関連科目を習得した受講者は，当該科目の受講ならびに修業試験を免除することができる（規則24条）．

表 14.1 講習会科目

学科

科目	時間
一般科目	
畜産概論	*4
家畜の栄養	*3
家畜の飼養管理	*3
家畜の育種	*7
関係法規	3
専門科目	
生殖器解剖	*5
繁殖生理	*13
精子生理	*7
種付けの理論	*4
人工授精	17
体内受精卵移植概論[1]	*8
受精卵の生理及び形態[1]	*16
体内受精卵の処理[1]	16
体外受精卵移植概論[2]	*3
体外受精卵の生産[2]	4
受精卵の移植[1]	8

実習

科目	時間
家畜の飼養管理	*4
家畜の審査	7
生殖器解剖	*4
発情鑑定	6
精液精子検査法	8
人工授精	45
体内受精卵の処理[1]	50
体外受精卵の生産[2]	21
受精卵の移植[1]	26

無印：人工授精講習会科目，
1：体内受精卵講習会科目，
2：体外受精卵講習会科目．
＊は免除可能科目を表す．

表 14.2 家畜人工授精師免許申請に必要な書類等（規則 26 条）

(1) 家畜人工授精師免許申請書
(2) 誓約書：家畜改良増殖法第 17 条第 2 項に該当しない誓約書
(3) 戸籍謄本または戸籍抄本
(4) 住民票または運転免許証のコピー
(5) 家畜人工授精師修行試験合格証（原本及び写しを 1 部）
(6) 成年被後見人または被保佐人に該当しないことの登記事項証（法務局発行）
(7) 医師の診断書：視覚，聴覚，言語機能，上肢機能，精神の機能の障害または麻薬・大麻中毒者に該当しない証明
(8) 印鑑・申請手数料

14.1.3 家畜人工授精師の免許の取得

家畜人工授精師の資格を得るには，都道府県知事の免許を取得しなければならない（16 条）．免許には 3 種類があり，① 人工授精に携わる家畜人工授精師は，人工授精の免許の取得を要する．② 受精卵移植に携わる家畜人工授精師は，人工授精師ならびに受精卵移植の免許の取得を要する．そして，③ 体外受精に携わる家畜人工授精師は，人工授精師，受精卵移植ならびに体外受精の免許の取得が必要になる．家畜人工授精師免許証の交付は，指定する講習会の修業試験に合

格し，関連する法律（家畜伝染病予防法，種畜法，薬事法，獣医師法，獣医療法，家畜商法）とこれらの規定などに抵触していないことなどが条件になる（表14.2）．なお，免許取得者には種々の義務が課せられる．

14.1.4 人工授精所の開設

種畜から精液，卵および受精卵の採取と処理ができる施設は，国と都道府県の専用施設ならびに開設許可された家畜人工授精所に限られる（12条）．人工授精所には獣医師もしくは人工授精師が在籍し（28条），作業が衛生的に実施できる施設と関連機材を整備する必要がある．

また，家畜人工授精用精液，家畜体内受精卵ならびに家畜体外受精卵に対して悪感作を与えないような容器を用い，かつ衛生的に操作することが義務づけられている（規則16条）．このため，精液や受精卵の採取・検査・処理・保存・移植に必要となる専用の処理室や機材のほかに，希釈液等を作成するための機材やこれを冷凍／冷蔵できる保管庫，消毒滅菌を行う乾燥器・乾熱滅菌器・オートクレーブと関連機材専用の保管庫の設置などが必要になる（規則33条）．

14.2 関係法規に基づく作業の流れ

14.2.1 人 工 授 精

a. 雄の種畜検査

疾患を有する雄畜の精液が利用されれば，家畜改良に多大な被害をもたらすことになる．このため，家畜人工授精や体外受精用精液に供することができる雄畜は，原則として規則6条に定める伝染性疾患，遺伝性疾患ならびに繁殖機能障害がなく，定期的に種畜検査を受け，証明書を有する動物に限られる（4条）．人工授精用牛凍結精液の生産方法を図14.2に示す．

b. 精液の採取

採精作業は清潔に行うとともに，適切に消毒・滅菌された採精器具を使用しなければならない．まず，ウシやブタでは精液採取の前に包皮内洗浄を行い，精液採取中に雑菌などが混入しないようにする．ブタ精液には膠様物が大量に含まれるので，ガーゼで濾過しながら濃厚部を採取する．

c. 精液の処理

1) 精液検査　採取した精液がその後の保存や受精に適するかどうかを判定するため，その都度，精液性状すなわち，肉眼的検査にて ① 採取した精液量，

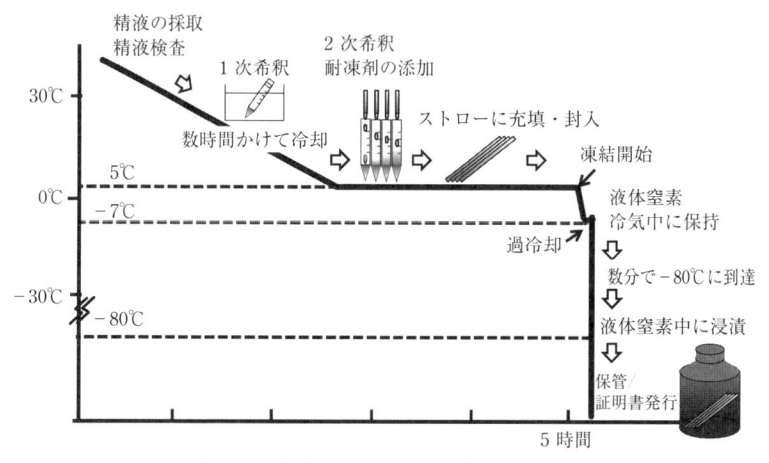

図14.2 関係法規に基づくウシ凍結精液の生産手順例

② 精液の色，③ 臭気，④ pH と，顕微鏡検査にて ⑤ 精子数，⑥ 精子活力，⑦ 生存率，⑧ 奇形率を調べなければならない（規則 16 条）．その際，血液・尿・膿を含んだ精液や，活力が乏しく生存率が低い精液ならびに奇形率が高いために受胎に支障がみられる精液は利用してはならない（規則 17 条）．

2) 精液の凍結保存　ヤギやブタの精漿は凍結融解精子の運動性に対して悪影響をおよぼすことから，遠心分離により洗浄除去される．精液は，緩衝液で 1 次希釈後，5℃近辺で耐凍剤を数時間かけながら分割添加する．凍結精液の作成に先立ち，ストローには種畜の個体表示（家畜登録番号，略号，名号，精液採取年月日など）を印字する．これは，家畜改良上，血統の混乱を防止する上で非常に重要な事項である．その後，精液を－79℃のドライアイス上で錠剤（ペレット）化凍結もしくは，ストローに封入した精液を液体窒素蒸気中に曝すことにより，凍結する．錠剤状の精液は専用のケースに封入する際に個体表示を明記する．凍結された精液は，液体窒素中で保存する．このようにして生産された凍結精液には，家畜人工授精用精液証明書を添付しなければならない（13 条）．また，家畜人工授精用精液の採取および処理に関する事項（採取年月日，採取時刻，精子検査状況，発行した精液証明書番号など）を記載するとともに，これを 5 年間保存しなければならない（15 条）．

3) 精液の保管　氷晶は－130℃で安定化するので，精液は液体窒素凍結保管容器で保存すれば，半永久的に保存が可能である．ただし，保管器の開口部付

近の温度は-150℃を超え，室温に10～15秒ストローを曝すことにより，氷晶安定温度を超える．この温度感作を繰り返すことによって，精液の品質は劇的に劣化するので，凍結精液の保存の際や輸送中にこのような悪感作を与えてはならない（規則16条）．また，液体窒素は気化すると約700倍の体積に膨張するので，凍結ストローの仕分け作業は酸欠防止のために換気を行いながら行う．

4）精液の融解 凍結した精子に対して最も危険な温度域は-40～-15℃で，この温度域をできるだけ早く通過することによって融解後の精子の生存性が安定する．このため，一般の凍結精液の融解は，30～38℃の温湯中（ストローの場合）もしくは40℃以下の希釈液中（ペレット）で急速に行われる．液体窒素中には多くの雑菌が混入しているので，融解したストローはアルコール綿花でよく拭いてから使用する．融解の失宜などで受胎に支障があると認められる精液は使用してはならない（規則17条）．

d. 人工授精（精液の注入）

人工授精は精液に悪感作を与えないよう衛生的に行い，作業終了後には速やかに授精証明書の作成を行う（15条）．なお，家畜人工授精用精液証明書が添付されていない精液は，譲渡することも使用することも禁止されている（14条）．

14.2.2 受精卵移植

a. 雌の種畜検査

受精卵移植技術は家畜の改良を目的とするので，作業にあたっては家畜伝染病の発生および蔓延の防止を念頭におく．卵や受精卵を採取する雌畜は，規則13条に定める伝染性疾患と遺伝性疾患がないことを示す診断書を受けていなければならない（9条）．また，受精卵を採取する雌畜には採卵に先立ち，遺伝子型検査を行う必要がある．

b. 採卵

生体からの卵・受精卵の採取および過排卵処置（superovulation）の実施は，獣医師に限られる（11条）．ただし，学術研究のために行う場合や，自己の飼養する家畜への利用は，資格がなくても実施することができる．交配にあたっては産子の血統の混乱を避けるため，種雄牛が異なる精液を同一発情期に人工授精しないように心がける．

c. 受精卵の処理

採取した受精卵は，設備の衛生環境，温度，光，培養液や使用する機材などの

影響を受け，長時間の感作により生存性が低下する．このため，清浄な環境下で速やかに処理を行うことが義務づけられている（13条）．

1) 受精卵の検索　採取した受精卵は，国内での規定はないが伝染性の疾病予防のため，10回以上洗浄することが推奨されている．また，0.25%トリプシン液を用いた洗浄は，透明帯に付着した微生物を除去するのに効果的である．

2) 受精卵の品質評価　家畜体内受精卵の検査は，当該家畜体内受精卵を適切に洗浄したあとに行う（規則16条）．採取した受精卵が正常で，受胎する可能性を保有しているかを顕微鏡下で判定する．ウシでは受精卵の形態や品質に差異があるので，受精卵を採取した日齢と受精卵の発育ステージ（図14.3）と形態から4～5段階に分類する．人工授精年月日から推定される発育段階と著しく遅れた受精卵は，受胎に支障をきたすので移植してはならない（規則18条）．コード1は高い受胎性を示すとともに，凍結保存や性判別に利用しても高い生存性を保有する．コード2は同期化された受卵牛に新鮮移植すれば，高い受胎性を示すが，人為的な操作を加えることによって受胎性の低下を招く．コード3は速やかに移植を行う場合もあるが，受胎率を低下させる原因となる．コード3よりも品質が劣るコード4の受精卵は，発生能力が低いので使用しない（図14.4）．品質が不良な受精卵の移植は禁じられている（規則18条）．

ウシ凍結受精卵の生産方法を図14.5に示す．移植可能と判断した受精卵は，速やかにストローに封入するが，ストローには血統の混乱を防止するために体内受精卵証明書番号，採取日，ドナー名号などを記入する．また，速やかに家畜体内受精卵移植証明書を発行するとともに，家畜体内受精卵の生産に関する事項（受精卵を採取した雌ウシ，交配に使用した精液，採取日時，採卵状況，凍結の有無，受精卵証明書番号など）を記載する（13条）．この帳簿は5年間保存しなければならない（15条）．

3) 受精卵の凍結保存と融解　受精卵の凍結保存は13章に従って行う．ウシ胚の緩慢凍結法には，耐凍剤除去方法の違いにより，① 段階的に耐凍剤を除去してから移植するステップワイズ法のほか，② ストロー内で耐凍剤の除去を行うストロー内ワンステップ法，③ 耐凍剤を希釈することなく融解したストローをそのまま移植器に装着できるダイレクト法などがある．受精卵は，国際間での取引が行われているので（規則17条），購入したストローの融解は，購入先の推奨する方法で実施する．

受精卵移植を実施する場合，受精卵を採取した日齢，品質，凍結方法などの多

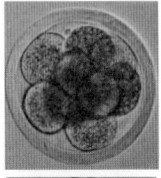

9－16 細胞期胚：
発情後 4 日目に卵管から回収した受精卵.

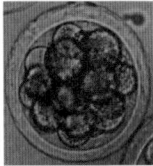

桑実胚（morula）：
発情後 5 日目に子宮から採取した受精卵. 17～32 個の割球（blastomere）で構成されている.

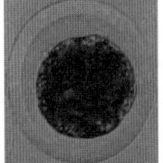

収縮桑実胚（compact morula）：
発情後 6～7 日目に回収される受精卵. 個々の割球の結合が強まるため，小型化した塊を形成し，囲卵腔が桑実胚よりも広くなる.

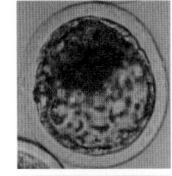

胚盤胞（blastocyst）：
発情後 7～8 日目に回収される受精卵. 内細胞塊（inner cell mass）と栄養膜（trophoblast）への分化が認められる. 包胚腔（blastocyst cavity）の拡張により囲卵腔がみられなくなる.

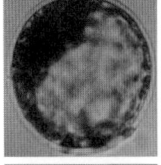

拡張胚盤胞（expanded blastocyst）：
発情後 8～9 日目に回収される受精卵. 胞胚腔の拡張により，膨潤化し，透明帯が薄くなる.

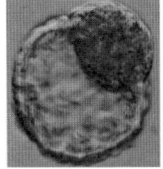

脱出胚盤胞（hatched blastocyst）：
発情後 9～10 日目に回収される受精卵. 包胚腔の拡張によって透明帯を破り，透明帯外部に脱出した受精卵.

　　　　　100 μm

図 14.3　ウシから採取した正常受精卵

14.2 関係法規に基づく作業の流れ

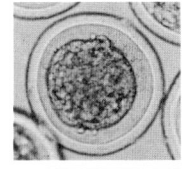

コード1：Excellent
受精卵の発育ステージが採取日齢と一致しており，割球に異常がなく，変性細胞が認められない受精卵．

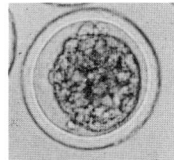

Good
適切な発育ステージで，15%未満の変性細胞を有する受精卵．

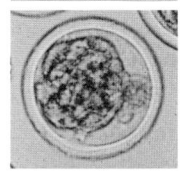

コード2：Fair
適切な発育ステージで，50%未満の変性細胞を有する受精卵．

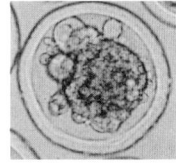

コード3：Poor
適正な発育ステージで，75%未満の変性細胞を有する受精卵．もしくは，発育ステージが遅延している受精卵．

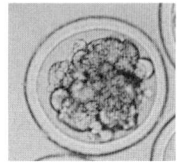

コード4：Degenerate
上記以外の75%以上の変性細胞を有する受精卵．未受精卵・空の透明帯など，変性・退行が著しく，正常な発達がまったく望めないもの．

図14.4　ウシ収縮桑実期の形態評価

くの情報が必要になる．このため，受精卵証明書のほかに，国際受精卵移植学会（International Embryo Transfer Society；IETS）が発行している受精卵の情報を添付することを推奨している．

d. 受精卵の移植

移植操作は受精卵に悪感作を与えてはならない（規則16条）．したがって，衛生的な移植作業が行えるように受卵牛の確実な保定と外陰部の洗浄・消毒を行い，生殖器を刺激することなく，衛生的に，かつ速やかに作業することが求められる．移植後は速やかに，受精卵証明書を添付した体内受精卵移植証明書の作成を行い（15条），受精卵移植の作業工程が完了する．なお，受精卵証明書が添付されていない受精卵は，譲渡することも使用することも禁止されている（14

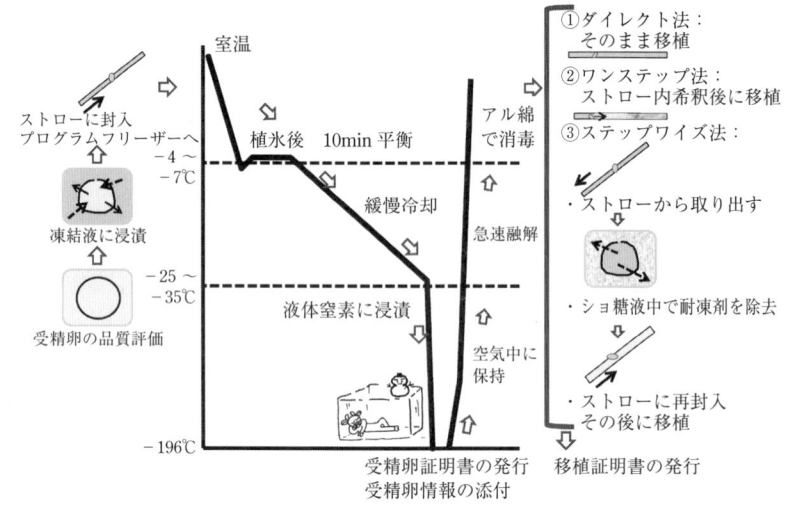

図 14.5 関係法規に基づくウシ受精卵の凍結手順例

条).

14.2.3 体外受精

体外受精は，卵の採取，体外成熟，体外受精，体外培養から構成される．ここでは体外受精卵を生産する上で必要となる要件を述べる．

a. 卵の採取

と体から卵巣を採取する場合，伝染性疾患や遺伝性疾患のある個体からの採取は禁止されている（9条）．このため，卵巣の取り違えが起きないよう，と体番号と個体識別番号を確認しながら卵巣を採取する．また，卵巣採取前後の工程で病原体に汚染されないよう，衛生的な取り扱いに配慮しなければならない．さらに，と畜場での卵巣の採取は牛海綿状脳症対策特別措置法を遵守して採取しなければならない．卵巣と卵は牛海綿状脳症にかかる検査を経て，陰性であることが確認された個体に限ってと畜場外へ持ち出すことが許可される（と畜場法2003年政令237号）．ウシの卵巣は10℃以下で，ブタの卵巣は20℃以下の低温感作により体外成熟能は著しく低下するので，この間の衛生管理ならびに温度管理を徹底した保管方法が必要である．

b. その他の注意点

全国和牛登録協会では，雌1頭に対して1本の精液を使用することになってい

る．したがって，体外受精で生産した牛を登記する場合には，1本の精液を複数の雌畜から採取した卵の体外受精に利用することはできない．

体外受精卵の品質評価は体内受精卵の品質評価法に準じて行われる（13条）．ただし，体外で生産された胚盤胞の受胎率は，Code 1 と評価された胚盤胞であっても体内受精卵に比べると10%程度低いので，評価には細心の注意を要する．生産した体外受精卵は家畜体外受精卵移植関係帳簿を作成し，内容に従い記載したのち（13条），5年間保存しなければならない（15条）．

14.2.4 産子の登録に関する諸注意

人工授精によって生産された産子を登記する場合には，家畜人工授精用精液証明書を貼りつけた授精証明書（図14.6）を添付しなければならない（規則20条）．また，受精卵移植によって生産された産子は，家畜体内受精卵証明書もしくは家畜体外受精卵証明書が添付された受精卵移植証明書（図14.7）を要するほか，遺伝子型検査による親子判定が必要になる．

子牛登記ができる和牛産子を受精卵移植によって生産する場合，卵もしくは受精卵を採取する雌畜（ドナー）は基本登録が行われてなければならない．また，体外受精によって生産する場合には事前に，尾紋によるドナーの個体確認と遺伝

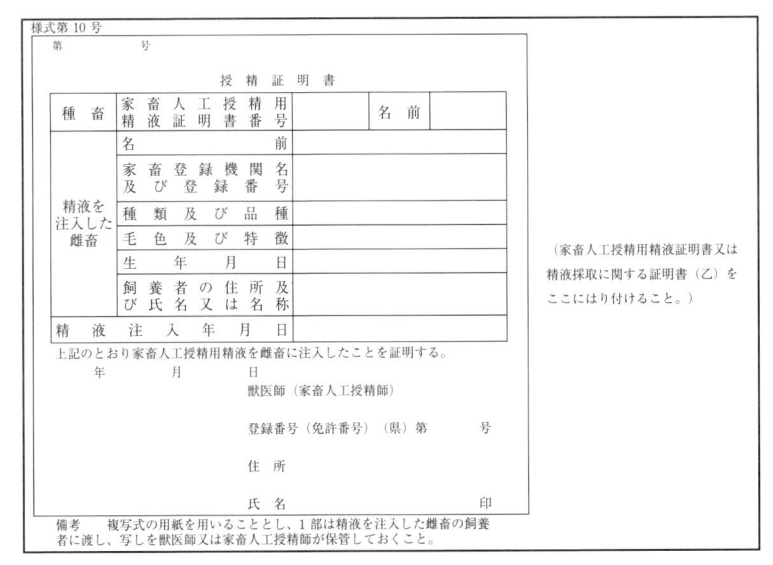

図 14.6 授精証明書

様式第10号の2

第　　　　号

体内受精卵移植証明書

体内受精卵を採取した雌畜	家畜体内受精卵証明書番号又は体内受精卵採取に関する証明書番号		名前	
体内受精卵を注入した雌畜	名前			
	家畜登録機関名及び登録番号			
	品種			
	毛色及び特徴			
	生年月日			
	飼養者の住所及び氏名又は名称			
体内受精卵移植年月日				

（家畜体内受精卵証明書又は体内受精卵採取に関する証明書をここにはり付けること。）

上記のとおり家畜体内受精卵を雌畜に移植したことを証明する。

年　　月　　日

獣医師（家畜人工授精師）

登録番号（免許番号）（県）第　　　号

住所

氏名　　　　　　印

備考　複写式の用紙を用いることとし、1部は体内受精卵を移植した雌畜の飼養者に渡し、写しを獣医師又は家畜人工授精師が保管しておくこと。

図 14.7　受精卵移植証明書

子検査が終了していなければならない．和牛の子牛登記は生後6カ月以内に行われなければならないので，分娩後4カ月以内に登録の手続きを行えるよう，関係団体との連絡・連携が必要である．

文　献

1）正木淳二（2003）：家畜人工授精講習会テキスト，日本家畜人工授精協会．

2）高橋芳幸，浜野清三（2010）：家畜人工授精養成講習会テキスト，家畜体内受精卵・家畜体外受精卵移植編，日本家畜人工授精協会．

3）丹羽太左衛門ほか（1993）：家畜の人工授精と受精卵移植，創文．

4）Stingfellow, D. A., Seidel. S. M.（2010）: *Manual of the International Embryo Transfer Society*（4th ed.）, IETS.

索　引

欧　文

Arg-PheNH$_2$ モチーフ　49

Bruce 効果　12

β-catenin　43
CDK1　90
Cdx2　117
CpG 配列　110

Dmrt1　35

E-カドヘリン　113
eCG　50, 62
EPF　125
ES 細胞　155

FGF9　40
FOXL2　43
FSH　45, 50, 88

G タンパク共役型受容体　47
GABA　49
Gi タンパク質　49
GM-CSF　69, 124
GnRH　45, 149, 162, 164, 165, 177
——のアミノ酸配列　48
GnRH 関連ペプチド　47
GnRH サージジェネレーター　51
Gs タンパク質　49
GTH　164, 165

hCG　50, 61, 71, 125
Hedgehog シグナル　41

ICM　114, 194
——の分化決定要因　116
IFNG　125
IFNT　71, 123
IgY　74, 149
IL-6　65
iPS 細胞　156

Janus kinase 2　53

KiSS　45, 48

Lee-Boot 効果　12
LH　45, 50, 88, 165
LH サージ　51, 148
LH 分泌の制御　48

matrix metalloproteinases　68
MIS　16, 33, 41

N-型糖鎖　50
N-カドヘリン　129

O-型糖鎖　62
Oct4　117
OXT　46

P box　59
PGF$_{2\alpha}$　124, 138, 164, 166, 177
plasminogen activator　68
PRL　46, 53
PrRP　47

signal transducer and activator of transcription　53
SOX3　34
SOX9　38
SRY　34, 38
steroidogenic acute regulatory protein　56

TE　114
——の分化決定要因　116
TGFβ　60
TNF-α　65
Toll 様受容体　64

Vandenbergh 効果　12

Whitten 効果　12
WNT4　43

Zn フィンガー　58
ZPC タンパク質　151

ア　行

アクチビン　25, 60
アクチビン受容体　60
アデニル酸シクラーゼ　51
α サブユニット　50
アロ抗原　71
アンドロジェン　10, 54, 57
アンドロジェン結合タンパク質　53
アンドロジェン受容体　59
異種間生殖キメラ　158
1 次卵母細胞　24, 84
遺伝子導入個体　155
イノシトール三リン酸　51
囲卵腔　89
陰核　31
陰茎　19
　筋海綿体型——　20, 83
　線維弾性型——　20, 83
陰茎 S 字曲　83
陰茎海綿体　19
陰唇　31
インスリン様成長因子-I　60
インターフェロンガンマ（IFNG）　125
インターフェロンタウ（TFNT）　71, 123
インターロイキン 6（IL-6）　65
インテグリン　128
陰嚢　14
インヒビン　25, 50, 59
インプリンティング遺伝子　111

ウォルフ管　33
ウマ絨毛性性腺刺激ホルモン（eCG）　50, 62

栄養外胚葉（TE）　114
——の分化決定要因　116
栄養膜　194
エステル型コレステロール　56
エストロジェン　25, 54, 57, 93,

132, 138
エストロジェン受容体 43, 59
エピジェネティック修飾 109
エピジェネティック制御 109
円形精子細胞 75
炎症反応 67

黄体 26, 91
黄体遺残 165
黄体期 92
黄体形成不全 165
黄体形成ホルモン（LH） 45, 50, 88, 165
──分泌の制御 48
黄体嚢腫 164
オキシトシン（OXT） 46

カ 行

カウパー腺（尿道球腺） 18, 81
夏期不妊症 163
家禽育種 158
拡張胚盤胞 106, 194
獲得免疫 64
家畜改良増殖法 188
家畜人工授精師 188
割球 105
過排卵処置 192
カラザ 148
顆粒層 146
顆粒層細胞 51
顆粒膜細胞 43, 86
カルシウムオシレーション 100, 101
換羽 150
幹細胞 155
──の同定 156
間質腺 22
完全性周期 20, 93
緩慢凍結法 193

奇形率 191
寄宿舎効果 12
キスペプチン（KiSS） 45, 48
季節繁殖動物 22, 92
偽半陰陽 44
キメラ 156, 186
ギャップ結合 86, 129
宮阜 29
峡部 27
筋海綿体型陰茎 20, 83
筋様細胞 75

空胎期間 161

クラインフェルター症候群 35
クラッチ 150
クローン 184

血液精巣関門 75
血管作動性腸ペプチド 47
月経周期 92
血清飢餓 108
決定因子 115
ゲノムの初期化 110
ケモカイン 65, 67
原始生殖細胞 24, 35, 75, 84, 152
原条 153
原始卵胞 86, 87
減数分裂 3, 42, 76, 84
顕微授精 174, 185

コアクチベーター 59
抗原提示細胞 64
子牛登記 197
甲状腺刺激ホルモン 50
甲状腺刺激ホルモン放出ホルモン 47
交配行動 6
交配前行動 6
交尾障害 162
交尾不能 162
抗ミュラー管因子 33
子食い 140
ゴナドトローフ 50
ゴノサイト 75
コルチゾール 136
コレステロール 54
コレプレッサー 59
コンパクション 105, 113, 115

サ 行

サイトカイン 65
サイトカイン受容体スーパーファミリー 53
細胞間橋 76
採卵 192
産子数 133
3次卵胞 25
残余小体 77

ジアシルグリセロール 51
子宮 28
──の構造 28
子宮筋炎 166
子宮頸管 30, 95
子宮脱 169

子宮蓄膿症 166
子宮内膜炎 166
軸糸 79
シクロオキシゲナーゼ 52
自己複製能 155
視索前野 47
死産 168
視床下部内側基底部 47
雌性前核 89, 102, 105
自然免疫 64
持続性発情 167
シトクロム p450$_{17\alpha}$ 55
シトクロム P450$_{arom}$ 55
シトクロム P450$_{scc}$ 54
姉妹染色分体 84
5α-ジヒドロテストステロン 57
射出精液 79
射精 81, 82
集合法 186
収縮桑実胚 194
就巣 151
周辺束線維 79
受精（鳥類） 151
受精（哺乳類） 95
受精障害 162, 167
受精証明書 197
受精能獲得 79, 98, 151, 182
受精能獲得抑制因子 82
受精卵 95
受精卵移植 187
受精卵移植証明書 198
受精卵証明書 195
種畜検査 190, 192
主要組織適合抗原 71
主要組織適合性遺伝子複合体 65
春機発動 76
乗駕 7
初期胚 105
──のエネルギー要求性 107
──の分化制御モデル 118
初乳 73
神経管 153
人工授精 144, 171, 187
──の過程 174
──の欠点 173
──の効果 172
──の操作 173
人工授精所 190
人工多能性幹細胞（iPS 細胞） 156
シンシチウム 129

索　引

新生子 Fc 受容体　72
伸長精子細胞　75
陣痛　137

スチグマ　91, 146
スペーシング　106

精液　79, 143
　──の液状保存　174
　──の採取　190
　──の性状　81
　──の注入　176
　──の凍結保存　175, 191
精液検査　173, 190
精液採取　173
精管　143
精管膨大部　81
性決定遺伝子　34
精原細胞　75
性行動　6
　──の発現　8
　　雄の──　6
　　雌の──　11
精細管　14, 142
　──の断面像　77
精細管上皮　75
精細管上皮周期　78
精細管上皮波　78
精索　14
精索静脈叢　15
精子　143
　──の移送　95
　──の構造　80
　──の受精能獲得　182
　──の成熟　79
精子完成　77, 75
精子抗体　67
精子侵入　101
精子貯蔵管　70, 147
精子発生　76
性周期　92
精漿　79
精上皮　143
生殖原基　37
　──の形成　37
生殖行動　6
生殖細胞　3
　──の発生パターン　36
生殖細胞キメラ　155
生殖質　154
生殖隆起　37
性ステロイドホルモン　54, 149
　──の合成経路　54
性腺刺激ホルモン　45, 149, 162

性腺刺激ホルモン放出ホルモン
　（GnRH）　45, 149, 162, 164,
　165, 177
　──のアミノ酸配列　48
性染色体　34
精巣　13, 14, 142
精巣炎　163
精巣下降　16
　──のメカニズム　17
精巣上体　13, 14, 143
精巣導帯　16
精巣変性　163
精巣網　14
精巣輸出管　14
精祖幹細胞　75
精祖細胞　75
成長ホルモン　50
性的隔離　1
精嚢腺　18, 81
　──の断面像　19
性フェロモン　8
性別判定　183
精母細胞　75
接着帯　113
接着斑　129
セルトリ細胞　14, 37, 40, 52,
　75, 143
線維弾性型陰茎　20, 83
潜在精巣　162
染色体　102
先体　99
先体反応　98, 99
選択的 ER モジュレーター　59
全能性　109
全胚培養　156
前立腺　18, 81

双角子宮　28, 33
早期妊娠因子　125
相互嵌入咬合　122
早産　168
桑実胚　105, 194
相同染色体　85
鼠径陰嚢部下降　16

タ　行

第 1 極体　89, 97
体外受精　174, 181, 187, 196
対合　85
胎子浸漬　168
胎子ミイラ変性　168
対称性分裂　114
胎生　3

体性幹細胞　155
体節　153
体内受精卵移植証明書　195
第 2 極体　89, 100, 102
第 2 減数分裂　97
ダイニン　82
胎盤　130
胎盤性ラクトジェン　61
胎盤節　29
胎盤停滞　169
多精子受精　101
多精子侵入　151
脱出胚盤胞　106, 194
脱落膜　122
ターナー症候群　35
多能性　114
ダブレット微小管　82
多分化能　155
多卵核受精　102
単一子宮　33
単子宮　29
担体タンパク質　58
タンパク質分解カスケード　52
短発情　167

遅延着床　127
膣　30
膣垢検鏡法　30
膣前庭　30
着床　120
　──の過程　121
着床ウインドウ　126, 127
着床遅延　127
中心体　102
チューブリン　82
超音波誘導経膣採卵法　183
超活性化運動　98
頂端側−基底側極性　113
超低温保存　178
重複子宮　28, 33

低密度リポタンパク質　51
停留精巣　16
テストステロン　33

頭側懸垂靭帯　16
透明帯　86, 97, 194
透明帯反応　101
ドナー細胞　157
ドーパミン　47, 49
トランスジェニック　184
トランスフォーミング成長因子
　β（TGFβ）　60
トレランス　67

索引

トロフィニン 128
鈍性発情 166

ナ 行

内細胞塊（ICM） 114, 194
——の分化決定要因 116
内卵胞膜細胞 51
難産 168

におい物質 10
2細胞-2ゴナドトロピン機構 51, 52
2次卵胞 24
2次卵母細胞 25
尿道海綿体 19
尿道球腺（カウパー腺） 18, 81
妊娠黄体 93
妊娠期間 133
妊娠認識 123
妊娠の維持 132
妊娠の免疫 134
妊馬血清性性腺刺激ホルモン 62

粘液関連リンパ組織 70

嚢腫様黄体 164

ハ 行

胚移植 177
胚ゲノム活性化 112
胚死滅 167
媒精 182
胚性幹細胞（ES細胞） 155
胚盤胞 105, 194
胚盤胞形成 115
胚盤胞腔 105
胚盤胞注入法 186
胚盤葉 153
胚-非胚軸 114
排卵 90, 96, 148
排卵窩 22
排卵遅延 165
白体 92
発情周期 92
——の同期化 180
発情徴候 11
パラログ遺伝子 47
半陰陽 44
盤割 152
繁殖障害 161

ヒアルロニダーゼ 99
ヒアルロン酸 90, 99
ヒストン 110
非対称性分裂 114
ヒト絨毛性性腺刺激ホルモン（hCG） 50, 61, 71, 125
17α-ヒドロキシラーゼ 138
17β-ヒドロキシステロイドデヒドロゲナーゼ 55
3β-ヒドロキシステロイドデヒドロゲナーゼ：Δ^4, Δ^5-イソメラーゼ 55
表層反応 100, 101
表層粒 100

フェロモン 12
フォスフォリパーゼA_2受容体 74
フォリスタチン 60
孵化 106
不完全性周期 20, 93
腹腔内下降 16
副腎皮質刺激ホルモン 50
副生殖腺 18
副生殖腺液 79
プライマーフェロモン 9
プラスミノージェン活性化因子 52
フリーマーチン 44, 170
フルクトース 18
フレーメン 7
プロジェスチン 54
プロジェステロン 25, 56, 91, 93, 125, 132
プロジェステロン受容体 59
プロスタグランジン（PG） 61, 124
プロタミン 77, 111
プロテインキナーゼA 51
プロテインキナーゼC 51
プロラクチン（PRL） 46, 53
プロラクチン放出ペプチド（PrRP） 47
プロリラキシン 61
分化性分裂 114
分娩 136
——の発来機構 137

ベクター 158
βサブユニット 50
ヘンゼン結節 153

紡錘体 89, 102
包胚腔 194

母子免疫 72, 149
ホスホリパーゼC 51
母性因子 112
母性行動 6
保存性分裂 114
補体 64
勃起 19, 83
ホリスタチン 25
翻訳後プロセシング 49

マ 行

密着結合 113
ミトコンドリア鞘 80
ミュラー管 33
ミュラー管抑制因子（MIS） 16, 33, 41

無性生殖 2
無排卵 165

メタスチン 48
免疫グロブリン（Ig） 73
免疫グロブリンY（IgY） 74, 149
免疫的トレランス 71
免疫特権 66

モザイク胚 102, 103, 115

ヤ 行

有性生殖 2
雄性前核 102, 105
遊離型コレステロール 56

ラ 行

ライディッヒ細胞 15, 37, 41, 53, 75, 143
ラクトトロープ 50
卵黄 144
卵黄遮断 101
卵黄膜周囲層 151
卵殻 145, 148
卵核胞 24, 88
卵核胞崩壊 25, 89
卵殻膜 145, 148
卵割 108
卵活性化 100
卵管 27, 146
——の組織像 147
卵管膨大部 27, 91, 95
卵丘細胞 89, 90, 96

索　引

卵丘・卵母細胞複合体　96
卵細胞質内精子注入　185
卵子　84, 89
卵子形成　84, 85
卵成熟促進因子　90
卵巣　20
　——の構造　22
　——の分化　43
卵巣萎縮　164
卵巣静止　163
卵巣囊腫　164
卵巣発育不全　163
卵祖細胞　24
卵白　145
卵胞　23, 96

　——の発育　23, 87, 147
卵胞液　90
卵胞期　92
卵胞腔　25
卵胞刺激ホルモン（FSH）　45, 50, 88
卵胞囊腫　164
卵胞発育障害　163
卵胞閉鎖　23, 87, 148
卵胞膜外層　146
卵胞膜内層　146
卵母細胞　23, 96
　——の成熟　88
　——の体外成熟　182

リピートブリーディング　167
リプログラミング　110
リポオキシゲナーゼ　52
流産　168
両分子宮　28
リラキシン　61, 138
リリーサーフェロモン　9
リンパ球　64

レシピエント胚　157
レチノイン酸　42
レトロウイルス　158
レンチウイルス　158

漏斗部　27

編著者略歴

さ とう えい めい
佐 藤 英 明

1948 年　北海道に生まれる
1974 年　京都大学大学院農学研究科博士課程退学
　　　　 その後，京都大学農学部助手，ロックフェラー大学研究員を経て
1988 年　京都大学農学部助教授
1992 年　東京大学医科学研究所助教授
1997 年　東北大学大学院農学研究科教授
2008 年　東北大学ディスティングイッシュトプロフェッサー
　　　　 現在に至る

新動物生殖学　　　　　　　　　　　定価はカバーに表示

2011 年 9 月 5 日　初版第 1 刷
2021 年 1 月 25 日　　第 7 刷

　　　　　　　　　　編著者　佐　藤　英　明
　　　　　　　　　　発行者　朝　倉　誠　造
　　　　　　　　　　発行所　株式会社　朝　倉　書　店
　　　　　　　　　　　　　　東京都新宿区新小川町 6-29
　　　　　　　　　　　　　　郵 便 番 号　162-8707
　　　　　　　　　　　　　　電　話　03(3260)0141
　　　　　　　　　　　　　　Ｆ Ａ Ｘ　03(3260)0180
〈検印省略〉　　　　　　　　　　 http://www.asakura.co.jp

Ⓒ 2011〈無断複写・転載を禁ず〉　　　　　Printed in Korea

ISBN 978-4-254-45027-9　C 3061

JCOPY 〈(社)出版者著作権管理機構　委託出版物〉

本書の無断複写は著作権法上での例外を除き禁じられています．複写される場合は，
そのつど事前に，(社)出版者著作権管理機構(電話 03-3513-6969，FAX 03-3513-
6979，e-mail: info@jcopy.or.jp)の許諾を得てください．

東大 岩倉洋一郎・東北大 佐藤英明・元東大 舘 鄰・
前東大 東條英昭編

動 物 発 生 工 学

45020-0 C3061　　　Ａ５判 280頁 本体5400円

最新の知見に基づいて執筆された, 動物バイオテクノロジー／発生工学の初めての本格的テキスト。〔内容〕発生工学の歴史／胚発生の基礎／生殖細胞の操作／遺伝子操作／発生工学の応用／家禽の遺伝子操作／魚類の遺伝子操作／生命倫理／他

東北大 佐藤英明著
シリーズ〈応用動物科学／バイオサイエンス〉6

哺 乳 類 の 卵 細 胞

17666-7 C3345　　　Ａ５判 128頁 本体2600円

クローン動物や生殖医療はどう行うか。発生・生殖の基礎である卵細胞とその応用技術を解説する〔内容〕卵子の発見／卵細胞の誕生と死滅／体外培養の挑戦／卵母細胞の成熟と卵丘膨化／受精と単為発生／卵胞の選抜と血管／卵細胞研究の未来他

前東大 鈴木善祐・前名大 横山 昭他著

新 家 畜 繁 殖 学

45008-8 C3061　　　Ａ５判 248頁 本体4800円

繁殖学全般をわかりやすく解説した好テキスト。最新の研究成果等を含めて全面改稿。〔内容〕序論／生殖周期／性決定と性分化／性細胞と生殖器／生殖系の内分泌支配／生殖各期の生理／家禽の繁殖／家畜繁殖の人為支配／生殖行動／繁殖障害

山内 亮監修　大地隆温・小笠 晃・金田義宏・
河上栄一・筒井敏彦・百目鬼郁男・中原達夫著

最新 家 畜 臨 床 繁 殖 学

46020-9 C3061　　　Ｂ５判 336頁 本体14000円

実績ある教科書の最新版。〔内容〕生殖器の構造・機能, 生殖子／生殖機能のホルモン支配／性成熟と性周期／各家畜の発情周期／人工授精／繁殖の人為的支配／胚移植／受精・着床・妊娠・分娩／繁殖障害／妊娠期の異常／難産／分娩後の異常

動物遺伝育種学事典編集委員会編

動物遺伝育種学事典 (普及版)

45025-5 C3561　　　Ａ５判 648頁 本体18000円

遺伝現象をDNAレベルで捉えるゲノム解析などの技術の進展にともない, 互いに連携して研究を進めなければならなくなった, 動物遺伝学, 育種学諸分野の総合的な五十音配列の用語辞典。主要語にはページをさき関連用語を含め体系的に解説。共通性の高い用語は「共通用語」として別に扱った。分子から統計遺伝学までの学術専門用語と, 家畜, 家禽, 魚類に関わる育種用語を, 併せてわかりやすく説明。初学者から異なる分野の専門家, 育種の実務家等にとっても使いやすい内容

小宮山鐵朗・鈴木慎二郎・菱沼 毅・森地敏樹編

畜 産 総 合 事 典 (普及版)

45024-8 C3561　　　Ａ５判 788頁 本体19000円

遺伝子工学の応用をはじめ進展の著しい畜産技術や畜産物加工技術などを含め, わが国の畜産の最先端がわかるように解説。研究者・技術者はもとより周辺領域の人たちにとっても役立つ事典。〔内容〕総論：畜産の現状と将来／家畜の品種／育種／繁殖／生理・生態／管理／栄養／飼料／畜産物の利用と加工／草地と飼料作物／ふん尿処理と利用／衛生／経営／法規。各論：乳牛／肉牛／豚／めん羊・山羊／馬／鶏／その他（毛皮獣, ミツバチ, 犬, 実験動物, 鹿, 特用家畜）／飼料作物／草地

早大 木村一郎・前老人研 野間口隆・埼玉大 藤沢弘介・
東大 佐藤寅夫訳

オックスフォード辞典シリーズ

オックスフォード動物学辞典

17117-4 C3545　　　Ａ５判 616頁 本体14000円

定評あるオックスフォードの辞典シリーズの一冊"Zoology"の翻訳。項目は五十音配列とし読者の便宜を図った。動物学が包含する次のような広範な分野より約5000項目を選定し解説されている。——動物の行動, 動物生態学, 動物生理学, 遺伝学, 細胞学, 進化論, 地球史, 動物地理学など。動物の分類に関しても, 節足動物, 無脊椎動物, 魚類, は虫類, 両生類, 鳥類, 哺乳類などあらゆる動物を含んでいる。遺伝学, 進化論研究, 哺乳類の生理学に関しては最新の知見も盛り込んだ

上記価格（税別）は2020年 12月現在